¿NEURONISMO
O RETICULARISMO?

BIBLIOTECA CAJAL.
PIONEROS DE LA NEUROCIENCIA

¿NEURONISMO O RETICULARISMO?

LAS PRUEBAS OBJETIVAS DE LA UNIDAD ANATÓMICA DE LAS CÉLULAS NERVIOSAS

POR

SANTIAGO RAMÓN Y CAJAL

Estudio introductorio y edición

Javier DeFelipe

CSIC / DOCE CALLES

Madrid, 2025

Cómo citar: Ramón y Cajal, S. 2025. *¿Neuronismo o reticularismo? Las pruebas objetivas de la unidad anatómica de las células nerviosas*, ed. de Javier DeFelipe. CSIC-DoceCalles.

Catálogo de Publicaciones de la Administración General del Estado: https://cpage.mpr.gob.es

Editorial CSIC: *http://editorial.csic.es* (correo: *editorialcsic@csic.es*)

MINISTERIO
DE CIENCIA, INNOVACIÓN
Y UNIVERSIDADES

ISBN (CSIC): 978-84-00-11430-5
e-ISBN (CSIC): 978-84-00-11431-2
NIPO: 155-25-181-8
e-NIPO: 155-25-182-3
ISBN (Doce Calles): 978-84-9744-526-9
e-ISBN (Doce Calles): 978-84-9744-528-3
Depósito legal: M-23164-2025

Corrección y coordinación editorial: Enrique Barba y Lucía Aldehuela de Juan (Editorial CSIC)
Diseño y maquetación: Doce Calles, S.L.
Impresión y encuadernación: Anzos, S.L.
Impreso en España. *Printed in Spain*

En esta edición se ha utilizado papel ecológico sometido a un proceso de blanqueado ECF, cuya fibra procede de bosques gestionados de forma sostenible.

ÍNDICE

PRIMERA PARTE

SEGUNDA PARTE

BIBLIOTECA CAJAL. PIONEROS DE LA NEUROCIENCIA

La colección Biblioteca Cajal-Pioneros de la Neurociencia nace con la vocación de preservar, contextualizar y difundir la amplitud y relevancia del legado de Santiago Ramón y Cajal (1852-1934), figura clave en el desarrollo de la ciencia y la cultura de su tiempo. Cajal fue autor de numerosos artículos científicos y libros de extraordinario impacto en el campo de la neurociencia, por los que recibió los galardones y distinciones honoríficas más importantes de la época, como el Premio de Moscú en 1900, la medalla de oro de Helmholtz en 1905 y el Premio Nobel en Fisiología o Medicina en 1906, que compartió con Camillo Golgi (1843-1926), otro gran científico, aunque con ideas contrarias a las del sabio aragonés.

Esta nueva colección pretende crear una biblioteca de referencia que ofrezca, tanto al público especializado como al lector curioso, una visión integral y multifacética de las revolucionarias contribuciones científicas de Cajal y, al tiempo, de sus aportaciones como ensayista, artista y escritor. Profesor de Anatomía e Histología en las universidades de Valencia, Barcelona y Madrid, su perfil médico, humanista y creador fructificó en obras de ficción, textos autobiográficos, así como en la fundación de revistas científicas y en iniciativas pioneras vinculadas a la teoría y práctica fotográficas.

Con el fin de hacer accesibles sus obras más relevantes en ediciones rigurosas, actualizadas y supervisadas por expertos, así como las de quienes formaron parte de su escuela, los volúmenes que integrarán esta biblioteca abordarán principalmente tres ámbitos temáticos:

- la vertiente científica y filosófica de sus aportaciones fundamentales al estudio del sistema nervioso, sus reflexiones teóricas y los debates que marcaron el nacimiento de la neurociencia moderna;
- la dimensión humana y documental, centrada en mostrar al investigador desde una perspectiva personal e íntima, a través de testimonios autobiográficos, correspondencia, estudios biográficos y documentos materiales de su vida y obra;
- y la integración entre arte y ciencia, donde se pone de relieve su sensibilidad estética y capacidad creativa, presente en ilustraciones, fotografías y escritos de carácter literario.

En conjunto, la Biblioteca Cajal aspira a convertirse en una referencia esencial para el análisis de la obra de Cajal entendida en su dimensión plena: científica, intelectual y humana. Su legado —depositado en el CSIC— sigue inspirando a las nuevas generaciones de científicos y pensadores de todo el mundo.

ESTUDIO INTRODUCTORIO

Javier DeFelipe

Santiago Ramón y Cajal

¿Neuronismo o reticularismo?

C. S. I. C
Instituto Ramón y Cajal

Introducción

El conocimiento actual sobre el sistema nervioso, tanto en general como del cerebro en particular, es el resultado del desarrollo tecnológico y del trabajo colectivo de un buen número de científicos. No obstante, las investigaciones llevadas a cabo por Santiago Ramón y Cajal (1852-1934) desempeñaron un papel crucial en la creación del entorno científico propicio para el surgimiento de la neurociencia moderna. Gracias a su excepcional capacidad de observación e interpretación, Cajal supo interpretar como nadie las imágenes microscópicas. Si bien los científicos de su época tenían acceso a los mismos microscopios y realizaban preparaciones histológicas similares a las de Cajal, él poseía una capacidad excepcional para observar detalles que otros pasaban por alto o interpretaban de manera errónea. Los estudios de Cajal sobre la microanatomía de prácticamente todo el sistema nervioso, sus observaciones sobre la degeneración y regeneración, junto con sus teorías sobre la función, desarrollo y plasticidad del sistema nervioso, ejercieron una profunda influencia en la comunidad científica de su época. Numerosos investigadores continuaron la línea de investigación iniciada por Cajal, confirmando y desarrollando sus teorías en casi todos los campos de la neurociencia. Estos estudios constituyen los cimientos de los descubrimientos contemporáneos sobre la estructura y función del cerebro, tanto en condiciones normales como patológicas. En otras palabras, las investigaciones de Cajal revolucionaron el mundo de la neurociencia, lo que justifica su reconocimiento como padre de esta disciplina (DeFelipe, 2002).

Sin embargo, aun con la extensa lista de descubrimientos y teorías, Cajal es más popular por la vehemencia con la que defendió la teoría neuronal y por ser el científico que más datos aportó para su confirmación. Esta teoría, que representa los principios fundamentales de la organización y función del sistema nervioso, establece que las neuronas son las unidades anatómicas, fisiológicas, genéticas y metabólicas del sistema nervioso (Shepherd, 1991, 2016; Jones, 1994). Esta teoría resultaba crucial para explicar el funcionamiento del sistema nervioso y se contraponía a la teoría reticular predominante en aquel tiempo la cual defendia que los elementos del sistema nervioso formaban un continuo similar a una red. Por lo tanto, la elección entre una u otra teoría era de vital importancia desde un punto de vista funcional. La obra cumbre de Cajal sobre estas teorías se publicó en 1933 con el título *¿Neuronismo o reticularismo? Las pruebas objetivas de la unidad anatómica de las células nerviosas* en la revista Archivos de Neurobiología en 1933 (Figura 1).

En palabras de Cajal, después de cincuenta años de investigación, la teoría neuronal era evidente para él. Un claro ejemplo de su habilidad y lógica para interpretar imágenes microscópicas se encuentra en su estudio de las conexiones entre las neuronas. En la página 130 de *¿Neuronismo o reticularismo?,* Cajal expone una explicación que otros científicos no habían logrado comprender:

> Las preparaciones que más confianza nos inspiran son las que ofrecen las neuronas casi incoloras o coloradas de un tono rosa o rojo, en contraste

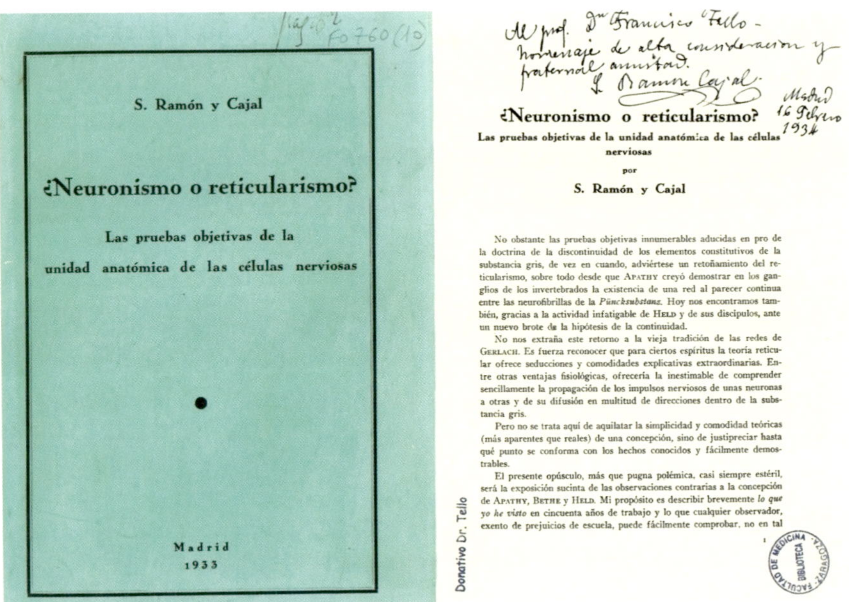
S. Ramón y Cajal

¿Neuronismo o reticularismo?

Las pruebas objetivas de la unidad anatómica de las células nerviosas

Madrid
1933

Al prof. Dn Francisco Tello -
homenaje de alta consideración y
fraternal amistad.
S. Ramón Cajal
Madrid
16 Febrero
1934

¿Neuronismo o reticularismo?

Las pruebas objetivas de la unidad anatómica de las células nerviosas

por

S. Ramón y Cajal

No obstante las pruebas objetivas innumerables aducidas en pro de la doctrina de la discontinuidad de los elementos constitutivos de la substancia gris, de vez en cuando, adviértese un retoñamiento del reticularismo, sobre todo desde que Apathy creyó demostrar en los ganglios de los invertebrados la existencia de una red al parecer continua entre las neurofibrillas de la *Pünckſubstanz*. Hoy nos encontramos también, gracias a la actividad infatigable de Held y de sus discípulos, ante un nuevo brote de la hipótesis de la continuidad.

No nos extraña este retorno a la vieja tradición de las redes de Gerlach. Es fuerza reconocer que para ciertos espíritus la teoría reticular ofrece seducciones y comodidades explicativas extraordinarias. Entre otras ventajas fisiológicas, ofrecería la inestimable de comprender sencillamente la propagación de los impulsos nerviosos de unas neuronas a otras y de su difusión en multitud de direcciones dentro de la substancia gris.

Pero no se trata aquí de aquilatar la simplicidad y comodidad teóricas (más aparentes que reales) de una concepción, sino de justipreciar hasta qué punto se conforma con los hechos conocidos y fácilmente demostrables.

El presente opúsculo, más que pugna polémica, casi siempre estéril, será la exposición sucinta de las observaciones contrarias a la concepción de Apathy, Bethe y Held. Mi propósito es describir brevemente *lo que yo he visto* en cincuenta años de trabajo y lo que cualquier observador, exento de prejuicios de escuela, puede fácilmente comprobar, no en tal

1

Figura 1. Izquierda: portada de la publicación de Cajal en 1933 *¿Neuronismo o reticularismo? Las pruebas objetivas de la unidad anatómica de las células nerviosas*, en el volumen 11 de la revista *Archivos de Neurobiología*. Derecha: primera página del artículo con dedicatoria de Cajal a Jorge Francisco Tello, uno de sus discípulos más prominentes.

> vigoroso con el tono café negro de las arborizaciones nerviosas. Semejante contraste nos parece signo inequívoco de discontinuidad substancial, dado que la brusca cesación del color de las ramas nerviosas finales implica propiedades fisicoquímicas ajenas a las peculiares del esqueleto intraneuronal. El contacto físico puede alcanzar gran intimidad, pero en todo caso siempre existe entre ambas superficies de la sinapsis frontera separatoria.

Sin embargo, ya que todavía se publicaban artículos que defendían la teoría reticular, Cajal consideró necesario resumir sus estudios e ideas sobre la teoría neuronal y rebatir las interpretaciones erróneas de los reticularistas. Posteriormente, la obra se publicó en forma de libro por el Consejo Superior de Investigaciones Científicas (CSIC) en 1952 y en 1954 se lanzó la versión en inglés. Estas ediciones están agotadas desde hace años, por lo que la reedición de estos libros es muy esperada por la comunidad científica. La obra contiene 73 figuras, y otro de los atractivos de esta reedición es que 42 de estas figuras provienen de dibujos originales de Cajal incluidos en el Legado Cajal (CSIC). No obstante, 4 de estas figuras originales están sin rotular; por ello, se han incluido también las versiones correspondientes con sus rótulos, tal como aparecen en la publicación original (Figura 2). Las 31 figuras restantes, que no son originales, no están disponibles en el Legado Cajal o fueron tomadas por el propio Cajal de otros autores con la intención de ofrecer una interpretación distinta a la de los autores originales (Figura 3). Es decir, las utilizó para reinterpretar los dibujos de estos científicos de un modo alternativo.

Para facilitar la comprensión del debate entre neuronismo y reticularismo, este capítulo profundiza en algunos aspectos de la historia de la neurona que no se abordaron o que se trataron de manera superficial en la obra original *¿Neuronismo o reticularismo?* Estos conocimientos adicionales proporcionarán a los lectores menos expertos un contexto histórico fundamental para comprender mejor la naturaleza de este debate. A modo de complemento se incluye una sección dedicada a la confirmación ultraestructural de la individualidad de las neuronas, un logro fundamental que solo fue posible gracias al desarrollo de la microscopía electrónica, técnica que surgió años después de la muerte de Cajal. También se analizan algunos hallazgos recientes que, en apariencia, desafían la teoría neuronal. Sin embargo, no pretende ser una revisión exhaustiva de todos los estudios relacionados, sino que ofrece una selección de datos e interpretaciones que reflejan, en parte, el punto de vista e interés personal del autor. La bibliografía incluida

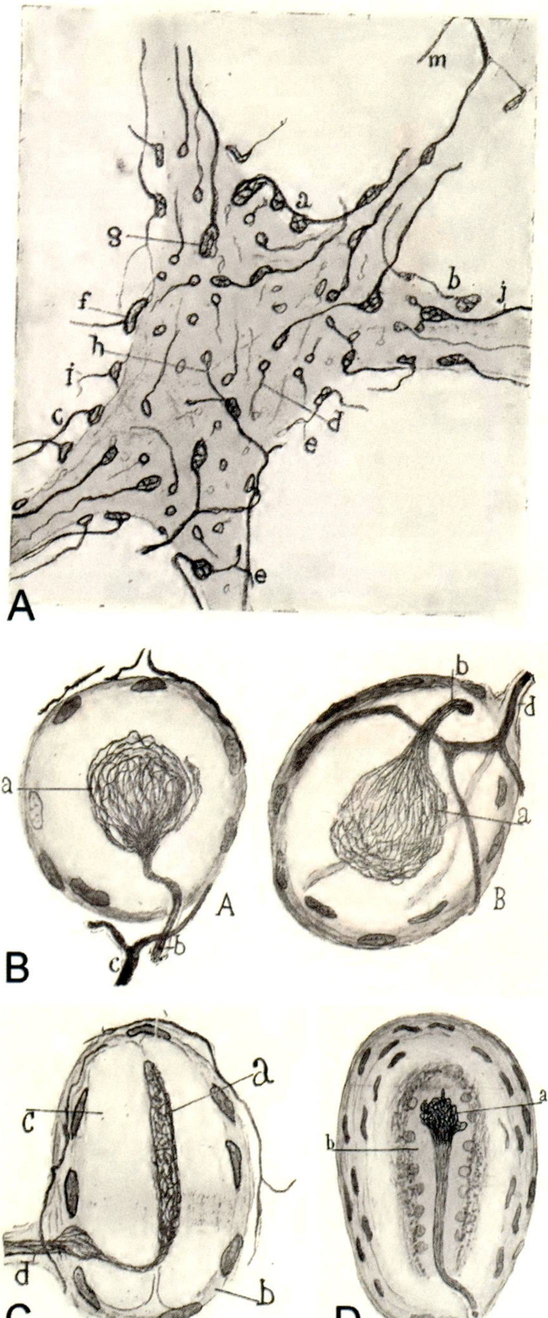

Figura 2. Dibujos de Cajal tal como aparecen en *¿Neuronismo o reticularismo?* Los dibujos originales correspondientes a estas imágenes carecen de rótulos, y se han reproducido en las Figuras 28 (panel A), 57 (panel B), 58 (panel C) y 59 (panel D).

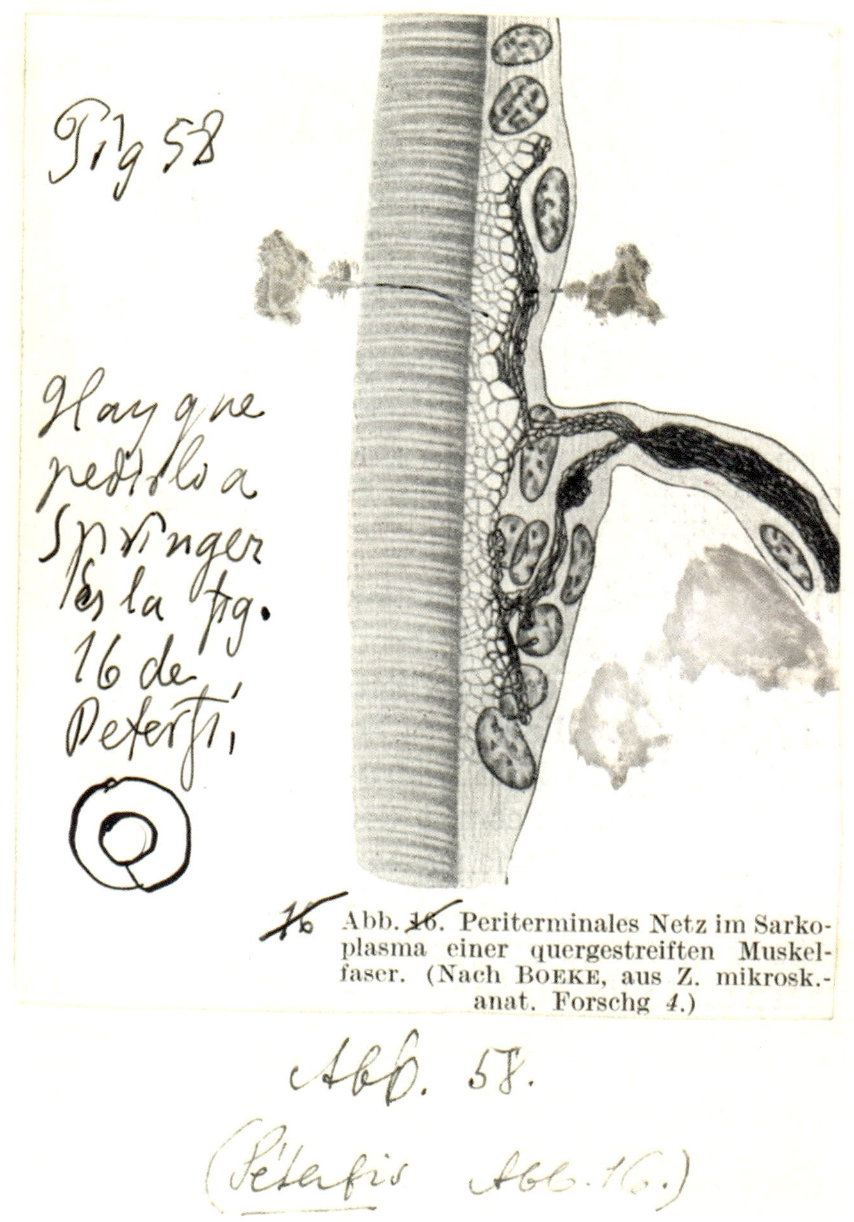

Figura 3. Ilustración que muestra un ejemplo de figura tomada por Cajal de una publicación de otro científico, descrita como «Placa motriz vista de perfil (según Boeke [1909])». Esta imagen corresponde a la figura 54 del libro *¿Neuronismo o reticularismo?* Cabe destacar que la figura fue recortada directamente de la publicación original de Boeke, donde se puede vislumbrar que el reverso está impreso.

ha sido seleccionada para ofrecer a los lectores interesados en un tema particular referencias que, a juicio del autor, son relevantes para que les permitan profundizar en el origen de los datos y las ideas expuestas. Cabe destacar que parte de este texto se basa en publicaciones previas del autor centradas en la historia de la neurona y su papel en los circuitos neuronales.

Otra característica importante es que el texto de la reedición es exactamente igual que cuando fue publicado, conservando intactas sus notas explicativas y citas bibliográficas. Desde el punto de vista lingüístico, el texto se comprende perfectamente, a pesar de que presenta algunas variaciones ortográficas, como la acentuación en «vio», «fue», «anastomosis» o la escritura de «neurofibrillares» en lugar de «neurofibrilares». No obstante, se han actualizado algunos términos científicos en desuso, reemplazándolos por sus equivalentes actuales. En estos casos, el término actualizado se incluye entre corchetes junto con una nota alfabética a pie de página para indicar el término original utilizado por Cajal. Asimismo, se han completado y actualizado las citas bibliográficas al estilo científico actual, ordenándolas alfabéticamente por autor al final del texto en una sección titulada «Bibliografía». En este sentido, quiero expresar mi agradecimiento a Vicky Garrido, bibliotecaria del Instituto Cajal, por su valiosa asistencia con la búsqueda de las citas bibliográficas.

También quiero expresar mi gratitud a mi ayudante, Ana García, por su invaluable labor de restauración en parte de los dibujos de Cajal. Ana se encargó de eliminar digitalmente los sellos que se habían añadido para inventariar y proteger los dibujos durante el mandato del director del Instituto Cajal entre 1941 y 1946, el catedrático de Viticultura y Enología en la Escuela de Agrónomos de Madrid, Juan Marcilla Arrazola. Estos sellos, que contenía las palabras « Museo Cajal, Madrid» y un número escrito a mano correspondiente al inventario, habían sido colocados de forma aleatoria, a veces en un lateral y otras en el centro de la obra. Para eliminarlos sin alterar la imagen original de los dibujos, Ana realizó un trabajo minucioso y paciente, eliminando cada sello píxel a píxel (Figura 4). Esta laboriosa tarea ha permitido recuperar la integridad de los dibujos y ofrecer una visión más fiel de la obra de Cajal. Para finalizar, quisiera expresar mi más sincero agradecimiento a mis compañeros Ángel Merchán-Pérez y Óscar Herreras, del Laboratorio Cajal de Circuitos Corticales y del Instituto Cajal, respectivamente. He tenido el privilegio de colaborar con ellos durante muchos

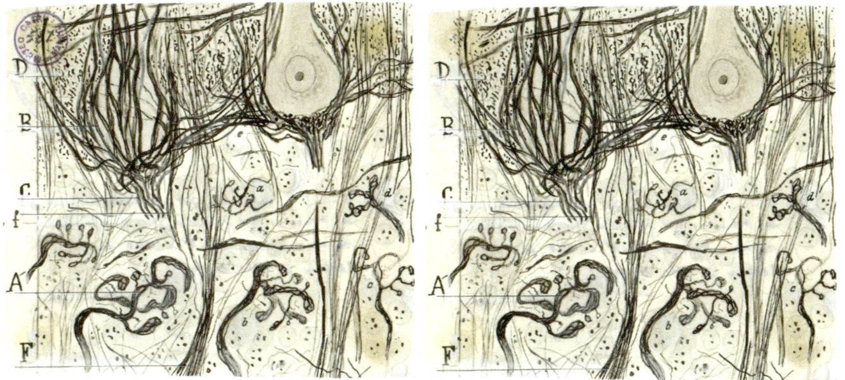

Figura 4. Ilustración que muestra un ejemplo de restauración de un dibujo de Cajal correspondiente a la figura 5 del libro *¿Neuronismo o reticularismo?* Izquierda: imagen original, con el sello «Museo Cajal, Madrid». Derecha: Imagen restaurada utilizando el *software* Adobe Photoshop (Adobe Systems Inc, San José, CA, EE. UU.).

años, y sus valiosos comentarios y contribuciones a las discusiones sobre las conexiones sinápticas, la transmisión y el procesamiento de información en el sistema nervioso han sido inestimables.

Historia de la neurona

La fascinante historia de la neurona se remonta a mediados del siglo XVII, cuando se descubrieron las células como componentes microscópicos de los tejidos animales y vegetales. Sin embargo, no fue hasta mucho más tarde, en 1891, cuando Wilhelm von Waldeyer-Hartz (1836-1921) acuñó el término *neurona* en un artículo para referirse a la célula nerviosa (Waldeyer-Hartz, 1891).Como veremos a continuación, los anatomistas que estudian la microanatomía del sistema nervioso se enfrentan a dos grandes desafíos: el diminuto tamaño de sus componentes y la falta de color en los mismos. Sumado a esto, la blandura del tejido nervioso exige el uso de fijadores u otros métodos para endurecerlo y así poder obtener secciones suficientemente finas que permitan el paso de la luz a través del tejido y faciliten la observación de detalles y estructuras pequeñas mediante el microscopio óptico. Por otra parte, una vez extraído, el tejido nervioso se degrada rápidamente, por lo que se requiere un tratamiento para preservar sus elementos. Existen diversos tipos de fijadores que actúan a la vez como conservantes y endurecedores, pero estos deben ser compatibles con los métodos de tinción específicos que el científico elija en cada caso. En definitiva, el progreso en el estudio *microanatómico* del sistema nervioso depende del desarrollo de microscopios, técnicas de procesamiento histológico y técnicas de tinción selectiva.

La palabra *célula* hizo su debut en la histología gracias a Robert Hooke (1635-1703). En su obra *Micrographia* (Hooke, 1665), en el capítulo «Of the schematisme or texture of cork and of the cells and pores of some other such frothy bodies», Hooke empleó el término *células* para referirse a las unidades microscópicas que componen el corcho. Estos pioneros de la microscopía también observaron estructuras como las «glándulas» corticales descritas por Marcello Malpighi (1628-1694) y los «glóbulos» de Antoni van Leeuwenhoek (1632-1723). Propusieron la «teoría globular», que sugería que todos los tejidos animales estaban formados por pequeños glóbulos. Sin embargo, no fue hasta principios del siglo XIX cuando se emprendió un análisis microscópico detallado del sistema nervioso. Empleando microscopios ópticos rudimentarios, varios investigadores de la época intentaron aplicar la teoría globular al sistema nervioso. Entre los investigadores más destacados de la época se encontraba Everard Home (1756-1832). Home sostenía que la abundancia de glóbulos y sustancia gelatinosa, junto con la gran cantidad de vasos sanguíneos en la corteza del telencéfalo y el cerebelo, los convertían en los componentes fundamentales de estas estructuras (Clarke y Jacyna, 1987).

A finales de la década de 1820 y principios de la de 1830, la introducción de lentes acromáticas, junto con otras mejoras en los microscopios ópticos, permitió descubrir que los «glóbulos» observados anteriormente eran en realidad artefactos causados por las aberraciones cromáticas y esféricas de las lentes de los microscopios antiguos (Grainger, 1829). Según Arthur Hughes (Hughes, 1959), la histología animal como disciplina moderna surgió tras la publicación, en 1827, del artículo clásico de Thomas Hodgkin (1798-1866) y Joseph Jackson Lister (1786-1869) titulado «Notice of some microscopical observations of the blood and animal tissues» (Hodgkin & Lister, 1827). En este trabajo, los autores describieron el tejido cerebral de la siguiente manera: «En lugar de glóbulos, se observan multitud de partículas muy pequeñas, en su mayoría de forma y tamaño irregulares».

Las investigaciones sobre la célula en su conjunto condujeron al establecimiento de la teoría celular a finales de la década de 1830, teoría que se asocia principalmente a los trabajos del botánico Matthias Jakob Schleiden (1804-1881) y el zoólogo Theodor Schwann (1810-1882). Esta teoría postula que las células son la unidad fundamental de los tejidos animales y vegetales, siendo el lugar donde se llevan a cabo todos los procesos vitales (considerándolas como «pequeños organismos») (Schleiden, 1838; Schwann, 1839). Rudolf Virchow (1821-1902), a quien se le atribuye el descubrimiento de la neuroglia (Somjen, 1988; Kettenmann & Verkhratsky, 2008), fue un firme defensor de la teoría celular. En su obra clásica *Die Cellularpathologie* (Virchow, 1858, 13-14), describió esta teoría con la siguiente y fascinante metáfora:

> [...] ya sea vegetal o animal [...] las células se revelan como los elementos primordiales [...]. La composición estructural de un organismo [...] siempre representa un tipo de organización social de las partes, una organización de tipo social, en el que numerosas existencias individuales dependen unas de otras, pero de tal manera que cada elemento tiene su propia acción especial, y aunque su estímulo se deriva de la actividad de las otras partes, por sí solo efectúa las funciones que le están encomendadas.

En 1836, Gabriel Gustav Valentin (1810-1883) publicó un artículo que, según el prestigioso anatomista, histólogo y embriólogo Rudolf Albert von Kölliker (1817-1905), representó un hito en la histología del sistema nervioso y la primera descripción válida de sus elementos (Kölliker, 1852; citado en Shepherd, 1991). La figura 5 muestra la primera imagen microscópica clara de una célula nerviosa, denominada «glóbulo» (probablemente una célula de Purkinje) (Clarke y O'Malley, 1991). En ella se observa que la célula tiene un contorno bien definido (membrana celular) y una sustancia interior —que Valentin denominó «parénquima»— formada por un líquido viscoso con numerosos gránulos. Este parénquima contiene un «núcleo», y dentro de este, un «corpúsculo» (nucleolo) (Shepherd, 1991).

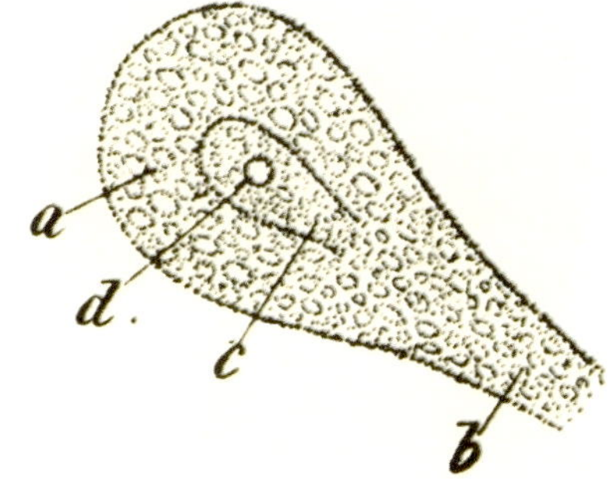

Figura 5. Primera ilustración microscópica clara de una célula nerviosa (llamada «glóbulo») de la corteza del cerebelo humano realizada por Valentin (1836). a, cuerpo celular; b, apéndice (probablemente un tallo dendrítico); c, núcleo; d, pequeño corpúsculo interno (probablemente el nucleolo). La leyenda de la figura está basada en las publicaciones de Clarke y O'Malley (1968) y Shepherd (1991). Según este último autor, «aquí, de golpe, están las estructuras básicas del cuerpo de la célula nerviosa y la terminología que hoy reconocemos».

En el artículo de Valentin surgió la importante idea de que los glóbulos (células nerviosas), junto con las fibras nerviosas, eran elementos esenciales en todas las estructuras del sistema nervioso central (Clarke y Jacyna, 1987).

Un hito fundamental en la comprensión de la organización del sistema nervioso llegó de la mano de Jan Evangelista Purkinje (1787-1869). Un año después de la publicación del célebre artículo de Valentin, Purkinje describió la primera célula nerviosa bien definida en una conferencia impartida en el «Congreso de Médicos e Investigadores de la Naturaleza» celebrado en Praga el 23 de septiembre de 1837 (Purkinje, 1838). Se trataba de los corpúsculos grandes del cerebelo que más tarde recibirían el nombre de células de Purkinje en honor a su descubridor (Figura 6). La ilustración de Purkinje adquiere aún más relevancia al ser la primera descripción de la citoarquitectura por capas en una región del sistema nervioso (Shepherd, 1991).

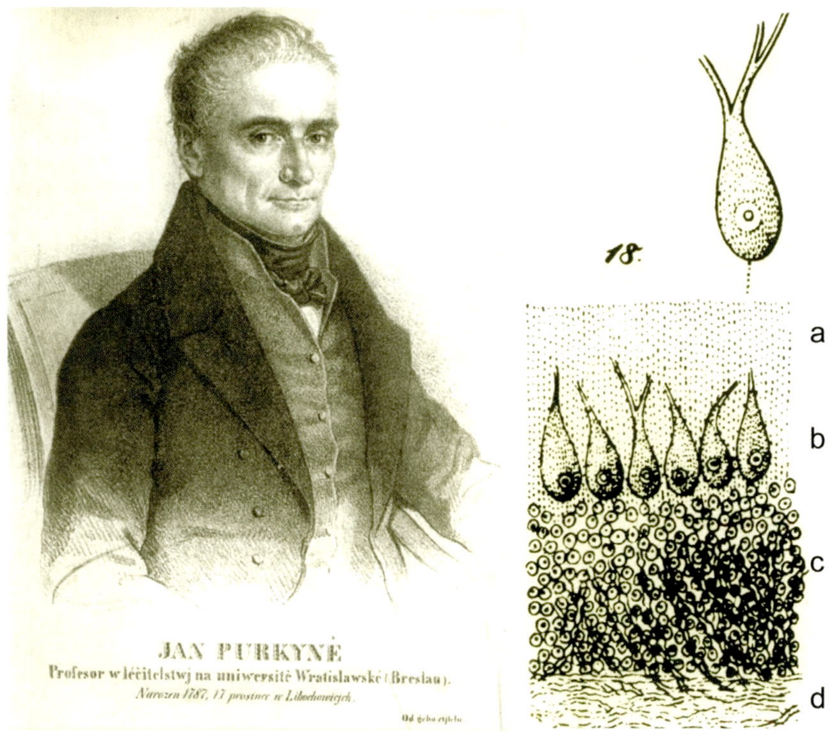

Figura 6. Izquierda: fotografía de Jan Evangelista Purkinje (1787-1869). Derecha: ilustración de la primera célula nerviosa identificada en el sistema nervioso: los corpúsculos grandes del cerebelo (células de Purkinje). En esta figura también se muestra la citoarquitectura por capas del cerebelo: a, capa molecular; b, corpúsculos grandes; c, granos; d, fibras. Tomada de Purkinje (1838).

Relación entre las células nerviosas y las fibras nerviosas

Aunque parezca sorprendente, durante mucho tiempo la relación entre las células nerviosas y las fibras nerviosas no estaba clara. De hecho, a mediados del siglo XIX había dos hipótesis: que una fibra nerviosa era una prolongación de una sola célula (Bidder y Kupffer, 1857; His, 1886) o, alternativamente, que las células nerviosas y las fibras eran dos elementos independientes del sistema nervioso (Hensen, 1864).

Un primer paso fundamental en el análisis microanatómico del sistema nervioso fue la introducción del «método de la disociación», que se realizaba manualmente con agujas de disección sobre el portaobjetos del microscopio, con o sin tratamiento previo con agentes químicos, para endurecer el tejido nervioso y facilitar la disección de los nervios, ganglios y centros nerviosos. Utilizando este método, Christian Gottfried Ehrenberg (1795-1876) describió, en 1833 y 1836, «gránulos» (células nerviosas) en la sustancia gris del cerebro y ganglios, y observó que frecuentemente estas estructuras tenían una forma multipolar, con varias prolongaciones. Sin embargo, Ehremberg no atribuyó un significado especial a los «gránulos», pero le sirvió para demostrar que la sustancia gris del sistema nervioso no era una masa homogénea y amorfa como diversos autores suponían en aquel tiempo (Clarke y Jacyna, 1987). Estas observaciones fueron confirmadas por varios científicos que, al principio, propusieron que todas las prolongaciones eran de igual naturaleza. Sin embargo, pronto varios autores indicaron que solo una prolongación tenía el carácter de fibra nerviosa (Barker, 1899). Entre estos científicos destaca Robert Remak (1815-1865), a quien se le considera el primero en ilustrar claramente la continuidad entre el axón y el cuerpo celular, y en distinguir las dos clases principales de fibras que reconocemos actualmente: fibras mielínicas y fibras amielínicas, llamadas por Remak en 1838 «fibras orgánicas» y «fibras primitivas», respectivamente (Van der Loos, 1967; Brazier, 1988). Otto Friedrich Karl Deiters (1834-1863) mejoró el método de la disociación introduciendo el tratamiento del tejido con bicromato potásico, y formuló en 1865 la importante generalización de que todas las células multipolares ganglionares de los vertebrados tenían dos tipos morfológicos y funcionales de prolongaciones (Deiters, 1865): un axón, que entonces era denominado «Achsencylinderfortsatz» (prolongación del cilindro-eje) —término introducido en 1839 por J. F. Rosenthal, un estudiante de Purkinje (Shepherd, 1991)—, que se continuaba con una fibra de mielina, y varias prolongaciones cortas y ramificadas (dendritas) que llamó «Protoplasmafortsätze» (prolongaciones protoplásmicas; Figura 7).

El siguiente acontecimiento de gran relevancia fue el desarrollo del «método de los cortes finos y transparentes», introducido principalmente por Benedict Stilling (1810-1879) en 1842. Este método consistía en obtener cortes finos y seriados tras endurecer el tejido nervioso mediante congelación o con bicromato potásico. El método de Stilling fue perfeccionado por diversos autores, incorporando otras técnicas para endurecer y teñir el tejido, entre las que destaca el método de Joseph von Gerlach (1820-1896), quien introdujo la tinción del tejido nervioso con carmín amoniacal y cloruro de oro, permitiéndole

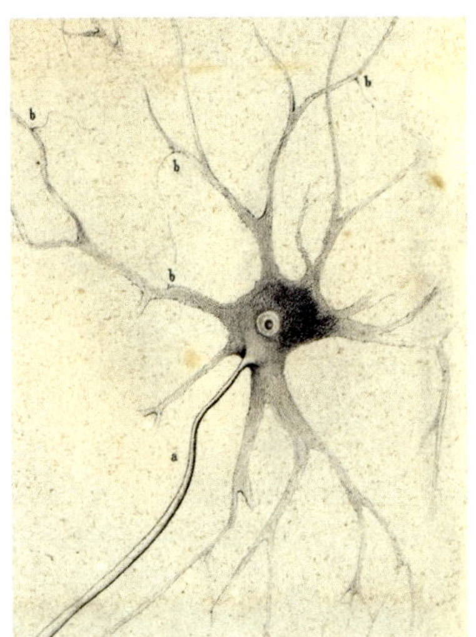

Figura 7. Dibujos realizados por Deiters (1865) para ilustrar las células ganglionares aisladas de la sustancia gris de la médula espinal (probablemente del buey). Método de la disociación mecánica. Deiters distinguía un axón principal que surgía del soma (*a*) y varios axones finos (*b*) que brotaban de las dendritas, dando lugar a un segundo sistema axónico. Según Cajal, la interpretación errónea de este segundo plexo axónico fue el germen de la teoría reticular (véase sección «Teoría reticular»).

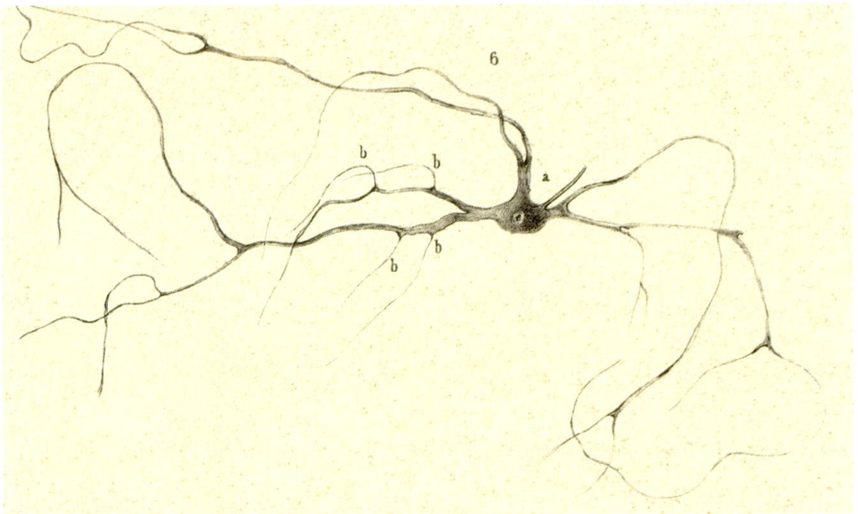

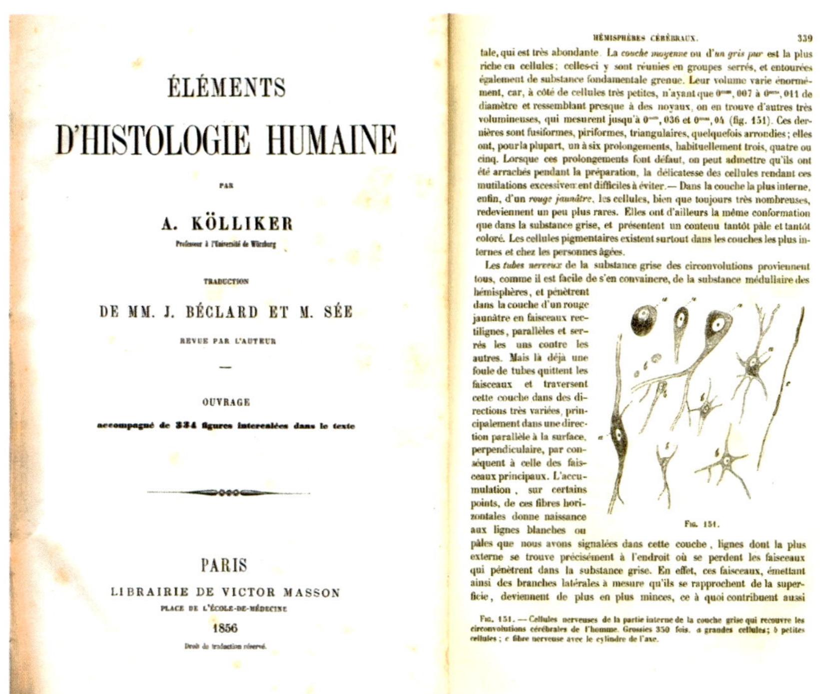

ÉLÉMENTS

D'HISTOLOGIE HUMAINE

PAR

A. KÖLLIKER

Professeur à l'Université de Würzburg

TRADUCTION

DE MM. J. BÉCLARD ET M. SÉE

REVUE PAR L'AUTEUR

OUVRAGE

accompagné de 334 figures intercalées dans le texte

PARIS

LIBRAIRIE DE VICTOR MASSON

PLACE DE L'ÉCOLE-DE-MÉDECINE

1856

Droit de traduction réservé.

HÉMISPHÈRES CÉRÉBRAUX. 339

tale, qui est très abondante. La *couche moyenne* ou d'*un gris pur* est la plus riche en cellules; celles-ci y sont réunies en groupes serrés, et entourées également de substance fondamentale grenue. Leur volume varie énormément, car, à côté de cellules très petites, n'ayant que 0mm,007 à 0mm,011 de diamètre et ressemblant presque à des noyaux, on en trouve d'autres très volumineuses, qui mesurent jusqu'à 0mm,036 et 0mm,04 (fig. 151). Ces dernières sont fusiformes, piriformes, triangulaires, quelquefois arrondies; elles ont, pour la plupart, un à six prolongements, habituellement trois, quatre ou cinq. Lorsque ces prolongements font défaut, on peut admettre qu'ils ont été arrachés pendant la préparation, la délicatesse des cellules rendant ces mutilations excessivement difficiles à éviter. — Dans la couche la plus interne, enfin, d'un *rouge jaunâtre*, les cellules, bien que toujours très nombreuses, redeviennent un peu plus rares. Elles ont d'ailleurs la même conformation que dans la substance grise, et présentent un contenu tantôt pâle et tantôt coloré. Les cellules pigmentaires existent surtout dans les couches les plus internes et chez les personnes âgées.

Les *tubes nerveux* de la substance grise des circonvolutions proviennent tous, comme il est facile de s'en convaincre, de la substance médullaire des hémisphères, et pénètrent dans la couche d'un rouge jaunâtre en faisceaux rectilignes, parallèles et serrés les uns contre les autres. Mais là déjà une foule de tubes quittent les faisceaux et traversent cette couche dans des directions très variées, principalement dans une direction parallèle à la surface, perpendiculaire, par conséquent à celle des faisceaux principaux. L'accumulation, sur certains points, de ces fibres horizontales donne naissance aux lignes blanches ou pâles que nous avons signalées dans cette couche, lignes dont la plus externe se trouve précisément à l'endroit où se perdent les faisceaux qui pénètrent dans la substance grise. En effet, ces faisceaux, émettant ainsi des branches latérales à mesure qu'ils se rapprochent de la superficie, deviennent de plus en plus minces, ce à quoi contribuent aussi

FIG. 151.

FIG. 151. — Cellules nerveuses de la partie interne de la couche grise qui recouvre les circonvolutions cérébrales de l'homme. Grossies 350 fois. *a* grandes cellules; *b* petites cellules; *c* fibre nerveuse avec le cylindre de l'axe.

Figura 8. Edición francesa (1856) del clásico libro de Kölliker *Handbuch der Gewebelehre des Menschen* (1852). En la figura 152 se muestran varios tipos morfológicos de células nerviosas en la corteza cerebral humana.

proponer la famosa teoría reticular (véase sección Teoría reticular). No obstante, durante este periodo se avanzó muy poco en el conocimiento de la estructura y función del sistema nervioso debido a que las técnicas de visualización de las células nerviosas seguían siendo rudimentarias. Por ejemplo, en el clásico libro de Kölliker publicado en 1852, justamente cuando nació Cajal, se describe la estructura del sistema nervioso de manera muy simple como se puede observar en la figura 8.

La *reazione nera* y el descubrimiento de la morfología detallada de la célula nerviosa

Con el descubrimiento de la *reazione nera* (reacción negra) de Golgi comenzó una verdadera revolución científica. El inicio se podría datar el 16 de febrero de 1873, cuando envió la siguiente carta a su amigo Nicolò Manfredi (Mazzarello, 1999):

> He pasado largas horas en el microscopio y estoy muy satisfecho por haber encontrado una nueva reacción para demostrar la estructura de la

corteza cerebral. He dejado reaccionar con nitrato de plata piezas de cerebro endurecido en bicromato potásico. He obtenido un magnífico resultado y espero, incluso, mejorarlo en el futuro.

Este método, que lleva el nombre de su descubridor, fue publicado en la *Gazzeta Medica Italiani* el 2 de agosto de 1873: «Sulla struttura della sostanza grigia del cervello» (Sobre la estructura de la sustancia gris del cerebro). Por primera vez se pudieron observar en una preparación histológica (Figura 9a, b) las células nerviosas y las células neurogliales con todas sus partes (cuerpo celular, dendritas y axón, en el caso de las neuronas; cuerpo celular y prolongaciones, en el caso de la neuroglia). Ciertamente, con el método de la disociación mecánica de Deiters se podía lograr la visualización de la morfología neuronal prácticamente completa (Figura 7); sin embargo, una de las principales ventajas del método de Golgi es que, como mencionaba Cajal, permite observar las células «en su posición y forma naturales», es decir, *in situ*, sin la manipulación sufrida tras la disociación. Además, el método de la disociación era técnicamente muy complicado.

Otra ventaja del método de Golgi era que en una misma preparación se teñían varias células a la vez, pero en un número relativamente pequeño, de tal forma que permitía examinar las células nerviosas individualmente y estudiar sus posibles conexiones (Figura 10, izquierda). Por otra parte, la tinción era de gran calidad, lo que hizo posible la caracterización e identificación de diversos tipos de células nerviosas y el análisis morfológico detallado (como, por ejemplo, el descubrimiento de las espinas dendríticas).

Golgi completó el conocimiento de la estructura de las células nerviosas con las siguientes observaciones (Golgi, 1873, 1886):

1. Confirmó los hallazgos de Deiters en la médula espinal de que, de todas las prolongaciones de las células nerviosas, solamente una es el axón. Además, a diferencia de la creencia general de la época de que el axón permanece *simple* a lo largo de su trayectoria, Golgi añadió que emite colaterales que dan lugar a un plexo axónico local.
2. Describió que las dendritas, en vez de ramificarse indefinidamente hasta «disolverse» en una sustancia amorfa fundamental —como proponía Rindfleisch

Figura 9a. Página siguiente: **Portada de la publicación sobre el bulbo olfatorio donde Golgi publica la primera ilustración realizada por el mismo de una preparación histológica teñida con el método de Golgi.**

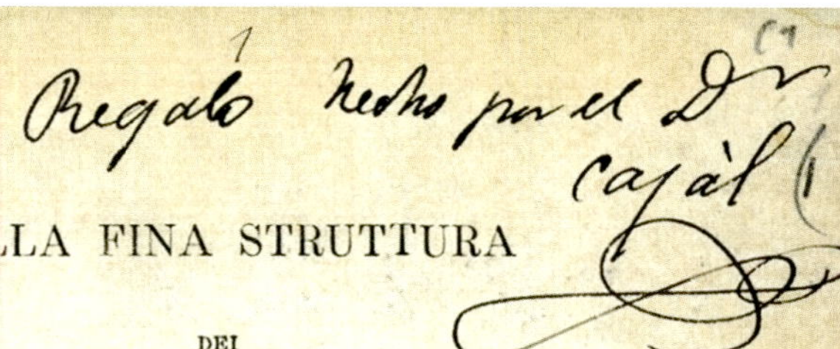

SULLA FINA STRUTTURA

DEI

BULBI OLFATTORII

RICERCHE

DEL

DOTT. CAMILLO GOLGI

(Con una tavola litog.)

REGGIO-EMILIA
TIPOGRAFIA DI STEFANO CALDERINI
1875.

Figura 9b. «Dibujo semiesquemático de una porción de una sección vertical del bulbo olfatorio de un perro». Tomada de Golgi (1875).

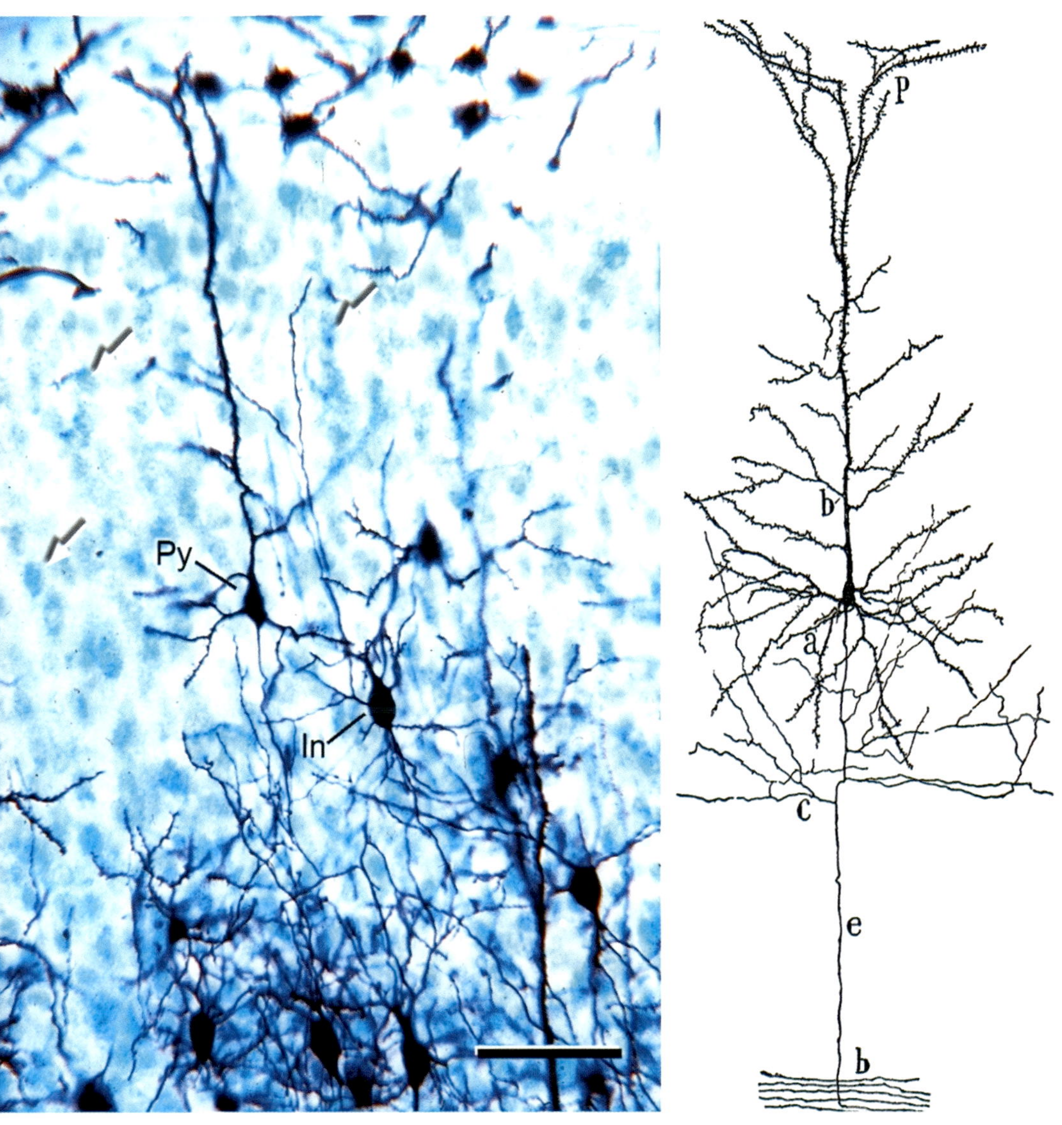

igura 10. *Izquierda*: preparación de corteza cerebral de ratón teñida con el método de Golgi y a su vez con el método de Nissl ealizada en el laboratorio del autor de la presente obra. Con el método de Golgi el cuerpo de las neuronas y sus prolongaciones parecen teñidas en negro, mientras que con el método de Nissl solo se colorea en azul el cuerpo de las células (las flechas lancas indican algunas células teñidas). Nótese que con el método de Golgi solo se visualiza una pequeña proporción de célus. Py; célula piramidal; In, interneurona. Barra de escala: 100 μm. *Derecha*: dibujo realizado por Cajal de una célula piramidal e la corteza cerebral del ratón impregnada con el método de Golgi. En esta figura se ilustra la estructura típica de la célula iramidal: «a [dendritas basales]; b [parte superior del dibujo], tallo radial [o dendrita apical]; P, penacho [dendrítico] terminal; , colaterales del axón; e, porción inferior de éste exento de colaterales; b [parte inferior del dibujo], sustancia blanca». Tomada e Cajal (1899, 1904).

(citado por Golgi, 1873)— o formando una red —como afirmaba Gerlach—, terminan libremente, por cabos libres (sin anastomosis).

3. Sugirió que existen dos clases principales de células nerviosas: tipo I o células cuyo axón, después de emitir colaterales, entran en la sustancia blanca (células de proyección); tipo II o células cuyo axón permanece localmente (interneuronas).

Sin embargo, con respecto a las colaterales axónicas, interpretó erróneamente que se anastomosaban y formaban una red.

Cajal, usando usando también el método de Golgi, añadió a estas observaciones morfológicas detalles que pasaron inadvertidos para Golgi o que erróneamente interpretó. Como ejemplo de las diferencias en la interpretación de las imágenes microscópicas, a continuación se desarrolla el tema de la morfología de las neuronas más típicas y abundantes de la corteza cerebral, las células piramidales. Golgi contribuyó al conocimiento de la morfología de las células piramidales con dos importantes observaciones (Golgi, 1882-1883): el descubrimiento de la compleja arborización de las dendritas y la demostración de que el axón emite colaterales. Cajal añadió a estas observaciones que la dendrita apical de muchas células piramidales termina formando un rico penacho de ramas dendríticas, que la superficie de las dendritas está cubierta de espinas (para Golgi eran un artefacto de la tinción) y, especialmente, como veremos más adelante, que las colaterales axónicas terminan libremente, dando lugar a la representación completa de lo que hoy reconocemos como la estructura típica de la célula piramidal (Figura 10, derecha).

Teorías sobre la organización del sistema nervioso: teoría reticular y teoría neuronal

A lo largo de la historia de la neurona, dos teorías principales han competido para explicar la organización y el funcionamiento del sistema nervioso: la teoría reticular y la teoría neuronal. Ambas han influido de manera significativa en nuestra comprensión del cerebro y los procesos cognitivos, y aún hoy siguen generando debates e inspirando nuevas investigaciones. En los tiempos de Cajal, la hipótesis que prevalecía sobre la organización del sistema nervioso era la teoría reticular, la cual sostenía que los elementos del sistema nervioso formaban un continuo a modo de red. En contraposición, se encontraba la teoría neuronal, que establecía que las neuronas eran las unidades individuales del sistema nervioso. Un aspecto importante que merece ser destacado es que la aplicación de la teoría celular al sistema nervioso podría haber llevado lógicamente a la formulación de la teoría de la neurona. Sin embargo, esto no resultaba una tarea sencilla debido a las características «especiales» de las conexiones de las células nerviosas (Figura 11). Según las palabras de Virchow (Virchow, 1958, 269-270):

> [...] todos los centros nerviosos, tanto los más simples como los muy desarrollados, están dispuestos con un plan similar; lo único que, al menos por el momento, se puede considerar como una peculiaridad especialmente característica del encéfalo, es la circunstancia de que [...] en el cerebro y el cerebelo, las prolongaciones de las células ganglionares [células nerviosas] están conectadas con aparatos especialmente complicados (Figura 1) [...], filamentos casi arborescentes que presentan gránulos diminutos, a menudo en varias filas, y se adhieren a las células ganglionares de tal manera que es esencialmente diferente y mucho más delicada que la observada en el caso de las prolongaciones de los propios nervios. Es muy probable que este tipo de células ganglionares tenga una estrecha relación con las funciones psíquicas, pero en la actualidad no tenemos ninguna información precisa sobre este tema.

Por otra parte, debido a la falta de tinciones histológicas adecuadas, muchos científicos y profesores de anatomía de la época eran escépticos sobre la utilidad del microscopio óptico. Creían que las imágenes observadas a través del microscopio eran artefactos y, por lo tanto, una fuente de errores e hipótesis sin fundamento. Esta situación fue muy bien expuesta por el propio Cajal en su obra *Recuerdos de mi vida* (1917, 6):

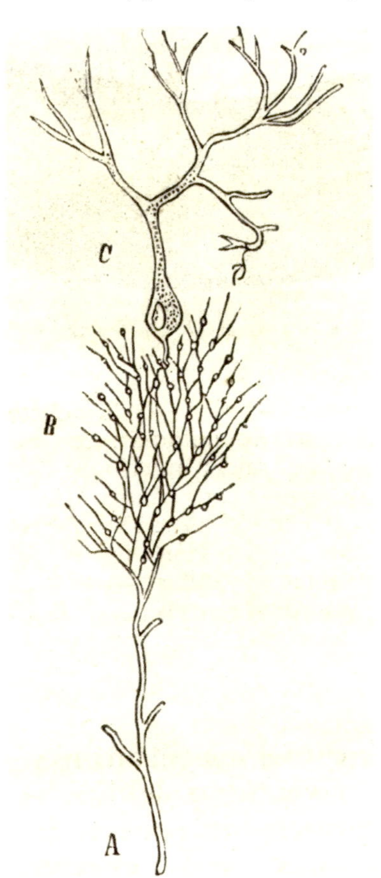

Figura 11. Ilustración de las conexiones de las células nerviosas, tomada de Virchow (1858). Esta figura va acompañada de la siguiente leyenda: «Representación diagramática de la disposición de los nervios en la corteza del cerebelo, después de Gerlach (Mikroscopische Studien/plate I, fig. 3). A, sustancia blanca. B, capa granular. C, capa celular»

¡Muchos, quizás la mayoría de los profesores de aquellos tiempos menospreciaban el microscopio, juzgándolo hasta perjudicial para el progreso de la Biología [...]! Recuerdo que, por aquella época, cierto catedrático de Madrid, que jamás quiso asomarse al ocular de un instrumento amplificante, calificaba de Anatomía Celestial a la Anatomía microscópica. La frase, que hizo fortuna, retrata bien el estado de espíritu de aquella generación de profesores.

Como veremos más adelante, este escepticismo se fue superando gradualmente gracias a los avances técnicos de la microscopía óptica, principalmente con la introducción, a principios de la década de 1860, de los objetivos de inmersión. Estos fueron posteriormente mejorados a partir de 1878 con los nuevos modelos de microscopio de luz transmitida diseñados por el físico Ernst Abbe (1840-1908) y construidos en los talleres de Carl Zeiss (1816-1888) en Jena (Álvarez-Leefmans, 1987; Merico, 1999). Además, la introducción de nuevos métodos de análisis del sistema nervioso también contribuyó a superar este escepticismo.

Teoría reticular: una red difusa sin interrupciones

El origen de la teoría reticular se remonta a 1855, cuando Franz von Leydig (1821-1908) propuso que en las regiones libres de células nerviosas del sistema nervioso central de las arañas existía una sustancia puntiforme («Punktsubstanz») (Shepherd, 1991). Esta sustancia —también llamada por diversos autores masas fibrilares centrales o «Punktsubstanz de Leydig»— estaba formada por innumerables fibrillas entrelazadas. No obstante, según Cajal, el origen de la teoría reticular se debió a la interpretación errónea de Deiters (1865) de que del contorno de las prolongaciones protoplásmicas surgían unas finas fibrillas que se continuaban con fibras mielínicas (Figura 7) y que estas fibrillas daban lugar a un segundo sistema axónico. Esta observación tuvo una gran influencia (Cajal, 1899-1904, 20):

Semejante conjetura fue el germen de una teoría errónea formulada por Gerlach, la cual ha ejercido funesta influencia en la dirección de las investigaciones neurológicas durante más de veinte años.

Cajal señaló que esta interpretación errónea de Deiters se debió a las apariencias engañosas que ofrecen las «expansiones protoplásmicas» (dendritas) disociadas (Van der Loos, 1967). Tras estos estudios, diversos autores apoyaron la teoría reticular proponiendo diferentes tipos de redes, incluyendo a Kölliker (1868) (Figura 12) que posteriormente cambió de opinión tras conocer los trabajos de Cajal.

Gerlach —basándose en sus observaciones realizadas en secciones teñidas con carmín y en sus experimentos, para ver el efecto del cloruro de oro en la tinción de las células nerviosas y sus prolongaciones— propuso que el sistema nervioso central de los vertebrados estaba esencialmente formado por un material similar al descrito por Leydig, de tal forma que en la sustancia gris de la corteza cerebral, corteza cerebelosa y médula espinal existía una fina red formada por las prolongaciones de las células nerviosas (Gerlach, 1865, 1872). Gerlach confirmó las observaciones de Deiters de que las células nerviosas tenían un cilindro-eje principal (axón) y que las prolongaciones protoplásmicas (dendritas) daban lugar a otro plexo axónico, pero añadió la observación de que las prolongaciones protoplásmicas formaban una red (red dendrítica). Así, Gerlach propuso que la conducción de la actividad nerviosa tenía lugar a través de una red de elementos neurales formada por dendritas (red dendrítica) y axones (red axónica) (Figura 13A).

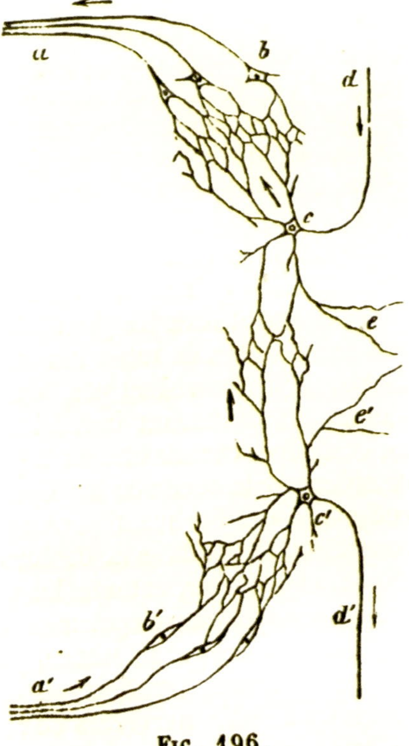

Figura 12. Esquema realizado por Kölliker (1868) para mostrar las conexiones entre células y fibras nerviosas. La leyenda de la figura dice: «Esquema de las conexiones de las células y de las fibras nerviosas en la médula espinal. *a*, fibras radiculares motoras; *b*, células motoras de las astas anteriores; *c*, células de conducción motora; *d*, fibras de conducción motora; *e*, extensiones que unen a las dos mitades de la médula. Todas las células están unidas entre sí por redes formadas por sus prolongaciones ramificadas. a'-e', denotan a las partes sensoriales correspondientes». Según Shepherd (1991), esta figura representa la primera ilustración en la literatura de un esquema específico de la organización celular de la médula espinal, y posiblemente de cualquier región del sistema nervioso».

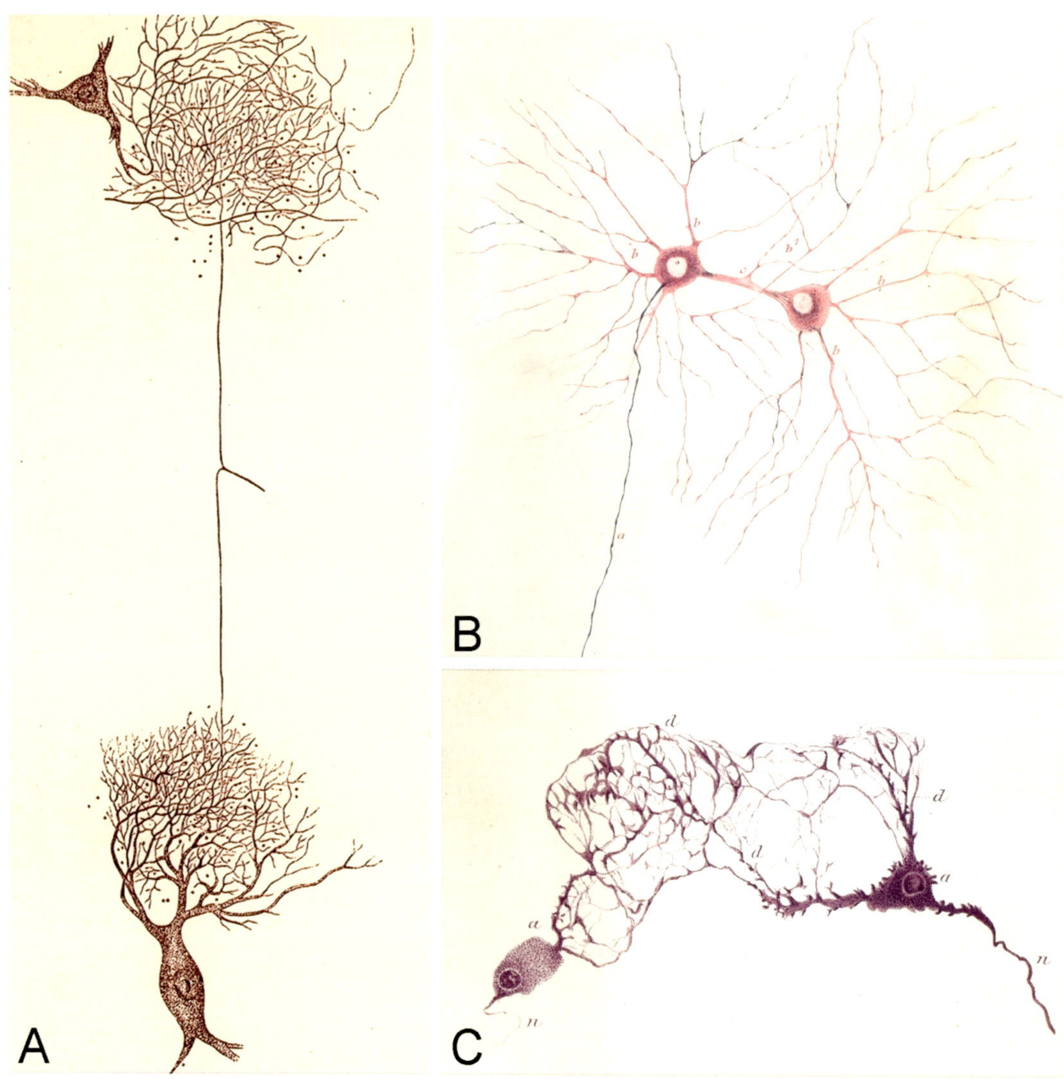

Figura 13. Teoría reticular. A, dibujo realizado por Gerlach (1872) para explicar su teoría reticular (células nerviosas de la médula espinal del buey teñidas con carmín amoniacal). Según este autor, la conducción de la actividad nerviosa tenía lugar a través de una red de elementos neurales formada por dendritas (red dendrítica) y axones (red axónica). En el centro del dibujo se muestra un axón que se divide en dos ramas que conectan con los plexos de fibras de dos células nerviosas (parte superior e inferior del dibujo, respectivamente). B, C, dibujos que muestran células ganglionares de la retina humana y células de los ganglios de la vesícula biliar del perro realizados por Dogiel en 1893 y 1899, respectivamente.

Es decir, los axones tenían dos orígenes: el directo (cuerpo celular) y el indirecto (red dendrítica), de tal forma que las conexiones entre las células nerviosas eran dobles, ya que se realizaba a través del axón principal y a través de la red dendrítica que a su vez formaba parte de la red axónica. De este modo, Gerlach fue quien realmente desarrolló la teoría reticular, por lo que es considerado como el padre de dicha teoría.

Parte del éxito de esta teoría se debió a la idea de que si el sistema nervioso era una red continua de prolongaciones, sin interrupciones, se podría explicar con cierta facilidad cómo pasa el flujo de información nerviosa de un lugar a otro del cerebro. Es decir, el paso de información de una célula nerviosa a otra ocurriría gracias a la continuidad de sus prolongaciones. La figura 13 B-C muestra dibujos realizados por Aleksander Dogiel (1852-1922) que apoyan la teoría reticular (Dogiel, 1893, 1899). En el panel B de dicha figura se pueden observar dos células nerviosas unidas a través de una gruesa dendrita común («puentes interprotoplásmicos» de Cajal), en lugar de existir como elementos independientes. Este dibujo es particularmente relevante, porque según Dogiel, fue realizado con la ayuda de una cámara clara, un buen ejemplo que indica que el uso de este dispositivo no impide que el observador realice observaciones erróneas.

GOLGI Y LA TEORÍA RETICULAR

Aunque parezca sorprendente, a pesar de la excelente tinción obtenida con el método de Golgi, el propio Golgi fue el defensor más destacado de la teoría reticular. En su primera publicación, Golgi, en 1873, no tenía una idea clara de cómo terminaban las dendritas. Según las palabras de Golgi:

> Las prolongaciones protoplasmáticas [dendritas], en vez de dividirse indefinidamente, ya sea para disolverse en una sustancia fundamental amorfa (Rindfleisch) o para dar lugar a la formación de una red (Gerlach), una vez que se reducen al estado de ramificaciones de segundo, tercer o a lo sumo cuarto orden, terminan en las células del tejido intersticial. Cuál es la relación precisa, pues, que existe entre las mencionadas prolongaciones y los cuerpos celulares, es decir, si conservan su individualidad, o se ponen en contacto íntimo, casi fundiéndose, [con los cuerpos celulares], no me fue posible descubrirlo; probablemente ambos casos ocurren; de hecho, a veces parece como si [las dendritas] atravesaran los cuerpos de la células intersticiales para alcanzar otras [células] más distantes, mientras que otras veces las prolongaciones terminan definitivamente en las células; en este segundo caso es probable

> que tenga lugar la fusión de la sustancia protoplasmática celular con la de las prolongaciones que confluyen en el mismo cuerpo celular.

Posteriormente, Golgi aceptó la idea de que las dendritas terminaban libremente. Sin embargo, sí fue contundente desde el principio con respecto a las colaterales axónicas, afirmando que se anastomosaban y formaban una red muy extendida (Golgi, 1873, 1886). Por tanto, sugirió que el sistema nervioso consistía en una «rete nervosa diffusa» (red nerviosa difusa), confirmando en parte la teoría de Gerlach, una idea que siempre mantuvo y que, como veremos más abajo, defendió incluso en la conferencia que pronunció cuando recibió el premio Nobel (véase sección «Resurgimiento de la teoría reticular: Golgi *versus* Cajal»).

Teoría neuronal: las células nerviosas constituyen una unidad anatómica y funcional

A pesar de la gran influencia de la teoría reticular en la comunidad científica, ciertos investigadores se opusieron a esta. Uno de los ejemplos más interesantes es el proporcionado por los estudios de Fridtjof Nansen (1861-1930) explorador, científico y diplomático noruego que recibió el premio Nobel de la Paz en 1922. Nansen, en su publicación sobre las células ganglionares de los invertebrados y de la médula espinal de los peces *The Structure and Combination of the Histological Elements of the Central Nervous System* (1887) (Figura 14), no solamente otorgó una gran importancia al método de Golgi, sino que también hizo hincapié en que no existía anastomosis entre las prolongaciones de las células ganglionares (Nansen, 1887):

> Ahora voy a referirme a un método cuya importancia para nuestro conocimiento futuro del sistema nervioso difícilmente puede ser infravalorado, ya que ofrece preparaciones [histológicas] realmente maravillosas y supera con creces todos los métodos conocidos hasta ahora. Éste es el *método cromato-plata* [reacción negra] del Prof. Golgi (en Pavía). Mediante modificaciones de este método he obtenido excelentes preparaciones, incluso de la médula espinal de los Peces, en donde nadie antes lo había logrado. [Página 77]
>
> Si una combinación directa es el modo común de combinación entre las células, como la mayoría de los autores suponen, la anastomosis directa entre sus prolongaciones debería ser, por lo tanto, bastante común. Cuando uno ha examinado tantas preparaciones [histológicas] (teñidas con los métodos más perfectos) como yo sin encontrar una anastomosis de naturaleza incuestionable, creo que estoy autorizado a afirmar que *como norma general no existe anastomosis directa entre las prolongaciones de las células ganglionares*. [Página 146.]

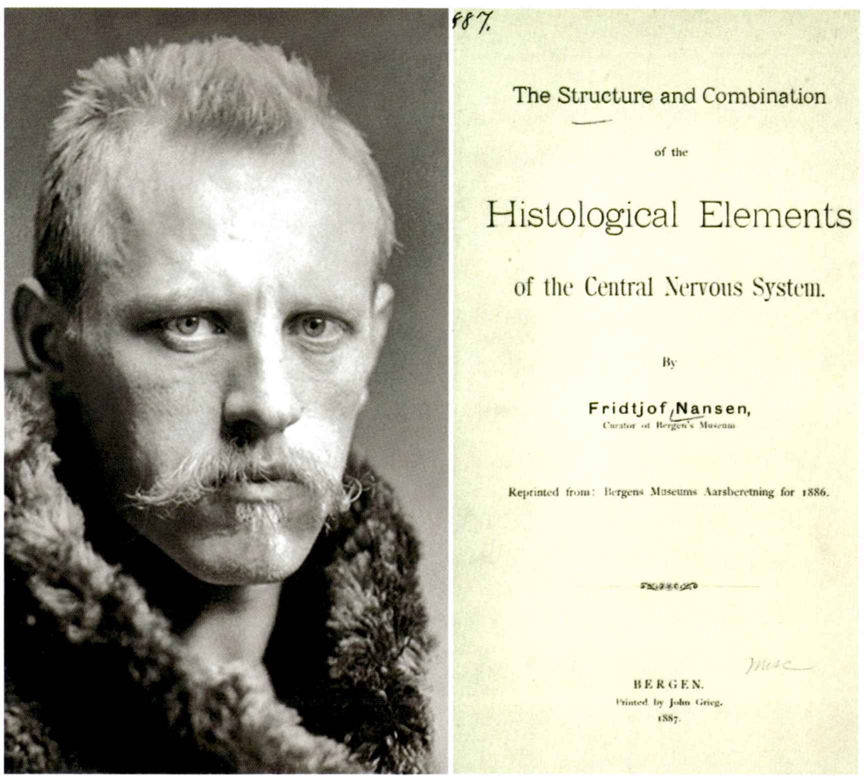

The Structure and Combination

of the

Histological Elements

of the Central Nervous System.

By

Fridtjof Nansen,
Curator of Bergen's Museum

Reprinted from: Bergens Museums Aarsberetning for 1886.

BERGEN.
Printed by John Grieg.
1887.

Figura 14. Izquierda: fotografía de Fridtjof Nansen (1861-1930). Derecha: portada de su publicación *The Structure and Combination of the Histological Elements of the Central Nervous System* (1887).

Quizás, la razón por la cual la publicación de Nansen pasó prácticamente inadvertida fue que no extendió sus hallazgos al resto del sistema nervioso ni confirmó sus observaciones en los vertebrados superiores. No obstante, los precursores más destacados de la teoría neuronal fueron Wilhelm His (1831-1904) y August-Henri Forel (1848-1931) (Figura 15), científicos de renombre que, en palabras de Cajal (Cajal, 1899-1904, vol. I, 59): «[...] combatieron la doctrina de las redes y prepararon los espíritus para la admisión de la teoría de los contactos y de la libre terminación de las expansiones nerviosas».

Ambos científicos alcanzaron la misma conclusión por separado, basándose en observaciones muy distintas. His, conocido por ser considerado el padre de la embriología y por introducir términos tan comunes actualmente como *dendrita*, *neurita*, *neuropilo* y *neuroblasto*, estudió el desarrollo temprano del sistema nervioso. Al

Figura 15. Precursores de la teoría neuronal: Wilhelm His (1831-1904) y August-Henri Forel (1848-1931).

observar que la superficie de la célula nerviosa no mostraba anastomosis con otros elementos nerviosos, propuso que la célula nerviosa era la unidad embriológica o genética del sistema nervioso (His, 1886, 1889). Forel contribuyó notablemente al desarrollo de los microtomos para obtener secciones completas del cerebro humano, pero es conocido especialmente por sus estudios sobre la organización social de las hormigas, siendo uno de los pioneros de la sociobiología (Shepherd, 1991). Este científico comenzó a trabajar en el laboratorio de Bernard von Gudden (1824-1886), donde aprendió el método experimental de la degeneración de von Gudden para el estudio de las conexiones nerviosas. Este método se basaba en los experimentos de degeneración realizados en los nervios raquídeos por August Waller (1816-1870), quien descubrió el fenómeno conocido como degeneración secundaria, más comúnmente denominado degeneración walleriana en honor a su descubridor. Waller (1850, 1852) llegó a la conclusión de que, cuando se secciona un axón, la porción separada del cuerpo celular (centro trófico) degenera y desaparece, mientras que la porción que queda unida a la célula de origen mantiene su estructura.

El método de von Gudden consistía en producir atrofia secundaria en estructuras centrales tras la extirpación de órganos de los sentidos o nervios craneales en animales jóvenes. Esto provocaba primero una atrofia de las células nerviosas de origen de los axones dañados y, posteriormente, la desaparición completa de las mismas (Von Gudden, 1870). Además, en esta publicación realizó la importante observación de que las lesiones de la corteza cerebral no afectaban a los nervios periféricos, fenómeno conocido como ley de von Gudden, aunque sí inducía una atrofia en núcleos específicos del *tálamo*.

Forel (Forel, 1887, 1890-1891) se opuso a la teoría reticular basándose en las evidencias patológicas y funcionales obtenidas con el método de von Gudden. Argumentó que, tras una lesión en una región determinada, la atrofia celular se restringía a un grupo concreto de células y no se extendía a otros grupos, como debería ocurrir si todas estuvieran formando una red. Según Cajal (1899, 1904), las ideas de His y Forel no fueron aceptadas por los reticularistas principalmente por razones metodológicas. Esto se debió a que los estudios de estos investigadores se realizaron en embriones o animales jóvenes y a que, con las técnicas histológicas que ellos utilizaron, la visualización de las neuronas era incompleta. A menudo, solo se podía observar el soma y las partes proximales de las dendritas y el axón, lo que dificultaba seguir la trayectoria de los axones finos ni visualizar las arborizaciones axónicas terminales. Según las palabras de Cajal (Cajal 1899, 1904, vol. I, 60): «Era preciso demostrar *de visu*, y en el adulto, la terminación libre de las ramificaciones nerviosas, y en condiciones tales, que no cupiera objetar ni el carácter embrionario de las disposiciones presentadas, ni lo incompleto de la coloración de las fibras».

Sin embargo, Forel sostenía una perspectiva diferente. En sus memorias «Out of my life and work» (Forel, 1937), lamenta el hecho de que cuando publicó sus estudios experimentales en 1887 (Forel, 1887), los cuales indicaban que la teoría de la anastomosis no era sostenible, cometió la equivocación «de no haber dado un nombre a mi nueva teoría. ¡A la gente siempre le gustan los nombres!». Además, en dicha obra, menciona que His llegó a los mismos resultados en un artículo publicado en octubre de 1886 (His, 1886), pero no lo citó en su propio artículo porque desconocía la publicación de este científico. Más adelante, Forel comentó refiriéndose a su artículo y al de His: «Nuestras dos publicaciones sufrieron el destino de la mayoría de las nuevas ideas: fueron simplemente ignoradas».

Cajal entra en escena

Cajal inició su trayectoria científica en 1877 con su tesis doctoral titulada *Patogenia de la inflamación* (Merchán-Pérez, 2001). Un aspecto interesante de aquel momento fue que el método de Golgi no fue ampliamente adoptado por la comunidad científica hasta varios años después de su descubrimiento. Durante sus estudios de doctorado, uno de los cursos del programa era Histología Normal y Patológica, impartido por Aureliano Maestre de San Juan (1828-1890), catedrático de histología de la Facultad de Medicina de Madrid. Maestre de San Juan fue quien introdujo a Cajal en el campo de la microscopía óptica. Según relata Cajal, al observar unas preparaciones histológicas mostradas por Maestre de San Juan, quedó tan impresionado por la belleza de algunas de ellas que decidió montar un laboratorio de microscopía como complemento indispensable para la anatomía descriptiva. En *Recuerdos de mi vida* (1917), Cajal comenta que, al iniciar su carrera investigadora tras graduarse como doctor, uno de los libros de referencia que tenía a su disposición era el *Tratado de histología normal y patológica*, de Aureliano Maestre de San Juan. En este libro, publicado en 1879 (Figura 16), y en la segunda edición de 1885, no se menciona el método de Golgi. Este también fue el caso de otro libro muy interesante que Cajal utilizó para sus estudios: *Tratado elemental de anatomía y fisiología normal y patológica del sistema nervioso* (1878), de José Crous (1846-1887), profesor de Patología Médica. En este libro se refleja claramente el conocimiento rudimentario de aquella época sobre la organización del cerebro (Figura 17). A pesar de los años transcurridos desde la publicación de la *reazione nera* en 1873, en la mayoría de los textos disponibles en esa época no se hacía referencia a este método.

Así, la información aportada en estas publicaciones era realmente muy rudimentaria. Por ejemplo, con respecto a los tipos morfológicos de neuronas, Cajal habría leído en el libro de Maestre de San Juan (1879) lo siguiente (Figura 16): «Las células nerviosas presentan o no prolongaciones de su protoplasma, y de aquí la división de las mismas en 1.°, apolares, es decir, sin ninguna proyección protoplasmática; y 2.°, otras [células nerviosas] presentan un número variable de prolongaciones».

Si comparamos el dibujo de Maestre de San Juan (1879) con el de Kölliker (1852) (Figura 8 y Figura 16, respectivamente), podemos observar que, a pesar de haber transcurrido 27 años desde la publicación del libro de Kölliker, ambos dibujos son muy similares. Sin embargo, Cajal estaba al tanto de la existencia del

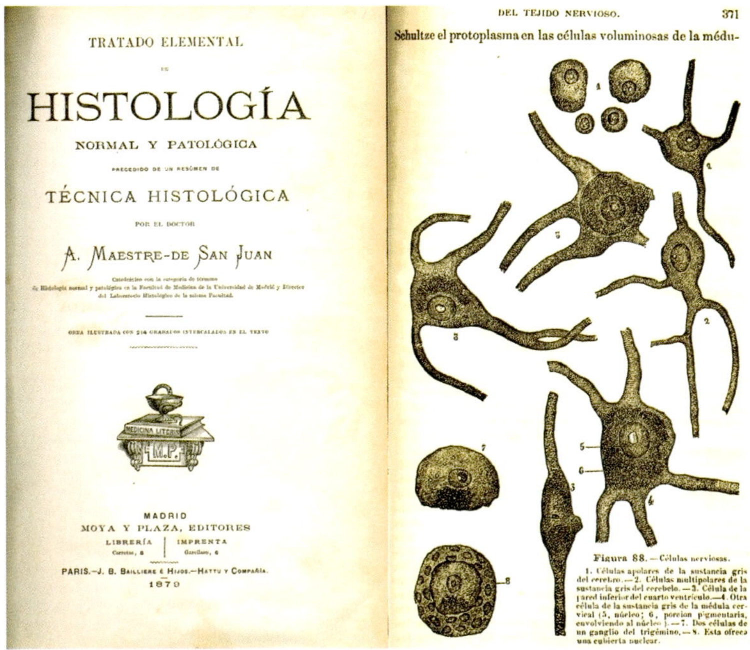
TRATADO ELEMENTAL

DE

HISTOLOGÍA

NORMAL Y PATOLÓGICA

PRECEDIDO DE UN RESÚMEN DE

TÉCNICA HISTOLÓGICA

POR EL DOCTOR

A. MAESTRE-DE SAN JUAN

MADRID

MOYA Y PLAZA, EDITORES

PARIS.—J. B. BAILLIERE É HIJOS.—HATTU Y COMPAÑÍA.

1879

DEL TEJIDO NERVIOSO. 371

Schultze el protoplasma en las células voluminosas de la médu-

Figura 88. — Células nerviosas.

Figura 16. Tipos morfológicos de células nerviosas. Tomada de Maestre de San Juan (1879).

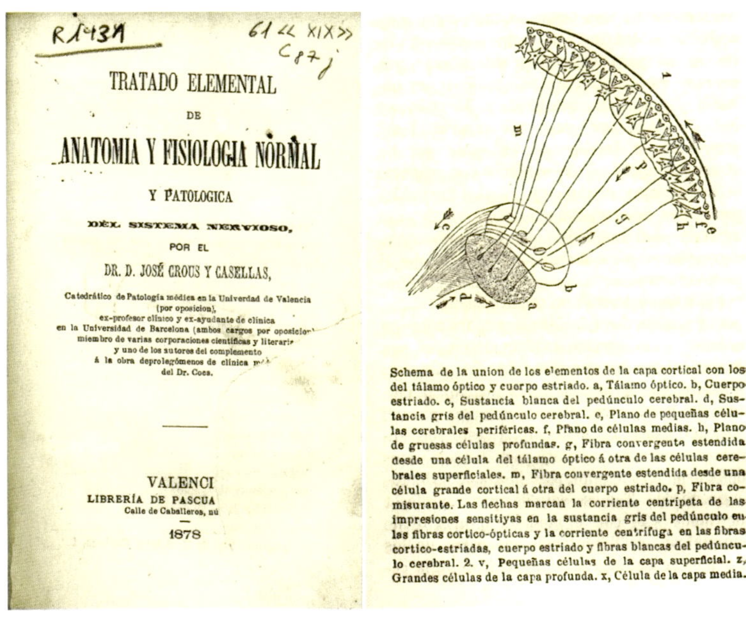

TRATADO ELEMENTAL

DE

ANATOMIA Y FISIOLOGIA NORMAL

Y PATOLOGICA

DEL SISTEMA NERVIOSO,

POR EL

DR. D. JOSÉ CROUS Y CASELLAS,

Catedrático de Patología médica en la Univerdad de Valencia (por oposicion), ex-profesor clínico y ex-ayudante de clínica en la Universidad de Barcelona (ambos cargos por oposicion) miembro de varias corporaciones científicas y literarias y uno de los autores del complemento á la obra de prolegómenos de clínica médica del Dr. Coca.

VALENCI

LIBRERÍA DE PASCUA

Calle de Caballeros, nú

1878

Schema de la union de los elementos de la capa cortical con los del tálamo óptico y cuerpo estriado. a, Tálamo óptico. b, Cuerpo estriado. c, Sustancia blanca del pedúnculo cerebral. d, Sustancia gris del pedúnculo cerebral. e, Plano de pequeñas células cerebrales periféricas. f, Plano de células medias. h, Plano de gruesas células profundas. g, Fibra convergente estendida desde una célula del tálamo óptico á otra de las células cerebrales superficiales. m, Fibra convergente estendida desde una célula grande cortical á otra del cuerpo estriado. p, Fibra comisurante. Las flechas marcan la corriente centrípeta de las impresiones sensitivas en la sustancia gris del pedúnculo en las fibras cortico-ópticas y la corriente centrífuga en las fibras cortico-estriadas, cuerpo estriado y fibras blancas del pedúnculo cerebral. 2. v, Pequeñas células de la capa superficial. z, Grandes células de la capa profunda. x, Célula de la capa media.

Figura 17. Representación esquemática de las conexiones de la corteza cerebral. Tomada de Crous (1878).

método de Golgi. Según se refleja en *Recuerdos de mi vida* (1917, 73), Cajal no lo había comprobado inicialmente, ya que pensaba que era un método inservible:

> Pero, según dejo apuntado, el admirable método de Golgi era por entonces (1887-1888) desconocido por la inmensa mayoría de los neurólogos ó desestimado por los pocos que tuvieron noticia precisa de él. El libro de Ranvier, mi biblia técnica de entonces, le consagraba solamente unas cuantas líneas informativas, escritas displicentemente. Veíase á la legua que el sabio francés no lo había ensayado. Naturalmente, los lectores de Ranvier pensábamos que el susodicho método no valía la pena.

Por otro lado, algunos profesores universitarios aún eran escépticos sobre la utilidad del microscopio. Esto se debía a que, en los inicios de la microscopía óptica, algunos científicos habían intentado utilizarlo sin éxito para analizar el sistema nervioso (véase el comentario de Cajal en la página 34). Fue en este entorno donde Cajal se inició en las labores de investigación. Durante la década siguiente a la obtención de su título de doctor, Cajal publicó diversos artículos sobre microbiología e histología, abarcando una amplia gama de temas (Merchán-Pérez, 2001).

Un fortuito encuentro en Madrid en 1887 con Luis Simarro (1851-1921) marcó un hito en el desarrollo temprano de la carrera científica de Cajal. Simarro, un reputado psiquiatra y neurólogo con un profundo interés en la histología, le mostró a Cajal durante una visita a su laboratorio privado una preparación de tejido nervioso teñida con el método de Golgi (Figura 18).

Como veremos más adelante, este método se convirtió, en las manos de Cajal, en la herramienta fundamental que le permitió cambiar el curso de la historia de la neurociencia, marcando el nacimiento de la neurociencia moderna. El momento histórico en que Cajal descubrió las propiedades del método de Golgi

Figura 18. Arriba: *Una investigación o el Dr. Simarro en el Laboratorio* (1897), obra del pintor Joaquín Sorolla Bastida (1863-1923), que muestra a Luis Simarro (con bata blanca) trabajando en su laboratorio. El frasco de tamaño grande que aparece en primer plano contiene bicromato potásico que, junto con el nitrato de plata, constituyen los dos ingredientes principales del método Golgi (véase la carta que envió Golgi a su amigo Nicolò Manfredi en el apartado *La reazione nera*). Madrid, Museo Sorolla (Inv. 417). Abajo: A, fotografía de una preparación histológica realizada por Simarro que muestra el cerebelo humano teñido con el método de Golgi en combinación con el método de Weigert; B, microfotografía a bajo aumento de una célula de Purkinje típica. D, mayor aumento de B para mostrar las espinas dendríticas. Barra de escala (en C): 30 µm en B; 4,5 µm en C. Las imágenes histológicas (Legado Simarro, Universidad Complutense de Madrid) fueron tomadas por Íñigo Azcoitia y Alberto Muñoz (Universidad Complutense).

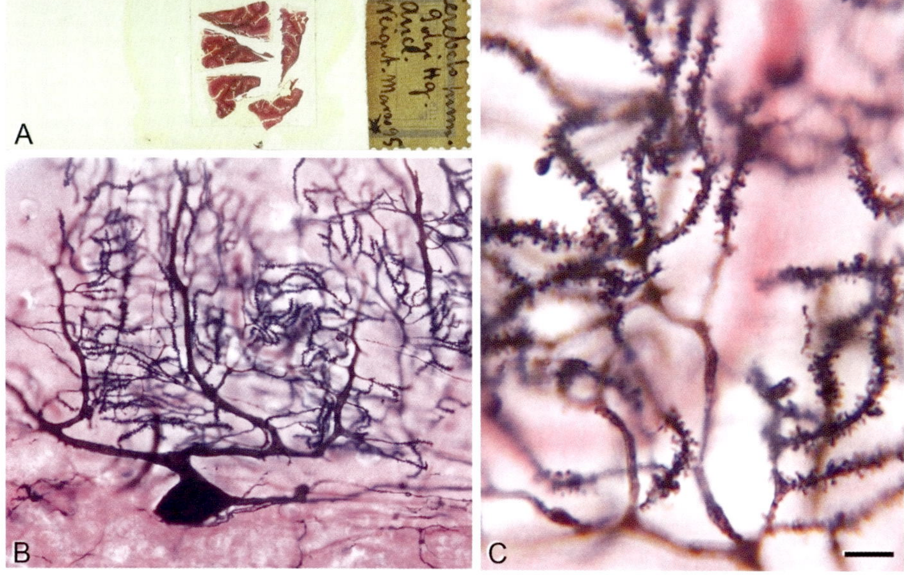
A
B
C

(Figura 19) está primorosamente descrito en muchos de sus escritos, pero sobre todo en la traducción al francés de su obra *Textura*, un excelente ejemplo de su habitual estilo de escritura, vivo y entusiasta (Cajal, 1909, 1911, vol. I, 28-29):

> En resumen: había necesidad de un método para teñir de manera selectiva un elemento, o a lo sumo un número reducido de elementos, de tal modo que parecieran estar aislados de los restantes elementos invisibles. ¿Sería posible que una técnica como esta se hiciera realidad y que el microscopio se convirtiera en un escalpelo y la histología en una refinada herramienta para la disección anatómica? Se dejó endurecer una muestra de tejido nervioso durante varios

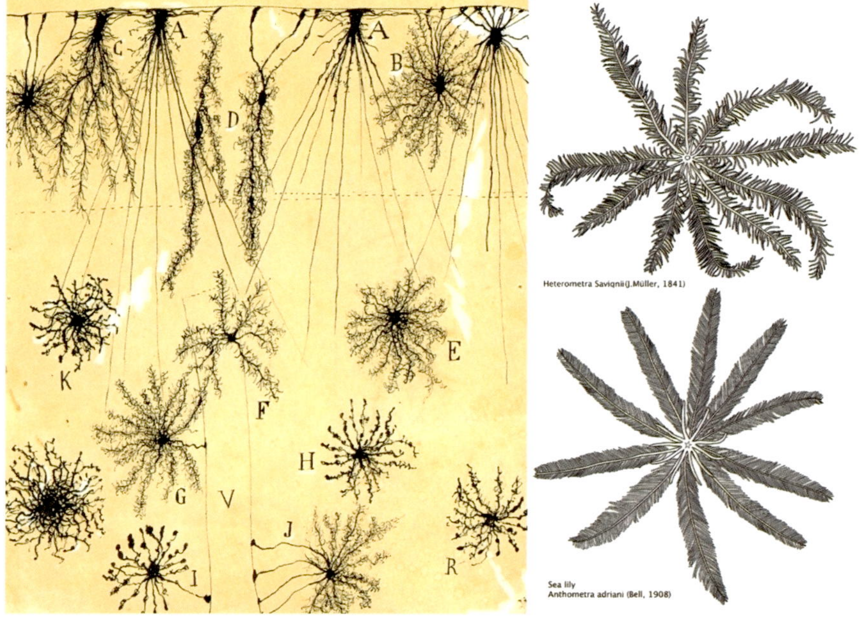

Figura19. Izquierda: dibujo de Cajal para ilustar la neuroglia de las capas superficiales del cerebro (Cajal, 1899, 1904). La leyenda dice: «Neuroglia de las capas superficiales del cerebro del niño de dos meses. Método de Golgi. A, B, [C], D, células neuróglicas de las capas plexiformes; E, F, [G, H, K], R, células neuróglicas de las capas segunda y tercera; V, vaso sanguíneo; J, I, neuroglia con pseudopodos vasculares». Derecha: esquemas representativos de dos lirios de mar (clase: crinoidea; orden: comatulida): Arriba, *Alecto savignii = Heterometra savignii* (Müller, 1841) y abajo, *Anthometra adriani* (Bell, 1908). Dibujos originales hechos a partir de fotografías de especímenes naturales, cedidos por Ruth Morona (departamento de Biología Celular, Facultad de Biología, Universidad Complutense de Madrid). En el resumen sobre el método de Golgi, las células que se asemejan a comatúlidos o falángidos a las que se refiere Cajal son probablemente algunas células gliales que, cuando se tiñen con el método de Golgi, adoptan una morfología que recuerda a estos invertebrados.

días en un líquido puro de Müller [bicromato potásico] o en una mezcla de este [fijador] con ácido ósmico. Tanto si fue una distracción del histólogo o la curiosidad del científico, el tejido se sumergió a continuación en un baño de nitrato de plata. La aparición de agujas relucientes con brillantes reflejos dorados pronto atrajo la atención. El tejido fue cortado y las secciones fueron deshidratadas, aclaradas y luego examinadas [con el microscopio]. ¡Qué espectáculo tan inesperado! Sobre el fondo de color amarillo totalmente translúcido aparecieron algunos filamentos negros lisos y finos o espinosos y gruesos, así como cuerpos triangulares negros, estrellados y fusiformes. Parecía que habían sido dibujados con tinta china sobre papel japonés transparente. El ojo estaba desconcertado, acostumbrado como estaba al inextricable laberinto [observado] en las secciones teñidas con carmín y hematoxilina, donde la indecisión de la mente tenía que ser reforzada por su capacidad de juzgar e interpretar. Ahora todo aparecía claro, limpio y definido. Ya no era necesario interpretar [microscópicamente] los hallazgos para comprobar que la célula tiene múltiples ramificaciones recubiertas de "escarcha", abarcando un espacio increíblemente grande con sus ondulaciones; [se observa] una delgada fibra originada en una célula que se prolonga a enormes distancias y de repente estalla en un ramillete de innumerables brotes de fibras; o un corpúsculo confinado en la superficie de un ventrículo donde irradia un tallo que se ramifica hasta la superficie [del cerebro]; y células estrelladas que se asemejan a comatúlidas o falángidos [Figura 19]. El asombrado ojo no podía apartarse de esta contemplación. ¡La técnica anhelada se había hecho realidad! La impregnación metálica había logrado inesperadamente esta perfecta disección. ¡Este es el método de Golgi! [...] cuyas claras y decisivas imágenes nos permiten desechar la famosa red de Gerlach, [así como] los brazos [dendríticos] de Valentin y Wagner y muchas otras fantasiosas hipótesis.

Cajal quedó tan impresionado por la maravillosa tinción de las células nerviosas que se preguntó por qué este descubrimiento no había supuesto ya el punto de partida de una revolución científica. En *Recuerdos de mi vida* (1917, 34-35), Cajal comentó:

Debo a Luis Simarro el inolvidable favor de haberme mostrado las primeras buenas preparaciones efectuadas con el proceder de cromato de plata [método de Golgi], y de haber llamado mi atención sobre la excepcional importancia del libro del sabio italiano, sobre la íntima estructura de la substancia gris [Golgi, 1885]. [...] fué precisamente [en 1887] en casa del Dr. Simarro, situada en la calle del Arco de Santa María 41, donde por primera vez tuve

> ocasión de admirar excelentes preparaciones del método de Weigert-Pal, y singularmente, [...] aquellos cortes famosos del cerebro impregnados mediante el proceder argéntico del sabio de Pavía.

Probablemente, Cajal no habría llegado a la cima de la ciencia sin el método de Golgi, pero ¿por qué transcurrió tanto tiempo desde el descubrimiento del método de Golgi —en 1873— hasta que se hizo popular entre la comunidad científica? Esto se debió, en parte, a la formación científica que Cajal y otros investigadores recibían en aquel tiempo (DeFelipe, 2002). En *Recuerdos de mi vida* (1917, 76), Cajal se refirió a esta circunstancia con la claridad y el estilo que lo caracterizaban como escritor:

> Expresaba en párrafos anteriores la sorpresa sentida al conocer de visu la maravillosa potencia reveladora de la reacción cromo-argéntica [método de Golgi] y la ninguna emoción provocada en el mundo científico por su hallazgo. ¿Cómo explicar tan extraña diferencia? Hoy, que conozco bien la psicología de los sabios, hallo la cosa muy natural. En Francia, como en Alemania, y más en ésta que en aquella, reina una severa disciplina de escuela. Por respeto al maestro, ningún discípulo suele emplear métodos de investigación que no se deban a aquél. En cuanto a los grandes investigadores, creeríanse deshonrados trabajando con métodos ajenos.

Otro buen ejemplo que ilustra este escenario lo encontramos en los escritos de su discípulo Del Río-Hortega, quien realizó este interesante comentario en su obra *Arte y artificio de la ciencia histológica* (1933):

> En cada país suele darse preferencia a una modalidad técnica que conduce a revelaciones con sello particular. De esto dimana el hecho de que la verdad científica no sea igual en todos los países y hasta de que existan verdades para todos los gustos. Lo que aquí constituye la más sublime expresión de una técnica perfecta, allí se menosprecia con el insulto de artefacto, que deforma y, desfigura a la realidad. Y así acontece que lo que muchos consideran la verdad absoluta, otros lo tienen por verdad relativa, y algunos como una pura ficción.

PRIMERA PUBLICACIÓN DE CAJAL CON EL MÉTODO DE GOLGI Y PRIMER DESCUBRIMIENTO CRUCIAL: TERMINACIÓN LIBRE DE LAS PROLONGACIONES NEURONALES (TEORÍA NEURONAL)

Tras el encuentro con Simarro, Cajal comenzó a utilizar el método de Golgi de forma inmediata para estudiar prácticamente todo el sistema nervioso. En manos de Cajal, este método reveló una organización diferente a la propuesta por Golgi y otros científicos, lo que implicaba una interpretación distinta de las imágenes microscópicas. Solo un año después de la visita de Cajal al laboratorio de Simarro, el 1 de mayo de 1888, publicó su primer artículo clave con el método de Golgi en la *Revista trimestral de histología normal y patológica* (Figura 20). El artículo, titulado «Estructura de los centros nerviosos de las aves» (Cajal, 1888), describía por primera vez la existencia de pequeñas protrusiones en las dendritas de ciertas células nerviosas, a las que denominó «espinas dendríticas». Estas espinas han sido objeto de una intensa investigación desde entonces hasta nuestros días (DeFelipe, 2015a). Además, Cajal confirmó la observación de Golgi de que las dendritas terminan libremente, pero añadió la observación crucial de que esto también ocurría con las colaterales axónicas. Estas últimas formaban una arborización «libre» (sin anastomosis) y «varicosa» (dilatación o ensanchamiento axónico), lo que llevó a Cajal a afirmar que: «Cada elemento [célula nerviosa] es un cantón fisiológico absolutamente autónomo».

De este modo, desde el principio, para Cajal, las células nerviosas constituían claramente una unidad anatómica y funcional, y se comunicaban entre sí por contacto o contigüidad, no por continuidad. Así, lo expresó en 1889 (Cajal, 1889):

> [...] nunca hemos podido ver una malla de semejante red [axónica de Golgi], ni en el cerebro, ni en la médula, ni en el cerebelo, ni en la retina, ni en el bulbo olfatorio, etc., creemos que es hora ya de desligar a la histología de todo compromiso fisiológico, y adoptar sencillamente la única opinión que está en armonía con los hechos, a saber: que las células nerviosas son elementos independientes jamás anastomosados ni por sus expansiones protoplasmáticas [dendritas] ni por las ramas de su prolongación de Deiters [axón], y que la propagación de la acción nerviosa se verifica por contactos al nivel de ciertos aparatos o disposiciones de engranaje, cuyo objeto es fijar la conexión, multiplicando considerablemente las superficies de influencia.

Esta observación supuso un cambio radical en la comprensión del funcionamiento del cerebro, pasando de la idea de una red neuronal continua a la del

Año I. Núm. 1. 1.º Mayo 1888

REVISTA TRIMESTRAL

DE

HISTOLOGÍA NORMAL Y PATOLÓGICA

ESTRUCTURA DE LOS CENTROS NERVIOSOS DE LAS AVES.

Las investigaciones de Golgi sobre la textura de los centros nerviosos han abierto una nueva era de investigaciones cuyo término no se vislumbra, pues si bien el método analítico descubierto por este autor permite resolver algunos problemas de estructura, ha servido también para poner sobre el tapete cuestiones nuevas y dificilísimas. Tal es, por ejemplo, la conexión de las células, imposible de discernir en las mejores preparaciones de los centros, y tal es también la disposición y terminaciones de las ramitas laterales de la prolongación nerviosa, ora sensitiva, ora motriz, que todos los corpúsculos ofrecen.

No tenemos nosotros la pretensión de resolver estos problemas: cúmplenos por ahora solamente exponer el resultado de nuestras investigaciones sobre el sistema nervioso de las aves, particularmente del cerebelo, que será objeto de esta primera comunicación.

El método analítico utilizado es el que Golgi recomienda en su memorable trabajo (1) y el que han seguido para sus notables investigaciones Fusari (2), Tartuferi (3) y Petrone (4).

De los tres métodos de induración que Golgi recomienda para que las piezas puedan recibir la acción del nitrato de plata, el que mejores resultados nos ha dado es el tercero (5) (maceración de las piezas frescas

(1) Sulla fina Anatomia degli organi centrali del sistema nervioso, 1885. Milano.

(2) Untersuchungen über die feinere Anatomie des Gehirne der Teleostier. *Intern. Monatsch. f. Anat. und Phys.* 1887.

(3) Sull' anatomia della retina. *International Monatsschrift. fur Anat. und Physiol.* 1887.

(4) Sur la structure des nerfs cerebro-rachidieus. *Intern. Monatschrift. f. Anat. und Physiol*, 1888.

(5) *Loc. cit.* p. 201. 6.

a

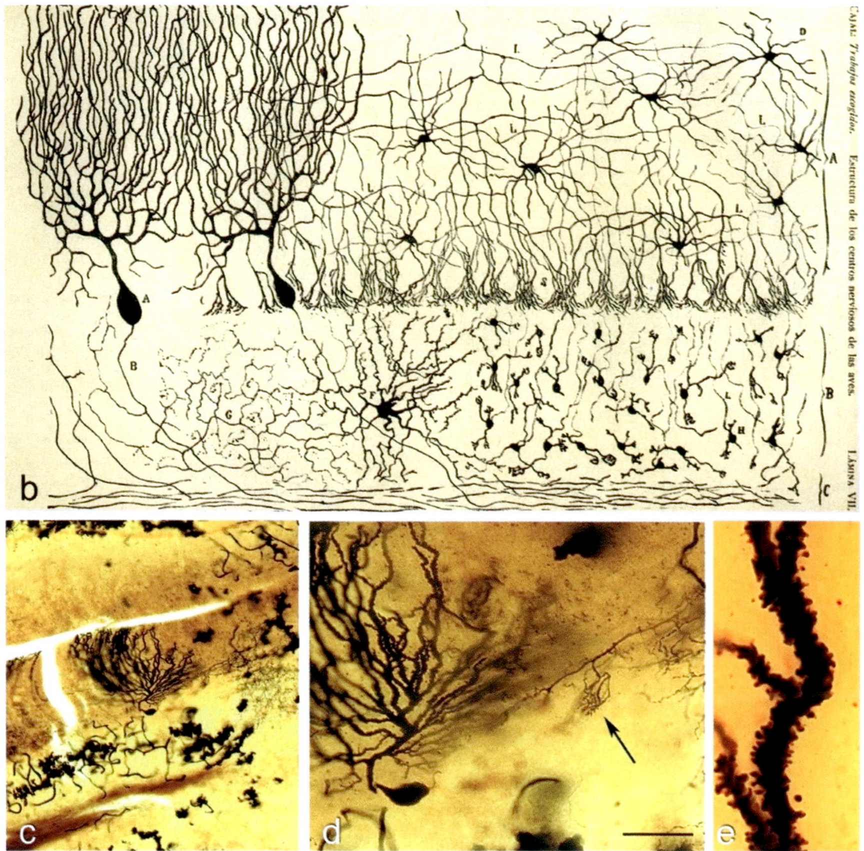

Figura 20. Primera ilustración realizada por Cajal de una preparación histológica (cerebelo de gallina) teñida con el método de Golgi (Cajal, 1888). a, primera página del artículo (página anterior) y b ilustración cuya leyenda dice: «Corte vertical de una circonvolución cerebelosa de la gallina. Impregnación por el método de Golgi. De las tres llaves, a, representa la zona molecular, b, designa la capa granulosa y c, la sustancia blanca. *A*. Cuerpo de una célula de Purkinje. *B* prolongación de Deiters [axón] de esta célula. *D*, célula estrellada pequeña. *L*, prolongación nerviosa de estos elementos. *C*, fleco descendente en que terminan las ramitas emanadas de los cilindros ejes. *S*, hueco que dejan los flecos descendentes para alojar el cuerpo de las células de Purkinje. *H*, corpúsculo enano de la capa granulosa con un cilindro *L* dirigido hacia arriba. *F*, célula estrellada grande de la capa granulosa; y *G*, su prolongación nerviosa sumamente ramificada». c, microfotografía de una de las preparaciones de Cajal del «cerebelo de un ave adulta» teñida con el método de Golgi. d, aumento mayor de c para ilustrar una célula de Purkinje y una formación en cesto (flecha). e, dendrita de la célula de Purkinje para mostrar que está cubierta por espinas. Barra de escala (en d): 200 µm en c; 60 µm en d; 8,4 µm en e. Las imágenes histológicas fueron obtenidas por Pablo García-López, Virginia García-Marín y Miguel Freire (Legado Cajal, Instituto Cajal).

cerebro «infinitamente fragmentado». Esto planteaba la necesidad de investigar cómo se transmitía el impulso nervioso de una célula nerviosa a otra a través de una separación física. Como bien expresó Cajal en la *Textura* (Cajal, 1899, 1904, vol. I, 68): «Puesto que las [prolongaciones dendríticas y axónicas] se terminan libremente, es preciso suponer, entre dichas [prolongaciones], un contacto más ó menos íntimo, capaz de explicar el paso de corrientes [nerviosas] á través de una cadena de conductores». En la versión francesa de *Histologie* (Cajal, 1909, 1911), el texto se modifica, y después de «contacto», se añade: «de forma muy semejante a como la corriente eléctrica cruza una juntura entre dos cables».

LEY DE LA POLARIZACIÓN DINÁMICA DE LAS NEURONAS

Una de las consecuencias importantes de la doctrina neuronal de Cajal fue la formulación de la ley de la polarización dinámica de las células nerviosas. Esta teoría la propuso Cajal para explicar el tránsito de los impulsos nerviosos a través de los circuitos neuronales. En *Recuerdos de mi vida* (1917, 188) escribió: «¿Cuál es la dirección del impulso nervioso dentro de la neurona?… ¿Propágase como el sonido ó como la luz en todas las direcciones, ó marcha constantemente en un solo sentido á la manera del agua del molino?».

En aquel entonces, se creía que las dendritas tenían principalmente una función nutritiva, mientras que los axones transmitían los impulsos nerviosos en una dirección *celulífuga* (una generalización basada principalmente en la conducción que seguían los axones de las motoneuronas desde la médula espinal al músculo esquelético). Sin embargo, no existía un consenso amplio ni una comprensión clara sobre el papel de las dendritas en el procesamiento de la información, ni sobre la dirección de los impulsos nerviosos en otras regiones más complejas del sistema nervioso. En 1889, Cajal propuso que, al menos en ciertos casos, las dendritas tenían la función de recepción de corrientes (Cajal, 1889). Dos años más tarde, Cajal intentó generalizar esta idea con la ley de la polarización dinámica (Cajal, 1891). Esta ley se basaba en la dirección que seguían los impulsos en regiones del sistema nervioso donde la ruta anatómica que debían seguir los impulsos nerviosos era evidente, como en el sistema visual y olfatorio (desde el mundo exterior hacia el interior del sistema nervioso) (Figura 21). Es decir, la conducción del impulso nervioso se produce en una única dirección: desde las dendritas y el soma hacia el axón.

Así, Cajal propuso que las neuronas podían dividirse en tres regiones funcionalmente distintas: un aparato receptor (formado por las dendritas y el soma), un aparato de emisión (el axón) y un aparato de distribución (la arborización axónica terminal). Más tarde, Cajal se percató de que el soma no siempre interviene en la conducción de los impulsos y que, a veces, la corriente nerviosa puede ir directamente desde las dendritas al axón (Cajal, 1897) (Figura 22). Esta observación lo llevó a modificar su teoría de la polarización dinámica, dando lugar a la teoría de la polarización axípeta.

La teoría de la polarización dinámica permitió a Cajal y a otros científicos desentrañar el flujo de información en los intrincados microcircuitos del sistema nervioso. Esta teoría fue fundamental, ya que sentó las bases para comprender la organización funcional de las conexiones neuronales.

RECONOCIMIENTO DE LA LABOR INVESTIGADORA DE CAJAL POR LA COMUNIDAD CIENTÍFICA: EL CONGRESO DE BERLÍN DE 1889

Cajal comenzó a ser conocido y admirado por la comunidad científica internacional tras su participación en el Congreso de la Sociedad Anatómica Alemana, celebrado en la Universidad de Berlín en octubre de 1889. Según relata el propio Cajal en su autobiografía *Recuerdos de mi vida* (1917, 145), el congreso contaba con una sala de demostraciones equipada con diversos microscopios. Allí, Cajal utilizó «dos o tres instrumentos amplificantes, además de mi excelente modelo Zeiss, traído por si acaso» para mostrar sus preparaciones de cerebelo, retina y médula espinal. Entre los histólogos y anatomistas más distinguidos de la época que manifestaron un gran interés por sus preparaciones, se encontraban His, Schwalbe, Retzius, Waldeyer y, especialmente, Kölliker, uno de los científicos más influyentes del momento. Kölliker quedó tan impresionado con los descubrimientos de Cajal que le dijo (Cajal, 1917, 147): «Los resultados obtenidos por usted son tan bellos que pienso emprender inmediatamente, ajustándome á la técnica de usted, una serie de trabajos de confirmación. Le he *descubierto* á usted, y deseo divulgar en Alemania mi descubrimiento».

Doble página siguiente

Figura 21. Esquemas de Cajal que muestran el flujo de corriente en los sistemas visual y olfatorio. Arriba: «Esquema de los empalmes celulares de la mucosa olfatoria (B), bulbo olfatorio (A), tractus y lóbulo olfatorio (C) del cerebro. Las flechas indican la dirección de la corriente... a, b, c, d, Vía de ida ó centrípeta por la cual marcha la excitación sensorial ú olfativa». Abajo: «Esquema de la marcha de las excitaciones luminosas á través de la retina (A), nervio óptico y lóbulo óptico (B) de las aves. a, b, c, representan respectivamente un cono, una célula bipolar y una célula ganglionar de la retina: en este mismo orden las atraviesa la excitación luminosa». Tomada de Cajal, 1891.

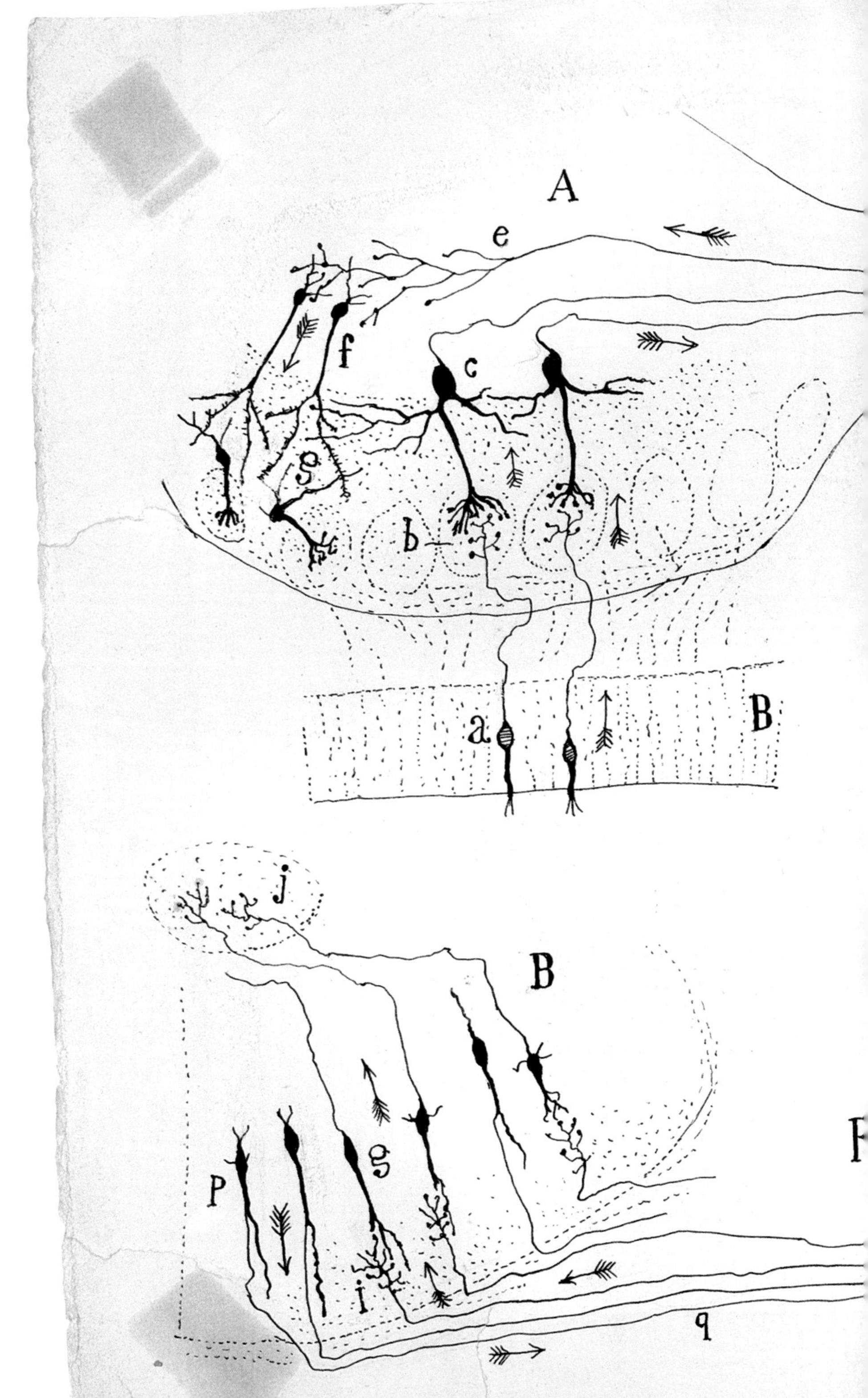
A
e
f
c
g
b
a
B
j
B
g
P
i
q

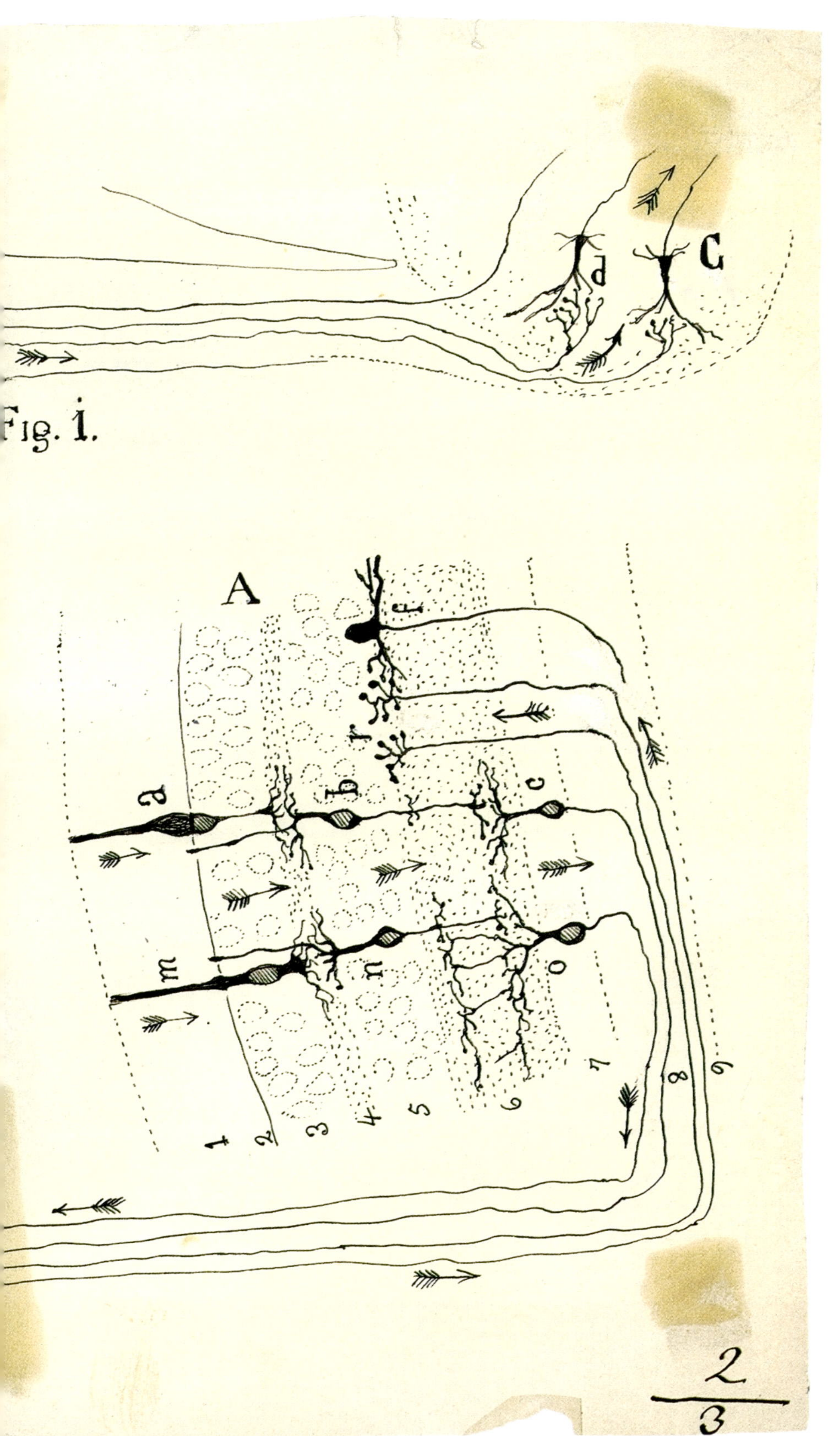

Fig. 1.

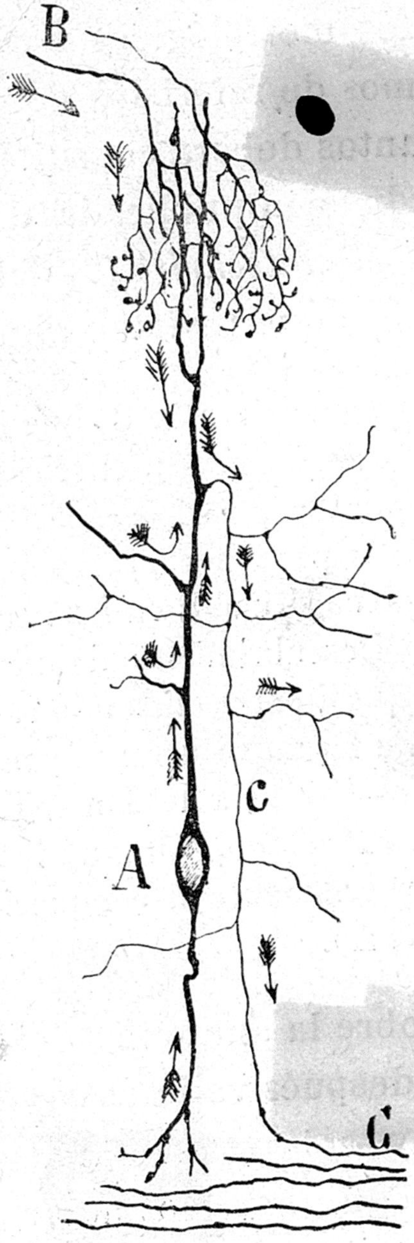

línea
menos
o igual
natural

Ese hito histórico fue recogido por Arthur van Gehuchten (1861-1914), uno de los presentes en el acontecimiento, en el discurso de respuesta por el homenaje recibido con motivo de sus 25 años de docencia en la Universidad de Lovaina (Van Gehuchten, 1913). La difícil situación a la que Cajal se enfrentaba queda bien reflejada en el párrafo en el que Van Gehuchten comenta este acontecimiento (32, 33):

> Los hechos descritos [por Cajal] en sus primeras publicaciones resultaban tan extraños que los histólogos de la época —no pertenecimos felizmente a ese número— los acogieron con el mayor escepticismo. La desconfianza era tal que en el Congreso de anatómicos celebrado en Berlín en 1889, Cajal, que llegó a ser después el gran histólogo de Madrid, encontrábase solo, no suscitando en torno suyo sino sonrisas incrédulas. Todavía [creo] verlo tomar aparte a Kölliker, entonces maestro incontestable de la Histología alemana, [y] arrastrarlo a un rincón de la sala de demostraciones, para mostrarle en el microscopio sus admirables preparaciones y convencerle asimismo de la realidad de los hechos que pretendía haber sacado a la luz. Esta demostración fue tan decisiva que, unos meses más tarde, el histólogo de Würzbourg [Kölliker] confirmaba todos los hechos avanzados por Cajal.

En *Recuerdos de mi vida* (1917, 174-176), Cajal realizó el siguiente comentario sobre el artículo de Van Gehuchten (32-33):

> Uno de los primeros sabios convertidos á mis ideas fué el profesor de Lovaina A. van Gehuchten, renombrado citólogo de la Escuela de Carnoy, transformado entonces, por una especie de inducción, en ardoroso cultivador de la neurología [...] Permítasenos copiar aquí algunos párrafos de su famoso discurso de Jubileo [van Gehuchten, 1913].: Era la época —dice van Gehuchten— en que el método de Golgi encontró al fin aplicación práctica. Los hechos nuevos revelados por este proceder iban á revolucionar la anatomía del sistema nervioso. Los laboratorios de Anatomía hallábanse en ebullición. Todos queríamos aportar nuestra piedra al edificio nuevo que, bajo la impulsión genial de Cajal, resultaba grandioso. No sólo la técnica

Página anterior

Figura 22. Esquema de Cajal (1897) para ilustrar la teoría de la polarización axípeta. La leyenda dice: «Célula de cayado del lóbulo óptico del gorrión. A, soma; B, fibras llegadas de la retina; C, substancia blanca central; c, axon; las flechas señalan la dirección de las corrientes».

del método se había simplificado, sino que los resultados aportados vinieron á ser más constantes y decisivos [...]. Me pregunta el Comité organizador de esta fiesta cómo se me ocurrió la idea, hace veinticinco años, de dirigir mi actividad científica hacia los estudios del sistema nervioso. Deseoso de contestaros, he procurado revivir con el pensamiento los primeros años de mi enseñanza universitaria. Era en 1888. Estaba yo en correspondencia con Cajal, con ocasión de trabajos respectivamente publicados sobre la estructura íntima de la célula muscular. Cierto día me escribe, manifestándome que abandona sus investigaciones sobre los músculos, para ocuparse de los centros nerviosos, motivando su decisión en el hecho de haber obtenido resultados notables aplicando sobre los embriones una de las fórmulas del método de Golgi creado desde 1875. Yo comprobé sus afirmaciones, persuadiéndome de que tenía razón. El primer paso estaba dado, después otros siguiéronse naturalmente.

Kölliker divulgó las observaciones, conceptos y teorías de Cajal, las cuales tuvieron una rápida y profunda influencia en los investigadores de su época. Como resultado de este reconocimiento, distinguidas instituciones e investigadores lo invitaron a exponer sus hallazgos. Entre sus primeras conferencias más importantes se encuentran las pronunciadas durante los días 14, 18 y 19 de marzo de 1892 en la Academia y Laboratorio de Ciencias Médicas de Cataluña. Estas ponencias fueron publicadas en la *Revista de Ciencias Médicas de Barcelona* (Cajal, 1892a) y en la *Croonian Lecture* (Cajal, 1894), leída el 8 de marzo en la Royal Society (Burlington House) de Londres en 1894. Tanto en el texto como en los dibujos de las conferencias de Barcelona se puede apreciar el germen de lo que luego sería su obra maestra, *Textura*. En la segunda de estas conferencias, Cajal desveló la clave de su éxito inicial:

[...] el método seguido hasta ahora por Golgi y sus discípulos, si excelente para acarrear ciertos detalles de morfología celular, no es el más á propósito para arribar al conocimiento de las conexiones generales de los corpúsculos [células nerviosas] de la corteza. Estos sabios, y casi todos los que han aplicado al asunto los métodos modernos, han atacado de preferencia el cerebro humano y el de los grandes mamíferos, donde es casi imposible, por lo enorme de las distancias y lo intrincado y laberíntico de la urdimbre, la persecución de un cilindro-eje [axón] ó de una colateral desde su arranque hasta su terminación. En cambio, utilizando los más pequeños mamíferos, y de preferencia los recién nacidos y aún los mismos embriones (rata, ratón, murciélago, conejillo de Indias, etc.), las capas se

> estrechan, las distancias se acortan, la coloración de las fibras nerviosas es más constante y no es cosa imposible puntualizar el origen, itinerario y terminación de algunas fibras nerviosa.

En su *Croonian Lecture*, Cajal no solo presentó los resultados de sus estudios microanatómicos en pequeños mamíferos, sino que también hizo hincapié en las implicaciones funcionales de los circuitos neuronales que descubrió. Sugirió las rutas que podrían seguir los impulsos nerviosos en regiones complejas como la corteza cerebral (Figura 23). Además, presentó su hipótesis histológica del «trabajo mental o gimnasia cerebral». Cajal sostenía que comprender cómo se mejora el procesamiento mental y las actividades complejas requiere aceptar no solo la posibilidad de reforzar las conexiones preexistentes, sino también la formación de nuevas conexiones mediante la ramificación y el crecimiento progresivo de las arborizaciones dendríticas y axónicas. Sorprendentemente, gran parte de esta hipótesis ha sido confirmada por investigaciones actuales que emplean métodos altamente sofisticados (DeFelipe, 2006).

Cajal continuó aportando numerosas observaciones que confirmaban la teoría neuronal en diversas partes del sistema nervioso de diferentes especies. Entre 1888 y 1892 publicó más de 30 artículos que fueron resumidos en su primera revisión sobre la estructura del sistema nervioso (Cajal 1892a), estableciéndose claramente la teoría neuronal. De hecho, los resultados de estos primeros estudios fueron tan decisivos que formaron el núcleo principal del clásico e influyente artículo de revisión en apoyo de la teoría neuronal publicado en 1891 por Waldeyer-Hartz (Figura 24). En este artículo, Waldeyer-Hartz introdujo el término «neurona» para denominar a la célula nerviosa (Waldeyer-Hartz, 1891).

El resurgimiento de la teoría reticular: Golgi *versus* Cajal

Cajal se sentía sumamente orgulloso de ser reconocido como el científico que más había contribuido al triunfo de la teoría neuronal sobre la teoría reticular. De hecho, a finales del siglo XIX, la teoría neuronal se había convertido en la visión

Doble página siguiente

Figura 23. Imágenes tomadas del artículo *The Croonian Lecture* (Cajal, 1894). A la derecha se muestra una representación esquemática de los tipos principales de neuronas de la corteza cerebral de pequeños mamíferos. Las flechas indican las posibles rutas seguidas por los impulsos nerviosos.

THE CROONIAN LECTURE.—"La fine Structure des Centres Nerveux." By SANTIAGO RAMÓN Y CAJAL, Professor of Histology, University of Madrid. Received March 1,—Read March 8, 1894.

A l'invitation gracieuse que m'ont faite les honorables membres de cette société savante de venir dans cette séance rendre compte de mes travaux sur la structure des centres nerveux, mon premier dessein, je ne le cacherai pas, a été de renoncer à un honneur que je jugeais par trop disproportionné avec mes mérites; mais je songeai ensuite que votre bienveillance à m'écouter ne saurait être moindre que la générosité de votre invitation, et je me suis résigné au rôle, peu flatteur du reste, d'interrompre un moment l'harmonieux concert de vos beaux travaux. J'ai d'autant plus besoin de toute votre indulgence que je vais vous entretenir d'un sujet qui vous est parfaitement connu. Tout ce que je vais vous dire, des maîtres aussi éminents que His, Kölliker, Waldeyer, von Lenhossék, van Gehuchten, l'ont déjà publié et résumé d'une manière presque irréprochable. Je vais essayer cependant de vous donner, moi aussi, un aperçu de la structure du système nerveux central, et pour cela je m'inspirerai surtout, comme on m'en a prié, de mes propres recherches.

Les centres nerveux des mammifères, spécialement ceux de l'homme, représentent le véritable chef-d'œuvre de la nature, la machine la plus subtilement compliquée que la vie puisse nous offrir. En dépit de cette complication, capable de décourager les esprits les plus hardis, il n'a pourtant jamais manqué de patients anatomistes qui, utilisant la technique de leur époque, ont tenté de débrouiller la trame délicate de l'axe encéphalo-spinal. Ils étaient guidés, cela ne fait point de doute, par l'espoir que la découverte de la clef structurale des centres nerveux jetterait une vive lumière sur les importantes activités de ces organes. Les premières données positives, quoique incomplètes, relatives à la fine anatomie des substances grise et blanche, nous les devons à Ehrenberg, qui en 1833 découvrit les fibres nerveuses, à Rémak, à Hannover, à Helmholtz, à Wagner, qui, à la même époque, ou quelques années plus tard, trouvèrent les corpuscules multipolaires et crurent que ces expansions ramifiées des cellules étaient en continuation avec les fibres nerveuses. En 1865 Deiters, un des plus sagaces observateurs que l'anatomie ait jamais eus, nous fit faire un grand pas dans la connaissance de la morphologie de la cellule nerveuse; il démontra que dans toute cellule nerveuse il y avait toujours des expansions de deux sortes, c'est-à-dire que, outre les expansions ramifiées ou protoplasmiques, il s'en trouve une autre non ramifiée, ou cylindre-axe, se continuant directement avec un tube

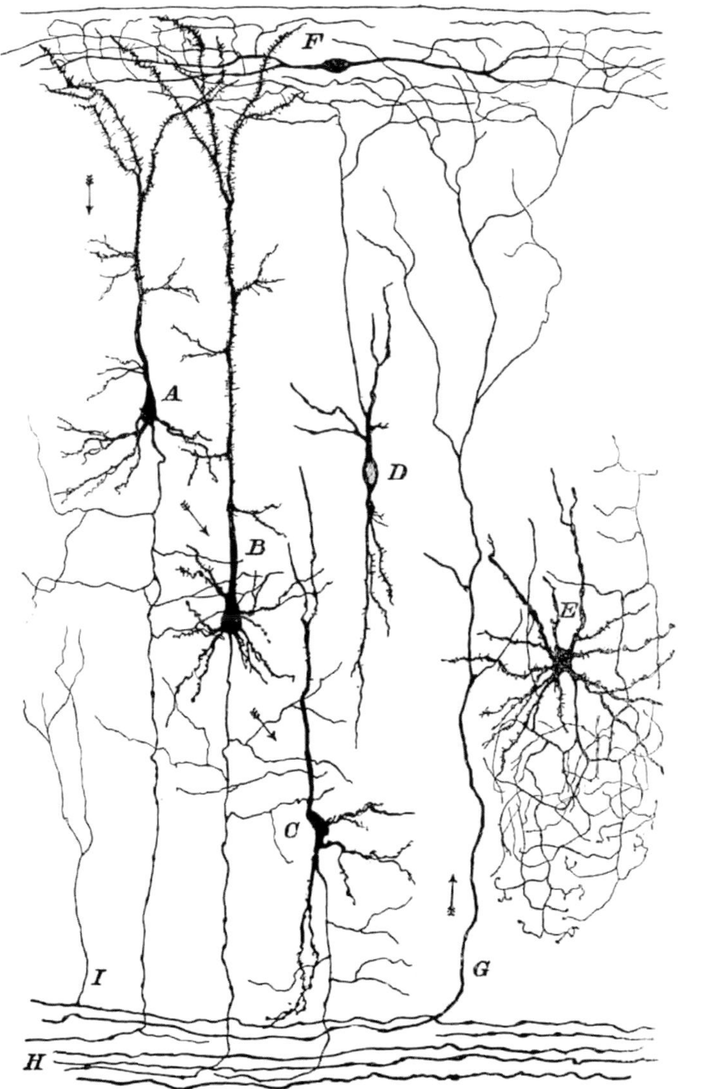

Fig. 6. Les principaux types cellulaires de l'écorce cérébrale des mammifères. A, cellule pyramidale à taille moyenne; B, cellule pyramidale géante; C, cellule polymorphe; D, cellule dont le cylindre-axe est ascendant; E, cellule de Golgi; F, cellule, spéciale de la couche moléculaire; G, fibre se terminant librement dans l'épaisseur de l'écorce; H, substance blanche; I, collatérale de la substance blanche.

Figura 24. Izquierda: fotografía de Wilhelm von Waldeyer-Hartz (1836-1921) dedicada a Cajal (Legado Cajal, Instituto Cajal). Abajo: dibujo tomado de su obra publicada en la revista *Deutsche Medizinische Wochenschrift* en 1891, describiendo algunos de los hallazgos de Cajal.

Fig. 7.

dominante para explicar la organización del sistema nervioso. Sin embargo, como veremos a continuación, algunos científicos de gran prestigio mantenían aún su defensa de la teoría reticular. Entre ellos se encontraban, además del propio Golgi, Franz Nissl (1860-1919), Stephen von Apáthy (1863-1922) y, para sorpresa de muchos, Hans Held (1866-1942), un reconocido especialista en el estudio de las terminaciones axónicas.

Nissl —reconocido por descubrir el método de tinción que lleva su nombre y los cuerpos o gránulos presentes en el citoplasma (Nissl, 1894 a, b), posteriormente denominados en su honor «gránulos de Nissl» (masas de retículo endoplasmático rugoso)— propuso que la sustancia gris del cerebro estaba formada por un retículo de fibrillas (Nissl, 1903) (Figura 25).

Apáthy, ferviente defensor de la teoría reticular, afirmaba que, utilizando métodos especiales de tinción en el sistema nervioso de invertebrados, podía observar *neurofibrillas* extremadamente finas dentro de las neuronas que se extendían hacia otras neuronas a través de los pies terminales (Apáthy, 1897; citado en Shepherd, 1991). Held descubrió en 1897 que los axones que terminaban sobre los somas de las neuronas del núcleo trapezoide de la protuberancia formaban unas cestas terminales («Endkörb») gigantes (Held, 1897a). Cajal las denominó cálices de Held, nombre por el que se las conoce habitualmente en la actualidad (Figura 26). En ese mismo año, Held publicó un detallado estudio sobre las dilataciones terminales de los axones localizadas en el cuerpo celular y las dendritas de diversas células nerviosas del sistema nervioso central (Held, 1897b). Este autor denominó a estas dilataciones «Endfüsse» (pies terminales), basándose en la descripción de Deiters, quien señalaba que las finas fibras que daban origen al segundo sistema axónico que él había descrito surgían de las prolongaciones protoplásmicas a modo de pequeñas prolongaciones con forma de pie.

Held observó claramente que en el núcleo trapezoide del embrión o de animales recién nacidos existía una línea de demarcación («Grenxlinie») entre los pies

Doble página siguiente

Figura 25. Representación esquemática de la estructura de la corteza cerebral realizada por Nissl a favor de la teoría reticular. Tomada de Nissl (1903). La leyenda dice: «Dibujos esquemáticos que muestran, por un lado, lo que de hecho ya conocemos acerca de la estructura elemental del sistema nervioso de los vertebrados (mitad izquierda de la neurona A) y, por otro, cómo podemos imaginar la estructura elemental del sistema nervioso (mitad derecha de la neurona A) [...] si concebimos la sustancia gris en el sentido de Apathy como un retículo de [neuro]fibrillas».

DIE NEURONENLEHRE UND IHRE ANHÄNGER.

EIN BEITRAG
ZUR LÖSUNG DES PROBLEMS DER BEZIEHUNGEN
ZWISCHEN NERVENZELLE, FASER UND GRAU.

Von

DR. FRANZ NISSL,
A.O. PROFESSOR IN HEIDELBERG.

MIT 2 TAFELN.

JENA
VERLAG VON GUSTAV FISCHER
1903.

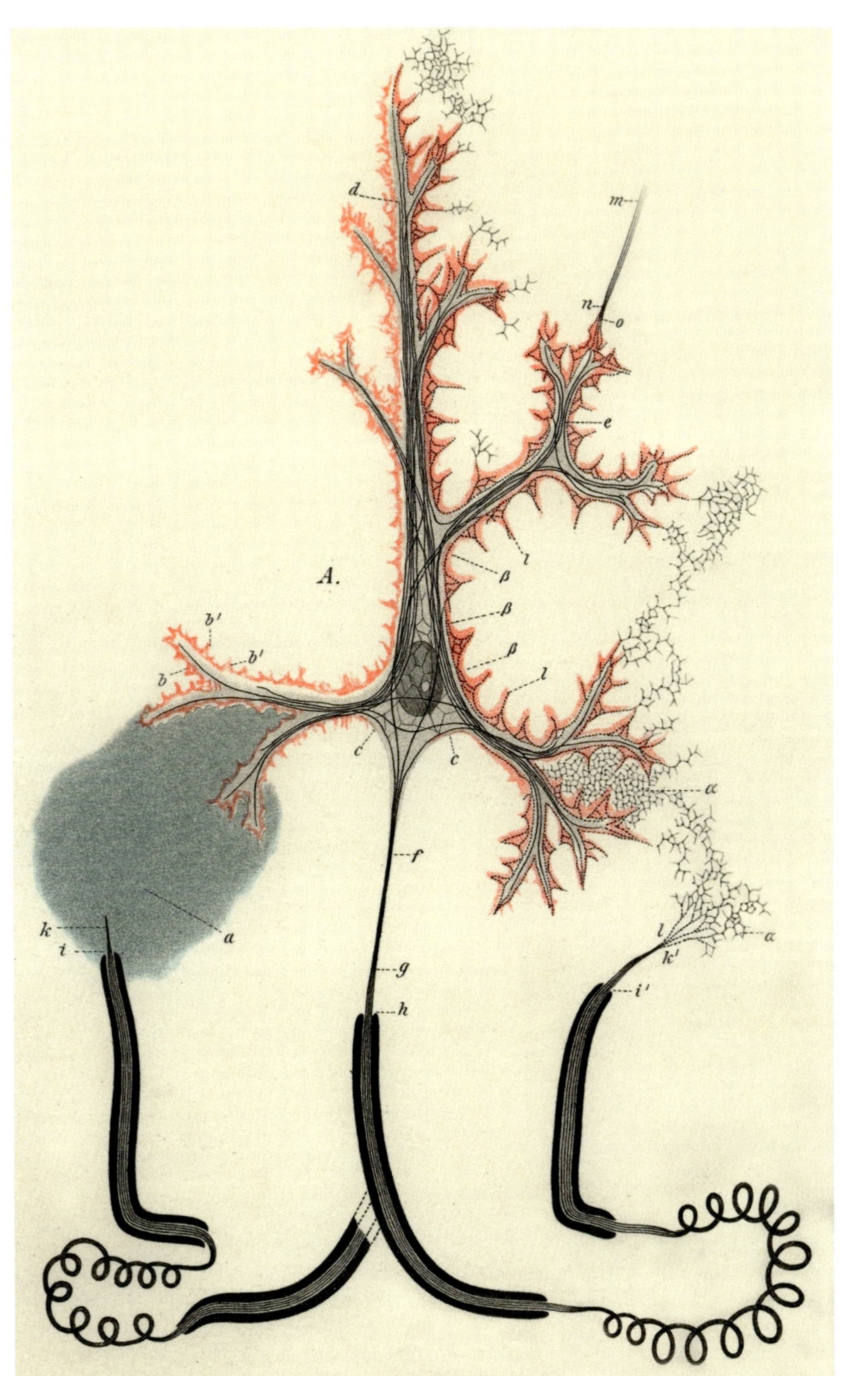
A.
d
m
n
o
e
l
β
β
β
l
b'
b'
b
c
c
α
f
a
k
i
l
α
k'
g
i'
h

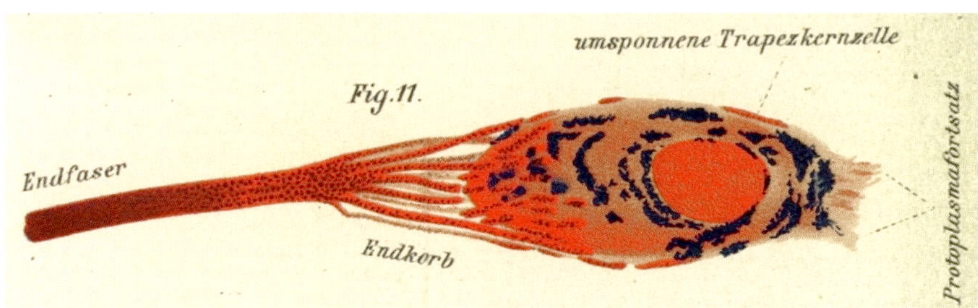

Figura 26. Dibujo realizado por Held (1897a) en el que se ilustra una fibra terminal («Endfaser») que da lugar a un cesto terminal («Endkörb») gigante, denominados por Cajal como *cálices de Held*. La leyenda indica: «Núcleo trapezoide del conejo adulto teñido con eritrosina/azul de metileno. Sección de parafina de 5 µm de grosor».

terminales («Endkörb»; terminaciones en cesto o cálices de Held) y el soma de las neuronas en donde estos axones terminaban. Sin embargo, cometió el error de interpretar que, durante el desarrollo, los pies terminales se fusionaban con el soma (Held, 1897a, b) (Figura 27). Esta hipótesis la generalizó a otras partes del sistema nervioso (Held, 1902, 1904, 1905, 1929), afirmando que los pies terminales no solo se fusionaban con los somas de las neuronas, sino también con las dendritas.

Tras los estudios iniciales de Cajal, la influencia de los científicos *reticularistas* mencionados anteriormente decreció notablemente. Sin embargo, a principios del siglo xx la teoría reticular resurgió con fuerza, principalmente gracias a los

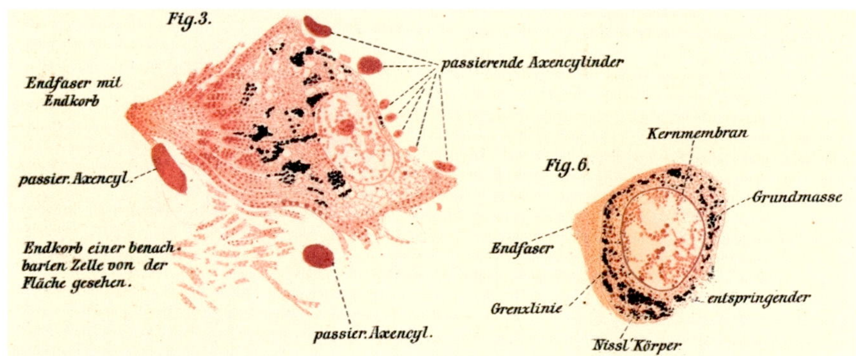

Figura 27. Dibujos realizados por Held (1897a) para mostrar el desarrollo de los cestos terminales gigantes en el núcleo trapezoide teñido con eritrosina/azul de metileno. Según Held, en el animal recién nacido (Fig. 6) existe una línea de demarcación («Grenxlinie») entre la fibra terminal («Endfaser») y el cuerpo celular. Sin embargo, en el adulto (Fig. 3) creyó observar que los pies terminales se funden con el cuerpo celular. «*Figura 3:* conejo, sección de parafina de 1,5 µm de grosor. *Figura 6:* perro de 9 días de edad, sección de parafina de 3 µm de grosor».

trabajos de Albrecht Bethe (1872-1954). A partir de 1901, Bethe publicó una serie de artículos experimentales sobre la regeneración de los nervios (Bethe, 1901). En ellos, sostenía que los axones se regeneraban a partir de la anastomosis de múltiples células.

Un hecho bien conocido por los patólogos y fisiólogos de la primera mitad del siglo XIX era que la sección de un nervio en un mamífero joven provocaba la rápida degeneración y reabsorción de su extremo distal (cabo periférico). Transcurridos unos meses, aparecían nuevas fibras nerviosas tanto en la cicatriz (formada entre el cabo central y el periférico) como en el cabo periférico, coincidiendo con el restablecimiento total o parcial de la sensibilidad y la motilidad del miembro afectado. ¿Cuál era el mecanismo que permitía la regeneración de las terminaciones nerviosas? Existían dos teorías principales: la teoría de la continuidad o «monogenista» y la teoría de la discontinuidad o «poligenista». Los monogenistas sostenían que las fibras *neoformadas* del cabo periférico representaban simplemente el crecimiento de los axones del cabo central como consecuencia de su continuidad con la neurona de origen o centro trófico. Por el contrario, los poligenistas consideraban que las fibras regeneradas eran el resultado de la fusión de numerosos segmentos axónicos producidos por la diferenciación y transformación de las células de revestimiento de las fibras nerviosas mielínicas primitivas, las cuales, al final del proceso, se reunían con los extremos axónicos libres del cabo central. Bethe abordó este problema mediante un experimento: seccionó el nervio ciático en mamíferos de pocos días de edad y recubrió ambos extremos (cabo central y periférico) de forma que su unión parecía imposible. Según sus observaciones, el examen microscópico de la cicatriz revelaba una interrupción absoluta de los dos segmentos, mientras que, al mismo tiempo, se observaba una regeneración del cabo periférico demostrada por la restauración de su excitabilidad fisiológica. De este modo, Bethe concluyó que los nervios separados de sus neuronas de origen o centros tróficos eran capaces de una «autorregeneración» (Bethe, 1903a). Estos estudios fueron tan influyentes que Cajal escribió en *Recuerdos de mi vida* (1917, 456-457):

> Tan fulminante y difusivo llegó á ser en 1903 el contagio del reticularismo, gracias, sobre todo, á los sugestivos alegados de A. Bethe, que titubeó en su fe neuronista el ilustre Waldeyer, se pasó temporalmente al bando contrario el profesor Marinesco, y flaqueó, ¡quién lo dijera!, hasta el ilustre van Gehuchten, una de las columnas del neuronismo; el cual, sin renunciar enteramente á la

doctrina ortodoxa, hizo á los disidentes la siguiente humillante concesión: En el adulto la célula nerviosa representa individualidad perfecta, producto de un solo neuroblasto; mas en el estado patológico, por ejemplo durante la regeneración nerviosa, los nuevos cilindros-ejes [axones] resultan de la fusión y diferenciación de una cadena de neuroblastos periféricos [...]. Lo expuesto hará ver al lector hasta que punto arreciaba el peligro [...] la quimera reticularista mostróse tan invasora y empleó en sus objeciones inconsistentes lenguaje tan arrogante y descomedido, que la paciencia de los neuronistas tocó a su límite. Era preciso poner un correctivo á la general aberración. Algunos sabios, extrañados de mi silencio y considerándome acaso como el más obligado á volver por los fueros de la verdad, escribíanme en son de reproche: ¿Qué hace usted? ¿Cómo no se defiende?

Otro ejemplo relevante del ambiente científico de comienzos del siglo XX fue la conferencia pronunciada por Golgi cuando recibió el premio Nobel de Fisiología o Medicina, que compartió con Cajal en 1906. En esta conferencia, Golgi (1929) comenzó diciendo (Figura 28):

Parece un hecho extraño que yo, que siempre he sido contrario a la doctrina neuronal —aunque reconozca que el punto de partida hay que buscarlo en mis propios estudios—, haya elegido como tema de esta conferencia justamente la cuestión de la neurona, más aún cuando en estos momentos se afirma por varias fuentes que esta teoría está en su atardecer.

En *Recuerdos de mi vida* (1917, 489-490), Cajal relata su desagrado ante la altanera conferencia pronunciada por Golgi en la que no solo omitió mencionar sus contribuciones, sino que también ignoró la de otros científicos relevantes:

Para el anatómico de Pavía, ni Forel, ni His, ni yo, ni Retzius, ni Waldeyer, ni Kölliker, ni van Gehuchten, ni v. Lenhossék, ni Edinger, ni mi hermano, ni Tello, ni Athias, ni siquiera su compatriota Lugaro, habíamos añadido nada interesante á sus hallazgos de antaño [...]. El noble y discretísimo Retzius estaba consternado; Holmgren, Henschen y todos los neurólogos e

Página siguiente

Figura 28. Arriba: párrafo introductorio de la conferencia del premio Nobel dada por Golgi en 1906 (Golgi, 1929). Abajo: dibujo realizado por Golgi para ilustrar una célula de Purkinje del cerebelo. El axón se muestra en rojo.

LA DOTTRINA DEL NEURONE

TEORIA E FATTI

(CON 19 FIGURE INTERCALATE NEL TESTO)

Conferenza tenuta l' 11 Dicembre 1906 presso l' Accademia delle Scienze di Stoccolma in occasione del conferimento del Premio Nobel per la Medicina (*)

Può sembrare un fatto singolare che, mentre io sempre mi sono dichiarato decisamente contrario alla dottrina del neurone, pur riconoscendo che il punto di partenza di essa è da ricercarsi proprio nei miei studi, abbia scelto per tema di questa mia conferenza appunto la questione del neurone e che questo accada quando da molte parti si afferma che la dottrina già volge al tramonto.

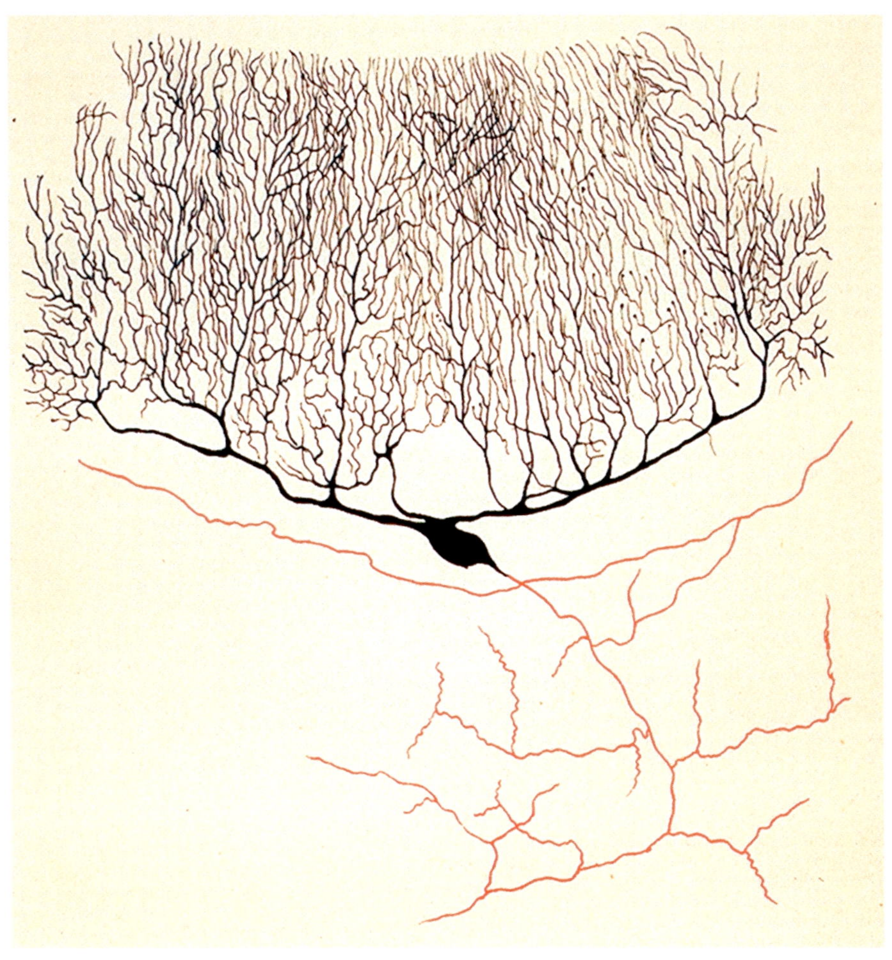

histólogos suecos contemplaban al orador con estupefacción. Y yo temblaba de impaciencia al ver que el más elemental respeto á las conveniencias me impedía poner oportuna y rotunda corrección á tantos [odiosos] errores y á tantos intencionados olvidos.

No cabe duda de que el ingenio de Cajal radicó en parte en su extraordinaria capacidad como observador e intérprete de imágenes microscópicas. Mientras que sus contemporáneos empleaban los mismos microscopios y producían las mismas preparaciones histológicas, Cajal, «veía» con claridad detalles que para otros científicos pasaban desapercibidos o eran interpretados erróneamente (DeFelipe y Jones, 1992). De hecho, a Cajal le resultaba incomprensible que Golgi y otros científicos de reconocido prestigio pudieran cometer tales equivocaciones de interpretación. Así lo expresa en las páginas 143-144 de *¿Neuronismo o reticularismo?:*

> A pesar de la claridad excepcional de la disposición de los nidos terminales y de teñirse espléndidamente con cuatro métodos (Golgi, Golgi-Cox, nitrato de plata reducido –casi todas sus fórmulas– y Bielschowsky), han surgido dudas y hasta denegaciones a que consagraremos algunos comentarios críticos [...]. Golgi afirmó que las cestas y pinceles del cerebelo, que él no había visto hasta 1902 ó 1903, desembocaban [...] en una red intersticial difusa de la capa de los granos y hasta asaltarían la sustancia blanca [...]. En un más moderno discurso sobre la neurona, leído con ocasión del premio Nobel, publica Golgi, quince años después que nosotros, una figura donde no sólo reproduce las *cestas*, sino los *pinceles descendentes* (Figura 6). Ella es la más elocuente refutación de sus concepciones teóricas, pues nos muestra en las cestas infinidad de fibras que luego se reducen aproximadamente a dos al descender a la zona de los granos (véase la figura 2 de Golgi [Figura 6]). Olvida el sabio de Pavía que de la punta del pincel emerge siempre el axon de la célula de Purkinje, asociándosele a veces la *fibra trepadora*.

La figura 29 constituye una representación esquemática elaborada por Cajal para ilustrar las significativas discrepancias con Golgi en cuanto a la interpretación de la organización del sistema nervioso.

Motivado por estas razones, Cajal se embarcó en 1905 en otro gran proyecto de investigación (DeFelipe y Jones, 1991): el estudio de la degeneración y regeneración del sistema nervioso (Figuras 30 y 31).

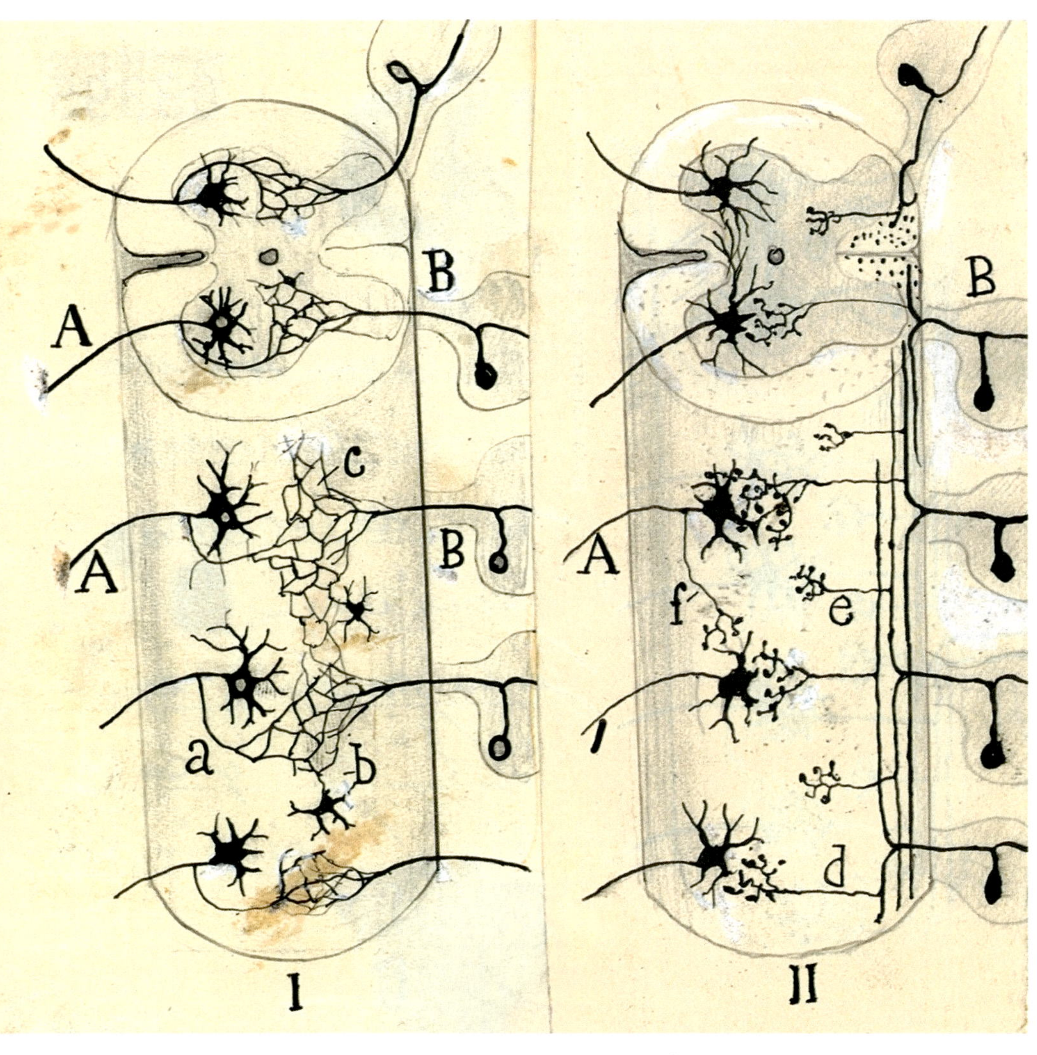

Figura 29. Dibujos de Cajal para explicar las diferencias entre la teoría reticular de Golgi (izquierda) y la teoría neuronal de Cajal (derecha). Cajal describe esta figura de la siguiente manera: «Esquemas destinados á comparar la concepción de Golgi acerca de las comunicaciones sensitivo-motrices de la médula espinal (I) con el resultado de mis investigaciones (II). A, raíces anteriores; B, raíces posteriores; a, colateral de las radiculares motrices; b, células de axon corto que intervendrían, según Golgi en la formación de la red; c, red difusa intersticial; d, nuestras colaterales largas en contacto con las células motrices; e, colaterales cortas». Tomada de *Recuerdos de mi vida* (1917).

Figura 30. Fotografía de Cajal tomada en 1922.

MECANISMO DE LA REGENERACIÓN DE LOS NERVIOS (1)

POR

S. R. CAJAL

Sabido es que cuando se corta un nervio periférico y se juntan ó aproximan ambos cabos, transcurriendo cierto tiempo, aparecen en la cicatriz unitiva haces de fibras nerviosas neoformadas, merced á los cuales se restablece la continuidad anatómica y funcional entre los segmentos nerviosos. Si se trata de animales adultos, la restauración anatomo-fisiológica exige, como condición casi indispensable, la íntima coaptación de los cabos nerviosos; mas si la operación se efectúa en mamíferos recién nacidos ó de pocos días, dicha rehabilitación se produce aun cuando los mencionados segmentos dejen de ajustarse y se mantengan á bastante distancia.

¿Cómo se efectúa la regeneración del segmento distal ó periférico, cuyas fibras, según demostraron los primeros observadores, se desorganizan y mueren, y en virtud de qué mecanismo se establece el puente comunicante entre el cabo central y el periférico?

La exposición histórica sumaria siguiente, donde señalamos los reiterados esfuerzos inquisitivos realizados por numerosos histólogos y fisiólogos, contienen estas dos soluciones fundamentales, en torno de las cuales giran todas las demás: la *teoría de la continuidad ó monogenista* y la *teoría de la discontinuidad ó poligenista.*

Los partidarios de la primera solución sostienen que las fibras neoformadas del cabo periférico no son otra cosa que la prolongación, por vía de brote y crecimiento, de los tubos nerviosos del cabo central; mientras que los poligenistas ó defensores de la segunda teoría, afirman que las citadas fibras provienen de la diferenciación y sucesiva transformación de las células de revestimiento de los tubos nerviosos viejos (núcleo y protoplasma del segmento interanular residentes bajo la cubierta de Schwan), los cuales formarían desde luego una cadena, cuyos anillos se soldarían ulteriormente, constitu-

(1) Una nota preventiva acerca de los principales resultados obtenidos en nuestros estudios ha aparecido en el *Boletín del Instituto de Bacteriología*, fascículo II (Junio) y fascículo III (Setiembre de 1905).

Figura 31. Primera página del artículo «Mecanismo de la regeneración de los nervios» (Cajal, 1906), uno de los principales artículos de Cajal sobre este tema.

Para ello, empleó principalmente el método del nitrato de plata reducido, una técnica innovadora que él mismo había desarrollado en 1903 (Cajal, 1903a, b). Esta técnica se basaba en un método publicado por Simarro (1900) para estudiar la estructura neurofibrilar del citoplasma neuronal. Cajal, con la colaboración de uno de sus discípulos más destacados, Jorge Francisco Tello (1880-1958), publicó numerosos artículos de gran repercusión sobre la degeneración y regeneración del sistema nervioso. Estos trabajos fueron posteriormente recopilados en su obra clásica *Estudios sobre la degeneración y regeneración del sistema nervioso* (Cajal, 1913, 1914) (Figuras 32 y 33).

Desde el inicio de sus investigaciones en este campo (Cajal, 1905, 1906), Cajal demostró de forma contundente que las fibras *neoformadas* en el cabo periférico del nervio seccionado se originaban por la proliferación de los axones del cabo central (DeFelipe y Jones, 1991). Gracias a estas evidencias, la teoría neuronal ganó una amplia aceptación una vez más. De este modo, se refutó la teoría de la autorregeneración, la cual se basaba en una interpretación errónea de las observaciones histológicas, un error que pudo solucionarse gracias a la introducción del método del nitrato de plata reducido. En las páginas 274-275 y 278, de *¿Neuronismo o reticularismo?*, Cajal expuso las cinco conclusiones principales a las que llegó sobre la regeneración del sistema nervioso:

> 1. La *autorregeneración*, es decir, el proceso de la generación discontinua de los axones a expensas de las células de Schwann del cabo periférico, y sin concurso de los centros tróficos o neuronas de origen, surgió en una época en que se carecía de los métodos apropiados para la impregnación de los axones durante su crecimiento continuo al través de la cicatriz y segmento distal del nervio cortado. Pero hoy, que poseemos fórmulas de gran eficacia analítica, semejante hipótesis resulta absolutamente insostenible.
>
> 2. Todo nervio seccionado regenera sus axones mediante los brotes del cabo central, los cuales cruzan la cicatriz, asaltan el cabo periférico y llegan, como ha probado Tello, hasta las terminaciones periféricas, sensitivas y musculares. Arribadas a su destino, atraídas sin duda por alguna substancia (o influencia física hoy desconocida), surgida en los núcleos del aparato terminal, modélase nuevamente la arborización motriz destruida (Tello, 1907).
>
> 3. Al principio los retoños del cabo central emergen desnudos, y sus ramificaciones marchan libremente por los intersticios conectivos; pero desde el sexto al séptimo día de la operación surgen unas células satélites, que les acompañan durante su trayecto y les constituyen un forro protector.

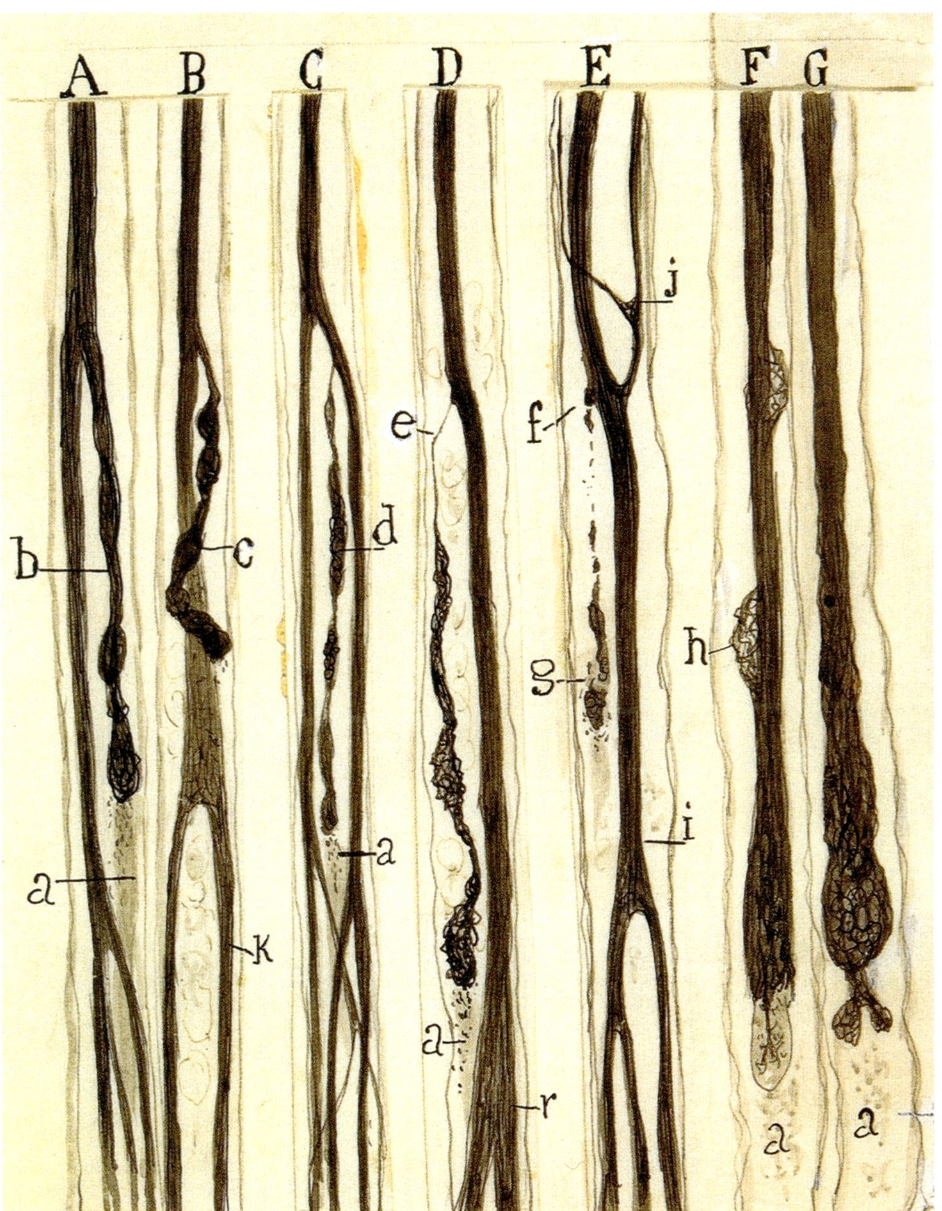

Figura 32. Ilustración realizada por Cajal para mostrar algunos aspectos de la degeneración y regeneración de los nervios. «Fases de la reabsorción del cabo axónico estéril situado por debajo de las colaterales. Ciático ligado y seccionado por debajo de la ligadura. Los retoños nerviosos, después de cruzar ésta, invadían la cicatriz. Gato sacrificado siete días después de la operación». Tomada de *Estudios sobre la degeneración y regeneración del sistema nervioso* (Cajal, 1913, 1914).

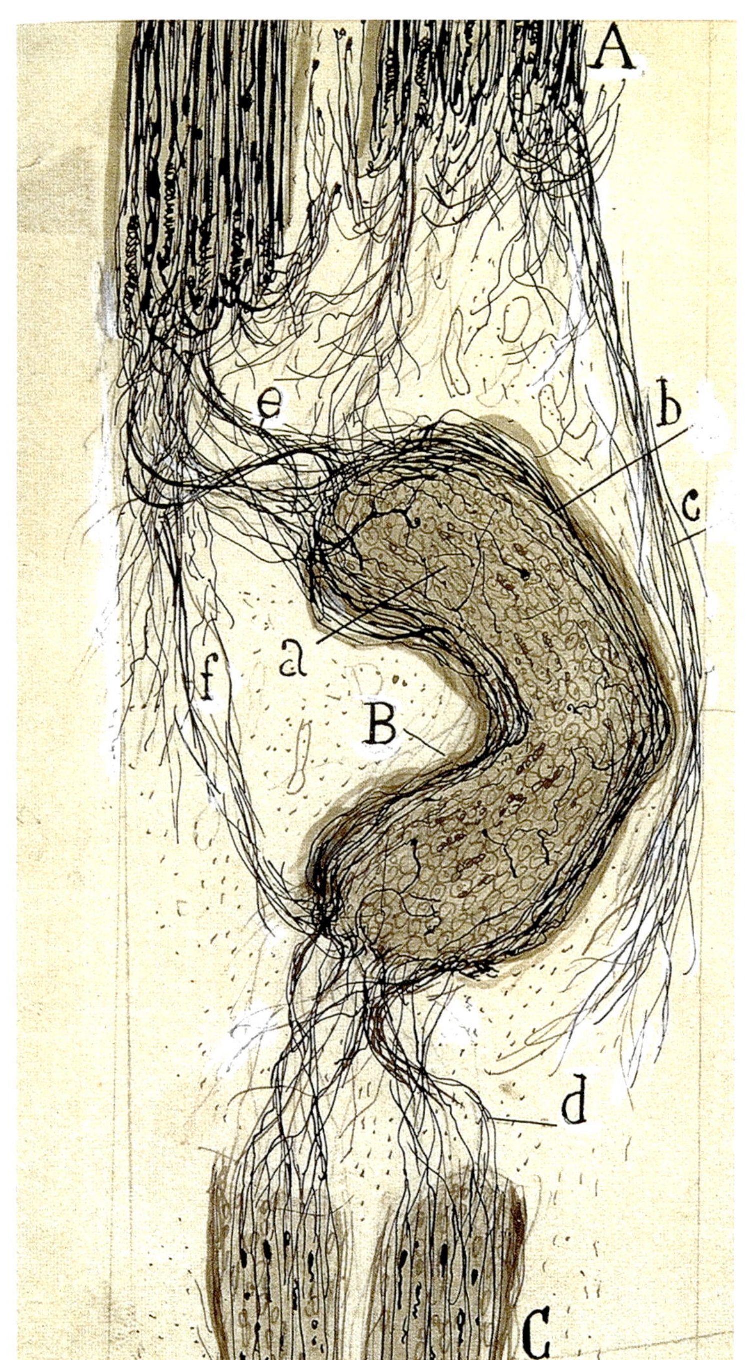

Figura 33. Ilustración realizada por Cajal para mostrar algunos aspectos de la degeneración y regeneración de los nervios: «Experimentos de transplantación de nervios [...]. Ingerto de un trozo de nervio aplastado y dislacerado en la herida del ciático del conejo adulto. El animal fué sacrificado á los diecisiete días de la operación. A, cabo central; B, ingerto; C, cabo periférico». Tomada de *Estudios sobre la degeneración y regeneración del sistema nervioso* (Cajal, 1913, 1914).

4. En [el sistema nervioso central] la regeneración no se efectúa. En los casos favorables nótanse fenómenos de ramificación, de degeneración y de metamorfosis neuronales, mas nunca el restablecimiento de la continuidad de un [axón] cortado.

5. Curioso y significativo es el experimento de Tello, según el cual cuando en una herida cerebral del conejo se introduce un trozo de cabo periférico de nervio cortado (antes de la penetración de los retoños), surge en los [axones] apáticos de la substancia blanca la capacidad regeneradora. Esto demuestra que la impotencia de los cilindros-ejes centrales para restaurar el cabo periférico no es fatal e irremediable, sino que obedece quizás a la ausencia de las células de Schwann en trance de rejuvenecimiento (Tello, 1911).

Como se desprende de estas conclusiones, Cajal era consciente de la marcada diferencia que existía entre la notable capacidad de regeneración de los nervios periféricos y la limitada capacidad del sistema nervioso central para regenerarse. Sin embargo, en el punto 5 de sus conclusiones, Cajal deja entrever un atisbo de optimismo respecto a la posibilidad de regeneración en el sistema nervioso central. Para profundizar en este tema, estudió experimentalmente el proceso de degeneración traumática en la corteza cerebral del gato. Tras seccionar el axón por debajo de las colaterales iniciales de las células piramidales, observó que, si bien la parte distal del axón degeneraba, las arborizaciones axónicas locales formadas por las colaterales iniciales se mantenían intactas (Figura 34). Estos resultados despertaron un gran interés en Cajal, ya que las células piramidales, que son neuronas de proyección, se transformaban en neuronas de axón corto (interneuronas). Estas células piramidales «mutiladas», que Cajal denominó «células piramidales en arco o arciformes», podían establecer un nuevo circuito neuronal que, al menos en parte, podría explicar la recuperación funcional tras un trauma cerebral. Así lo expresó en su obra *Estudios sobre la degeneración y regeneración del sistema nervioso* (1913, 1914, vol. 2, 299-300):

> Las células piramidales, que son, como se sabe, células de axon largo, quedan transformadas en células de axon corto [...] cuyo valor teórico es considerable [...] esta acomodación pudiera constituir proceso utilitario, *modus vivendi* soportable, dado lo grave de las lesiones. Ciertamente, la fibra de proyección no será reparada; pero el impulso nervioso llegado a la neurona mutilada no se habrá perdido del todo, ya que derivando ahora, mediante el cauce dilatado de las colaterales, hacia otras neuronas congéneres, acrecerá quizás la energía de la reacción motriz.

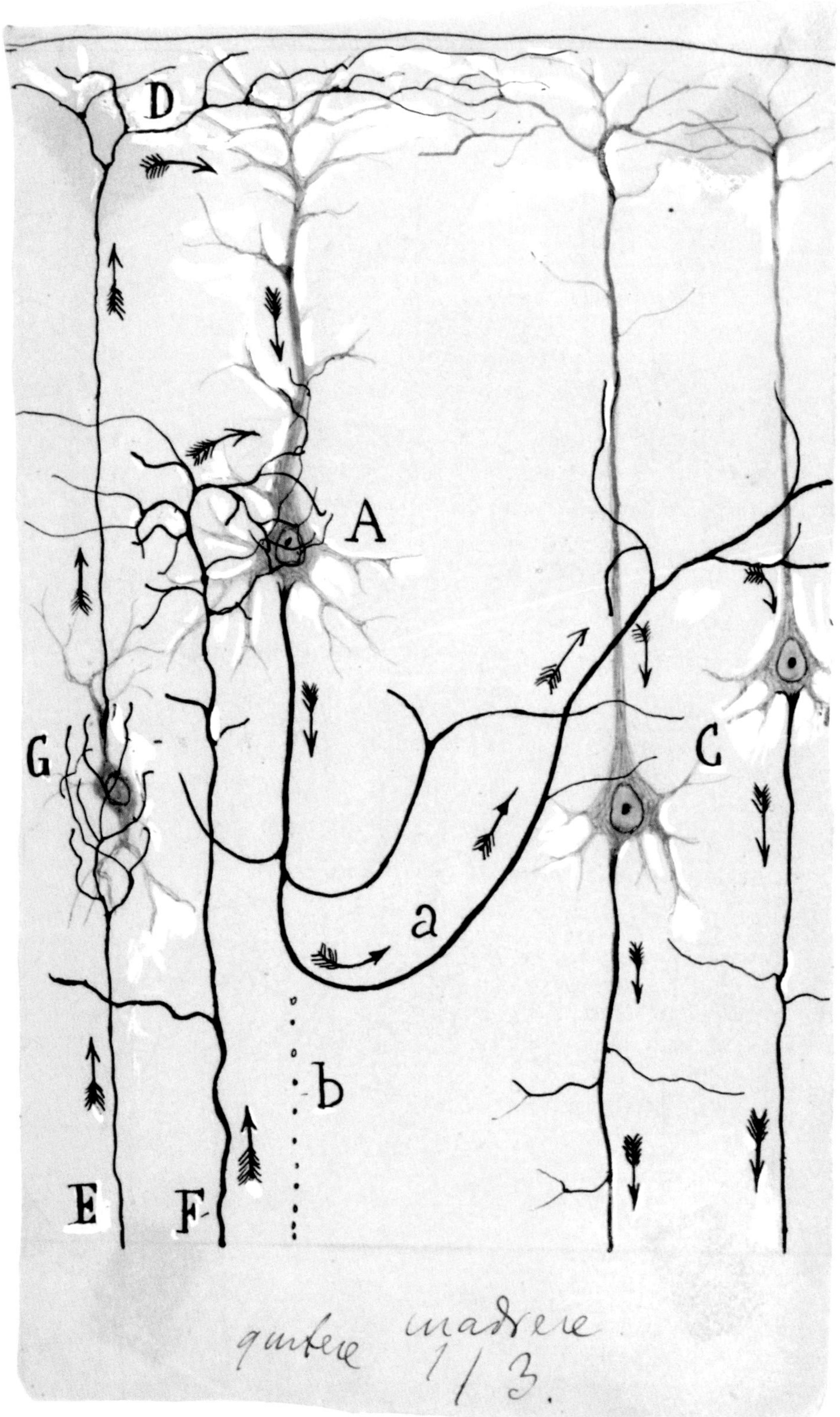
D
A
G
C
a
b
E
F

A pesar del gran número de estudios realizados desde la época de Cajal y los avances logrados en este campo de la neurociencia, tanto el problema de la regeneración del sistema nervioso central como la ambigüedad planteada por Cajal siguen siendo temas de gran actualidad. En particular, la investigación actual se centra en la identificación de los mecanismos celulares y moleculares que impiden la regeneración, así como en el desarrollo de estrategias para modular estos mecanismos y mejorar la supervivencia celular y/o la regeneración axonal (véase, por ejemplo, Curcio y Bradke, 2018; Varadarajan *et al.*, 2022; Barbara, 2022). Este continuo interés en la obra de Cajal demuestra, una vez más, la relevancia y el valor de sus ideas e investigaciones.

Confirmación ultraestructural de la individualidad de las neuronas: el descubrimiento de la hendidura sináptica

A pesar de las numerosas pruebas experimentales y observaciones histológicas que respaldaban la teoría neuronal, la demostración definitiva de la existencia de una separación física entre las neuronas se hizo esperar. La resolución limitada de los microscopios ópticos impedía observar este detalle crucial. Como consecuencia, la teoría neuronal era aceptada en general, pero con ciertas dudas y excepciones que persistieron hasta mediados del siglo XX. Esta situación fue magistralmente descrita en el libro clásico de Charles Sherrington (1857-1952) *The Integrative Action of the Nervous System* (Figura 35). Sherrington, quien en 1897 acuñó el término «sinapsis» para referirse al contacto (hipotéticamente unidireccional) entre los axones y las dendritas o cuerpos celulares, escribió en 1947 lo siguiente sobre este tema (Sherrington, 1947, 17):

Página anterior

Figura 34. Dibujo realizado por Cajal para mostrar la marcha de los impulsos nerviosos en una célula piramidal «mutilada» (A) provista de colaterales recurrentes hipertróficas, tras una lesión en la corteza cerebral. En este esquema, Cajal muestra cómo los impulsos sensoriales aportados por las fibras aferentes, una vez que llegan al cuerpo celular y a las dendritas de la célula mutilada (arciforme), se propagan a las neuronas vecinas (C) no dañadas y posteriormente descienden hacia la médula espinal (vía piramidal). «Esquema destinado á mostrar la marcha posible de las corrientes al través de las pirámides en arco. *A*, pirámide arciforme; *D*, capa plexiforme; *C*, células piramidales normales; *E*, *F*, fibras aferentes; *G* célula de axon ascendente ó de Martinotti; *a*, colateral hipertrófica; *b*, trozo axónico degenerado». Tomada de *Estudios sobre la degeneración y regeneración del sistema nervioso* (Cajal 1913, 1914).

Por lo que respecta a la existencia o inexistencia de una superficie o membrana de separación entre neurona y neurona, ésta es una cuestión estructural en la que la histología podría ser capaz de proporcionar información valiosa. En ciertos casos, especialmente en los invertebrados, la observación (Apathy, Bethe, etc.) indica que muchas células nerviosas están definitivamente en continuidad unas con otras. Curiosamente, en varios de estos casos no se puede demostrar la irreversibilidad de la dirección de la conducción [nerviosa], la cual es característica de los arcos-reflejos de la médula espinal [...]. Pero en las cadenas de neuronas de la sustancia gris del sistema [nervioso] central de los vertebrados, la histología en general proporciona evidencias de que existe una superficie de separación entre neurona y neurona [...]. Parece por tanto probable que el nexo en el arco-reflejo, al menos en el arco espinal de los vertebrados, implica la existencia de una superficie de separación entre neurona y neurona [...] que debe ser un elemento importante en la conducción intercelular [...]. Teniendo en cuenta, por tanto, la probable importancia fisiológica de este modo de nexo entre neurona y neurona, es

The Integrative Action of the Nervous System

By

Charles S. Sherrington

D.SC., M.D., HON. LL.D. TOR., F.R.S.

Holt Professor of Physiology in the University of Liverpool, Honorary Member of the American Physiological Society, etc.

WITH ILLUSTRATIONS

New Haven: Yale University Press

London, Bombay, Sidney: Constable & Company, Limited

MDCCCCXXVI

Figura 35. Fotografía de Charles Sherrington (1857-1952) incluida en la edición de 1947 de su libro *The Integrative Action of the Nervous System.*

conveniente disponer de un término para describirlo. El término introducido ha sido *sinapsis* (Foster y Sherrington, 1897).

En la década de 1930 y principios de la siguiente, las demostraciones histológicas de la separación entre el botón terminal o especialización sináptica (como ya era común denominarlo) y la célula en la que terminaba eran tan numerosas y evidentes que, con algunas excepciones (Nonidez, 1937), para la gran mayoría de los científicos este tema ya estaba resuelto, dirigiendo su interés hacia otros aspectos de la estructura sináptica. Según David Bodian (1910-1992), en las zonas de contacto entre las terminaciones axónicas y el soma o dendrita solo se visualizaba una membrana (denominada *membrana sináptica*), presumiblemente porque la membrana limitante del elemento presináptico y la del elemento postsináptico estaban tan íntimamente unidas que solo se podía distinguir una sola (Bodian, 1942).

Sorprendentemente, Cajal había hecho una observación similar anteriormente. En la página 131 de *¿Neuronismo o reticularismo?* escribió: «La admisión de un contacto entre las arborizaciones nerviosas y las neuronas plantea como cuestión previa un problema perentorio. Las últimas arborizaciones nerviosas ¿tocan realmente el protoplasma desnudo de la célula o existe entre ambos factores de la sinapsis membranas limitantes? Nos decidimos desde luego por esta última opinión, aunque haciendo la salvedad de que las películas limitantes poseen en ocasiones delgadez tan extrema que su espesor (doble contorno) escapa al poder resolutivo de los más poderosos objetivos apocromáticos.»

La introducción del microscopio electrónico (Figura 36) junto con el desarrollo de métodos para preparar el tejido nervioso para su análisis ultraestructural en la década de 1950, permitió examinar la ultraestructura de las sinapsis y confirmar uno de los puntos centrales de la teoría neuronal: el elemento presináptico y el elemento postsináptico están separados físicamente por un espacio de aproximadamente 10-20 nm de ancho, conocido como hendidura sináptica (Peters *et al.*, 1991).

La teoría neuronal en la era moderna: nuevos horizontes en neurociencia

En las décadas posteriores a las primeras investigaciones histológicas de Cajal, el surgimiento de nuevos métodos anatómicos y fisiológicos para estudiar el sistema nervioso produjo cambios significativos en la teoría de la polarización

Figura 36. A, esquema realizado por Cajal para mostrar las conexiones sinápticas de las células de Purkinje en el cerebelo y el posible flujo de información (flechas) (Cajal, 1894). La leyenda dice: «*A*, células de Purkinje cuyos cuerpos aparecen rodeados por las ramificaciones nerviosas provenientes de las prolongaciones del cilindro-eje de los pequeños corpúsculos estrellados de la capa molecular; *B*, cilindro-ejes de estos corpúsculos; *C*, fibras trepadoras; *D*, cilindro-eje de una célula de Purkinje; *E*, gránulos cuyo cilindro-eje ascendente *F* se bifurca en la capa molecular; *G*, fibra musgosa». Cilindro-eje es equivalente a axón. Sin embargo, fue necesario esperar varias décadas hasta la llegada de la microscopía electrónica para visualizar el espacio que existe entre los terminales de los axones y las dendritas. B, micrografía electrónica de una sinapsis típica (sinapsis química). Cortesía de Constantino Sotelo, Instituto de Neurociencias, Alicante (tomada de DeFelipe *et al.*, 2007). Esta micrografía electrónica ilustra una sinapsis entre una fibra paralela (ax; elemento presináptico) y una espina dendrítica (sp; elemento postsináptico) de una célula de Purkinje, en la capa molecular del cerebelo de ratón. El elemento presináptico y el elemento postsináptico están separados por un espacio conocido como *hendidura sináptica* (flecha).

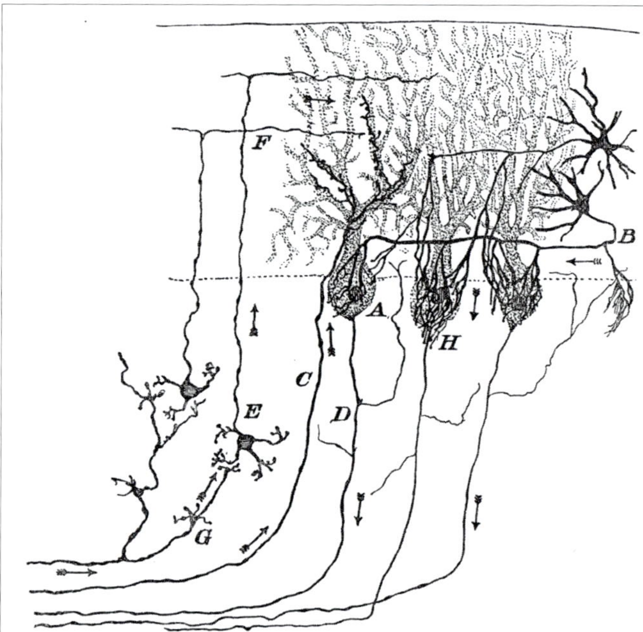

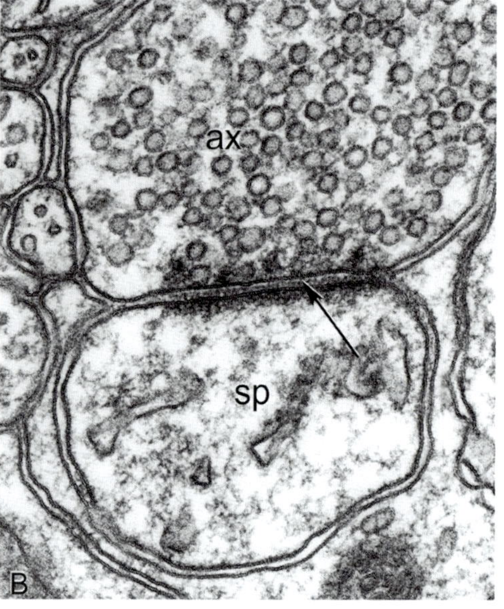

dinámica. Estos cambios incrementaron considerablemente la percepción de la complejidad funcional del sistema nervioso, desafiando al mismo tiempo la teoría neuronal. Theodore Bullock (1915-2005) resumió magistralmente estos hechos en el artículo «Neuron Doctrine and Electrophysiology» (Bullock, 1959), en el que expuso los cambios en nuestro concepto de cómo actúan las células nerviosas individual y colectivamente y dan lugar «a una revolución silenciosa pero arrolladora» en el concepto funcional de la neurona. Hoy en día, el estudio de la integración y procesamiento de la información a nivel neuronal y de circuitos continúa siendo un tema de investigación de suma importancia. Ahora sabemos que la complejidad funcional es extraordinaria, no solo a nivel neuronal, sino también en relación con otras neuronas y células gliales (Bullock *et al.*, 2005; Bargmann y Marder, 2013; Marder, 2012; Anastassiou *et al.*, 2011; Anastassiou y Koch, 2015; DeFelipe, 2015b; Faber y Pereda, 2018). De hecho, las neuronas no solo están conectadas siguiendo el patrón «clásico» que se establece entre un axón de una neurona y una dendrita o el cuerpo celular de otra neurona. Además, existen muchos tipos distintos de sinapsis en las que están involucrados distintos dominios de la neurona. Ejemplos de estas son las sinapsis *axoaxónicas* y las *dendrodendríticas* (Peters *et al.*, 1991). Aún más sorprendente cabe destacar la existencia de las «autapsis», término acuñado por Hendrik van der Loos y Edmund Glaser en 1972 para describir las sinapsis formadas por una neurona consigo misma (Van der Loos y Glaser, 1972). Las *autapsis* son sinapsis que se establecen entre el axón de una neurona y sus propias dendritas o soma, y se han descrito en diversas regiones del sistema nervioso, incluyendo la neocorteza, hipocampo, sustancia negra y médula espinal. Estudios recientes realizados en la neocorteza del ratón y del ser humano indican que: a) las autapsis son más frecuentes de lo que previamente se pensaba; b) ocurren de forma selectiva en ciertos tipos de células piramidales e interneuronas que utilizan el neurotransmisor GABA *(GABAérgicas)*; y c) ejercen funciones importantes en grupos específicos de células (*auto-excitación* de células piramidales o *auto-inhibición* de interneuronas GABAérgicas) que pueden ser relevantes en ciertos procesos cognitivos (Yin *et al.*, 2018; Szegedi *et al.*, 2020).

Además de las sinapsis químicas que establecen conexiones punto a punto como las que acabamos de describir, existen diversas formas de comunicación e interacción entre los elementos del sistema nervioso que desafían la teoría neuronal. A continuación, se discuten brevemente algunos de los hallazgos que matizan esta teoría.

Uniones comunicantes

Uno de los descubrimientos más importantes que han puesto en tela de juicio la teoría neuronal son las sinapsis eléctricas o uniones comunicantes (*gap junctions*), que se distinguen de las sinapsis químicas por diversas características morfológicas y fisiológicas. La transmisión sináptica-química implica la liberación de moléculas específicas, los neurotransmisores, que se propagan a través del espacio intercelular e interactúan con receptores específicos ubicados en una neurona adyacente. En la transmisión eléctrica mediada por las uniones comunicantes, las membranas plasmáticas de las neuronas adyacentes (o de la propia neurona en el caso de la autapsis) están comunicadas a través de pequeños canales, lo que permite el paso de iones en ambas direcciones y el flujo de corriente eléctrica. De este modo, las sinapsis eléctricas pueden considerarse un desafío a la teoría neuronal, dado que cuestionan tanto la unidad anatómica de las neuronas como su independencia fisiológica. Al principio se pensó que las sinapsis eléctricas eran frecuentes únicamente en invertebrados, pero poco después se demostró su existencia en diversas especies de peces (Bennett *et al.*, 1963) y más tarde en otros vertebrados, incluyendo los mamíferos (Sotelo y Korn, 1978; Peters *et al.*, 1991; Bennett, 1997, 2000; 2002). No obstante, se ha considerado que las sinapsis eléctricas son raras en los mamíferos, especialmente en la neocorteza, y que están presentes solamente en ciertas regiones del sistema nervioso. Sin embargo, cada vez son más numerosos los ejemplos —tanto fisiológicos como anatómicos— que muestran la existencia e importancia funcional de este tipo de sinapsis en diversas regiones del sistema nervioso de los mamíferos, incluyendo la neocorteza (Bennett, 1997, 2000; 2002; McBain y Fisahn, 2001; Whittington y Traub, 2003; Bennett y Zukin, 2004; Hormuzdi *et al.*, 2004; Shimizu y Stopfer, 2013; Pereda, 2014; Connors, 2017; Faber and Pereda, 2018; Alcamí y Pereda, 2019: Vaughn y Haas, 2022). Sin embargo, conviene recordar que, en estas células, las sinapsis eléctricas no son una alternativa a las sinapsis químicas, sino que representan una fracción muy pequeña de sus conexiones sinápticas. Por ejemplo, en 1972 se describió por primera vez en la neocorteza la existencia de uniones comunicantes entre dendritas, (Sloper, 1973) y unos años más tarde, entre dendritas y somas (Sloper y Powell, 1978), pero su frecuencia es tan baja que es realmente difícil encontrar tales contactos en estudios rutinarios de microscopía electrónica. Este es el motivo por el que durante muchos años las sinapsis eléctricas fueron prácticamente olvidadas hasta la demostración más reciente de su existencia entre una población de interneuronas GABAérgicas, que contienen la proteína fijadora de calcio parvoalbúmina en la neocorteza de la rata y el ratón (Galarreta y Hestrin, 1999, 2002; Gibson *et al.*, 1999; Blatow *et al.*, 2003; Fukuda y Kosaka, 2000, 2003). También es posible que otros tipos de interneuronas corticales formen sinapsis eléctricas, como ciertas células bipolares en la corteza cerebral de la rata que expresan el péptido somatostatina (Venance *et al.*, 2000). Sin embargo, aun asumiendo que todas estas interneuronas formasen uniones comunicantes, solo representan una pequeña fracción de la población total de neuronas, ya que, por ejemplo, en los roedores las interneuronas GABAérgicas representan aproximadamente un 15 % de la población total y, a su vez, las neuronas que tienen parvoalbúmina constituyen el 51 % de las células GABAérgicas (Gonchar y Burkhalter, 1997).

Por otro lado, existen sinapsis mixtas que se caracterizan por la coexistencia en el mismo contacto de una sinapsis química y otra eléctrica (Sotelo y Llinas, 1972; Peters *et al.*, 1991). Esto añade complejidad a los circuitos, permitiendo que la neurona tenga una vía de comunicación rápida y bidireccional (sinapsis eléctrica), así como otra relativamente lenta, pero de acción prolongada en el tiempo (sinapsis química) (Mamiya *et al.*, 2003; Connors, 2017; Vaughn and Haas, 2022).

No obstante, los numerosos estudios ultraestructurales del sistema nervioso, desde los pioneros realizados en la década de 1950 hasta la fecha, muestran claramente que toda la superficie de la inmensa mayoría de las neuronas, así como la mayor parte de la superficie de las neuronas que establecen uniones comunicantes, está separada entre sí y con respecto a los demás elementos del sistema nervioso por un espacio extracelular. Estos hallazgos distan mucho de la antigua idea *reticularista* de que la comunicación entre las células nerviosas estaba mediada por anastomosis masivas gracias a la continuidad de las prolongaciones neuronales. Además, si estos descubrimientos actuales se hubieran hecho en los tiempos de Cajal, la existencia de tales canales intercelulares no habría supuesto en absoluto una sorpresa. De hecho, Cajal describió la existencia de anastomosis en ciertos casos, que a veces denominaba «anastomosis intercelulares, puentes interprotoplásmicos o internerviosos» (Figuras 37 y 38) pero estaba convencido de que la mayor parte de las conexiones entre neuronas era, como a menudo escribía, «por contacto o contigüidad, no por continuidad». De este

Figura 37. Fotografía de Cajal con su rostro apoyado en una mano, sumido en sus reflexiones.

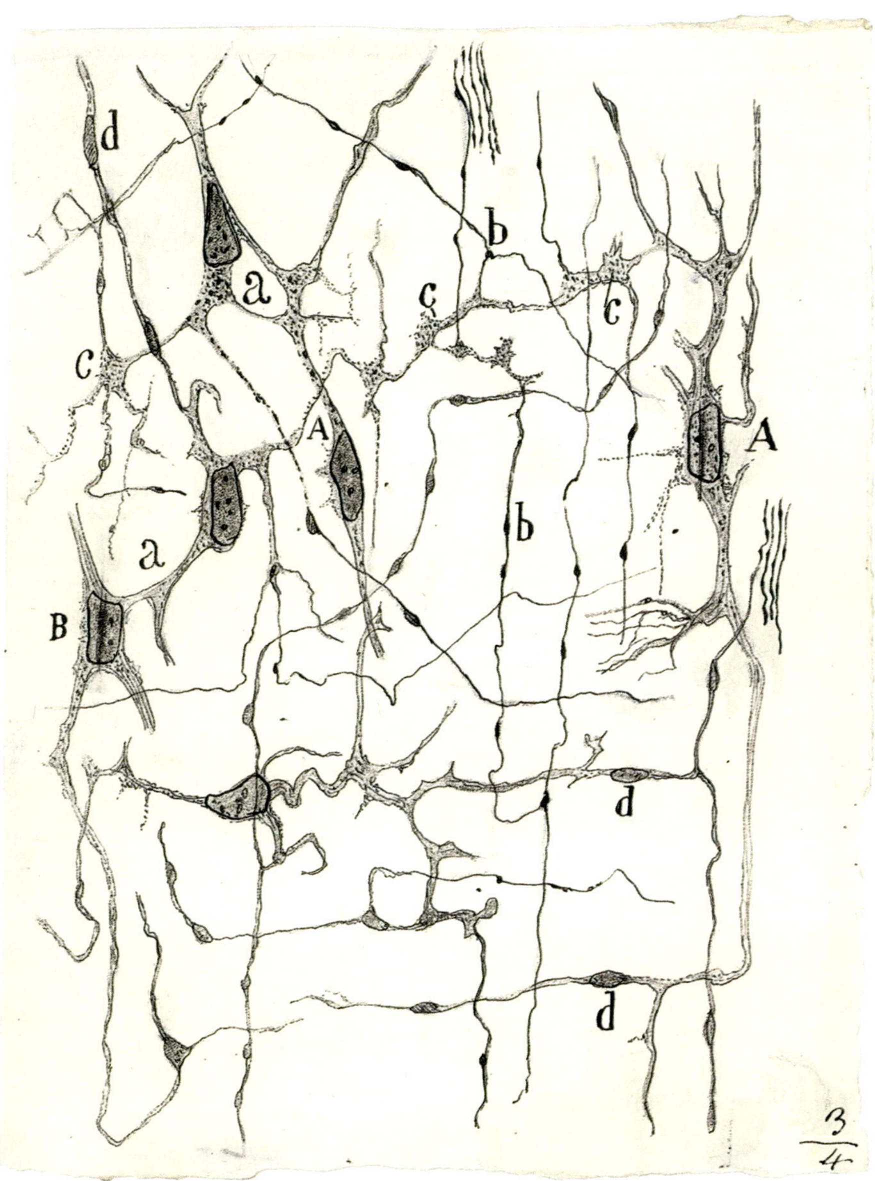

Figura 38. Dibujo realizado por Cajal para ilustrar las células del plexo de Auerbach. Tomada de Cajal (1892b). La leyenda dice: «*Células nerviosas simpáticas del plexo de Auerbach de la rana. Coloración por el azul de metileno* (No se han teñido los fascículos nerviosos). *A*, células alargadas. *B*, célula estrellada. a, anastomosis intercelulares. *b*, ramita terminal con varicosidades. *d*, eminencias nucleiformes. *e*, grumos protoplasmáticos».

modo, adelantándose una vez más a su tiempo, Cajal comentó en la página 287 de *¿Neuronismo o reticularismo?*:

> No somos exclusivos ni dogmáticos. Tenemos a gala el conservar una flexibilidad mental que no se avergüenza de rectificaciones. La discontinuidad neuronal, evidentísima en innumerables ejemplos, pudiera padecer excepciones. Nosotros mismos hemos referido algunas, por ejemplo: las existentes probablemente en las glándulas, vasos e intestino (nuestras *neuronas intersticiales*). [...]. Por esto dejamos apuntado más atrás, e insistimos en ello, que en lo tocante a la morfología y conexiones neuronales, debemos atenernos a la ley de los grandes números, es decir, a un criterio rigurosamente estadístico.

No obstante, en la actualidad se sabe que las «neuronas intersticiales» a las que se refiere Cajal en la pared del tracto gastrointestinal no son neuronas, aunque sí comparten algunas características con ellas, como la capacidad de generar y propagar señales eléctricas (Blair *et al.*, 2014). Estas células ahora se denominan «células intersticiales de Cajal» y son un tipo especializado de células del sistema nervioso entérico que desempeña un papel crucial en la regulación de la actividad de los músculos lisos del tracto gastrointestinal (Sanders y Ward, 2006; Sanders *et al.*, 2012; Blair *et al.*, 2014; Drumm y Baker, 2017). Cajal descubrió estas células en los plexos intestinales de la rana y posteriormente en el intestino de los mamíferos (Cajal, 1892b, 1893; Cajal y Sala, 1891), utilizando el método del azul de metileno y el método de Golgi, y las describió como neuronas «pero de carácter primitivo, sin diferenciación histológica de expansiones, á la manera de los elementos nerviosos más rudimentarios de la hidra y otros invertebrados» (Cajal, 1909, 1911). Es decir, que para Cajal y otros científicos de la época (Blair *et al.*, 2014) estas células eran unas neuronas primitivas especiales que presentaban anastomosis.

Neurotransmisión por volumen

Otro importante desafío a la teoría neuronal es el descubrimiento de la neurotransmisión por volumen. En la segunda mitad de la década de 1970, Laurent Descarries (1939-2012) y su equipo observaron con el microscopio electrónico que las *varicosidades* o botones axónicos de las fibras que contenían las monoaminas serotonina o noradrenalina en la corteza cerebral de la rata carecían frecuentemente de especializaciones sinápticas (Descarries y Mechawar, 2000). Descarries y colaboradores concluyeron que el neurotransmisor monoaminérgico era liberado por estos terminales no-sinápticos y que se difundiría en el espacio extracelular pudiendo alcanzar múltiples dianas relativamente lejanas, ejerciendo su efecto dentro de un volumen relativamente grande de tejido nervioso. Numerosos estudios realizados por estos y otros científicos en diversas partes del sistema nervioso central confirmaron la baja incidencia en general de contactos sinápticos establecidos por las neuronas monoaminérgicas (Descarries y Mechawar, 2000). De esta forma, se introdujo el concepto de la «transmisión difusa o por volumen», lo que representa otro desafío a la teoría neuronal de Cajal (Agnati *et al.*, 2007; Borroto-Escuela *et al.*, 2024).

A lo largo de los años se ha descubierto que otras moléculas pueden actuar vía trasmisión por volumen. Por ejemplo, en la década de 1980, mediante la combinación de técnicas para visualizar en las mismas preparaciones el receptor y el neurotransmisor, se descubrió que en ciertos casos había una evidente falta de correlación entre la localización de ambos. Esta observación demostró claramente que los transmisores podían alcanzar sus receptores específicos localizados a una distancia variable del sitio de liberación mediante su difusión en el espacio extracelular (Agnati *et al.*, 2006).

El GABA, uno de los principales neurotransmisores inhibidores del sistema nervioso de los mamíferos, también presenta un componente *extrasináptico*. Si bien su función principal reside en la activación transitoria *(fásica)* de los receptores GABA de tipo A ($GABA_A$) en las sinapsis (transmisión sináptica punto-a-punto), cada vez hay más evidencias que sugieren una activación menos restringida espacial y temporalmente de los receptores GABA. Este transmisor puede *escapar* de la hendidura sináptica y activar receptores en terminales presinápticos o en sinapsis vecinas, tanto en la misma neurona como en neuronas adyacentes (un fenómeno denominado *spillover* en inglés). Además, bajas concentraciones de GABA en el espacio extracelular pueden dar lugar a la activación persistente o *tónica* de los receptores $GABA_A$. Esta activación tónica se disocia temporalmente de los eventos sinápticos fásicos, proporcionando una modulación basal de la excitabilidad neuronal. Es decir, existen distintos subtipos de receptores GABA, tanto sinápticos como *extrasinápticos*, que ejercen funciones diferenciadas en el control de la excitabilidad neuronal (Farrant y Nusser, 2005; Tremblay *et al.*, 2016). Además, la interacción entre diferentes categorías de sinapsis es un fenómeno plausible. Un ejemplo notable se observa en la corteza cerebral, donde es frecuente encontrar sinapsis *axo-dendríticas* excitadoras (glutamatérgicas) en estrecha proximidad a los terminales GABAérgicos *perisomáticos* de las neuronas piramidales. Esta disposición espacial sugiere la posibilidad de que el neurotransmisor glutamato pueda modular la actividad de los circuitos GABAérgicos a través de receptores extrasinápticos ubicados en las terminaciones *axo-somáticas* (Merchán-Pérez *et al.*, 2009a).

Por último, existe otra forma de transmisión por volumen mediada por moléculas gaseosas que se difunden de una neurona a otra sin que intervengan ni vesículas, ni sinapsis tradicionales. Estas moléculas, conocidas como neurotransmisores no convencionales, incluyen principalmente al óxido nítrico, el monóxido de carbono y el sulfuro de hidrógeno (Wang, 2014; Paul y Snyder, 2015; Garthwaite, 2019).

Otras modalidades de interacción entre los componentes del sistema nervioso

Cuando las neuronas o sus prolongaciones están muy cerca entre sí, pueden interactuar eléctricamente, incluso en ausencia de estructuras de membrana especializadas, como consecuencia de los campos eléctricos extracelulares generados por su actividad eléctrica (Anastassiou *et al.*, 2011; Anastassiou y Koch, 2015; Faber y Pereda, 2018). Además, existen células neurosecretoras que liberan neurohormonas en la circulación sanguínea, por lo que ejercen sus efectos en muchas regiones del cerebro a través del sistema circulatorio (Fuxe *et al.*, 2010; Marder, 2012). Por último, la función de las células gliales se ha vinculado históricamente con sus relaciones no sinápticas con las neuronas y vasos sanguíneos, así como elementos de sostén del sistema nervioso (Kettenmann y Verkhratsky, 2008). Sin embargo, en la actualidad se ha ampliado considerablemente nuestra comprensión de estas células. Se ha descubierto que, además de servir como elementos de sostén y de ser fundamentales en el mantenimiento, reparación y protección del sistema nervioso, las células gliales (principalmente astrocitos) participan en la regulación del metabolismo de las neuronas, del flujo sanguíneo local, y de la composición iónica del líquido extracelular (Peters *et al.*, 1991; Petzold y Murthy, 2011; Magistretti y Allaman, 2015), así como en el procesamiento de la información a través de una señalización glía-neurona bidireccional

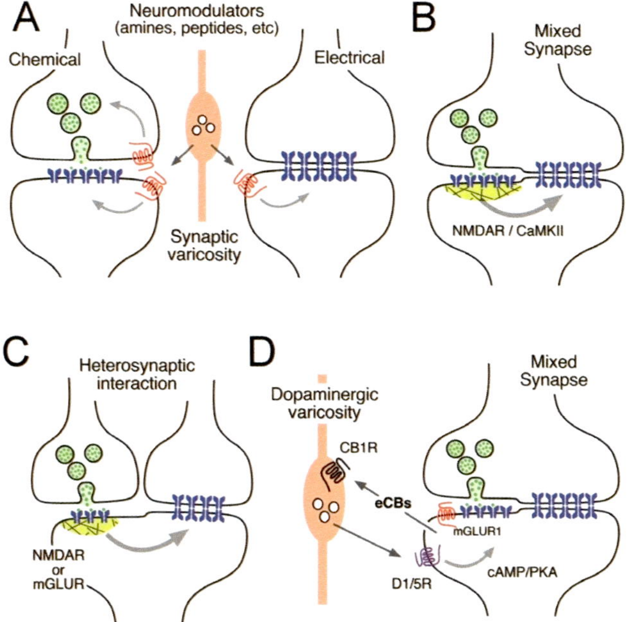

Figura 39. Las sinapsis eléctricas y químicas pueden interactuar funcionalmente de diversas maneras. *A*. Sustancias moduladoras liberadas por terminales sinápticos cercanas; pueden regular la fuerza de las sinapsis químicas y eléctricas mediante la activación de receptores acoplados a proteínas G. *B*. Además, las sinapsis glutamatérgicas pueden regular la fuerza de las sinapsis eléctricas, como ocurre en las sinapsis mixtas de teleósteos (NMDAR: receptores NMDA; CaMKII: quinasa II dependiente de calcio/calmodulina). *C*. La regulación de la transmisión eléctrica por el glutamato también puede ocurrir de manera *heterosináptica* a través de la activación de NMDAR o mGluR. *D*. Una forma más compleja de interacción se observa en las sinapsis mixtas de teleósteos: la activación de mGluR1 provoca la producción de endocannabinoides (eCBs), los cuales inducen la liberación de dopamina de las *varicosidades* cercanas mediante la activación de los receptores cannabinoides tipo 1 (CB1R). Esto, a su vez, conduce a la potenciación sináptica al actuar sobre los receptores postsinápticos D1 (D1/5R) a través de la activación de PKA. Esta figura fue amablemente proporcionada por Alberto Pereda (Albert Einstein College of Medicine, Nueva York) y está basada en el artículo «Electrical synapses and their functional interactions with chemical synapses» (Pereda, 2014).

(Araque *et al.*, 1999; Perea *et al.*, 2009; Halassa y Haydon, 2010; Giaume *et al.*, 2010; Santello *et al.*, 2019).

La figura 39 (Pereda, 2014) ilustra algunos ejemplos de la extraordinaria complejidad que pueden alcanzar las interacciones sinápticas y no-sinápticas entre neuronas, superando con creces los esquemas clásicos de circuitos sinápticos basados exclusivamente en sinapsis químicas punto a punto.

Nuevas tecnologías para el estudio tridimensional de la organización sináptica

Existen miles de millones de sinapsis químicas que conforman la compleja organización sináptica del sistema nervioso. Podemos distinguir dos objetivos principales para el estudio de esta organización: el análisis de las conexiones entre neuronas específicas y la caracterización de las propiedades sinápticas generales.

El análisis de las conexiones entre neuronas específicas se centra en identificar las conexiones entre neuronas individuales o grupos de neuronas específicos con el fin de comprender cómo se establecen los circuitos neuronales que subyacen a la transmisión de información en el sistema nervioso. Los estudios correlativos de microscopía óptica y electrónica en las décadas de 1970 y 1980, liderados principalmente por los laboratorios de Theodor Blackstad, Alan Peters, Alfonso Fairén y Peter Somogyi, se centraron en analizar las neuronas marcadas con el método de Golgi. Estos estudios, junto con el desarrollo de métodos que permiten combinar la impregnación de Golgi con el marcaje retrógrado de vías axonales, técnicas *inmunocitoquímicas* e inyecciones intracelulares de marcadores en células caracterizadas fisiológicamente, permitieron dar los primeros pasos hacia la reconstrucción de circuitos neuronales complejos (revisado en Blackstad, 1981; Freund y Somogyi, 1989; Fairén, 2005). Pronto siguieron otras combinaciones de diferentes técnicas para estudiar diversos aspectos de la organización del sistema nervioso mediante estudios correlativos de microscopía óptica y electrónica (revisado en Begemann y Galic, 2016; Iwasaki *et al.*, 2022; Turégano-López *et al.*, 2022).

La caracterización de las propiedades sinápticas generales se enfoca en describir las características generales de las sinapsis, como la densidad sináptica (número de sinapsis por unidad de volumen), los tipos de sinapsis (excitadoras e inhibidoras) y el tamaño de las sinapsis. Además, incluye la identificación de los elementos postsinápticos (dendritas, espinas dendríticas, somas, etc.) y el estudio cuantitativo de los orgánulos presentes en los elementos presinápticos y postsinápticos.

El abordaje ideal es la obtención de reconstrucciones tridimensionales (3D) de los elementos presinápticos y postsinápticos para establecer un mapa detallado de las conexiones sinápticas denominado «sinaptoma» (DeFelipe, 2010). No obstante, obtener series extensas de secciones que permitan realizar reconstrucciones 3D mediante técnicas convencionales de microscopía electrónica resulta sumamente complejo y, en ocasiones, imposible para volúmenes de tejido relativamente grandes. La aparición de nuevos equipos y métodos de microscopía electrónica, a mediados de la década de 2000, que posibilitan la obtención automatizada de cortes seriados de tejido con una calidad y resolución de imagen comparables a los métodos convencionales ha supuesto un avance extraordinario en el estudio de las conexiones sinápticas (Denk y Horstmann, 2004; Knott *et al.*, 2008; Merchán-Pérez *et al.*, 2009b; Kleinfeld *et al.*, 2011; Kasthuri *et al.*, 2015; Kubota *et al.*, 2018; Haywoth *et al.*, 2020; Winding *et al.*, 2023), incluido el cerebro humano (Domínguez-Álvaro *et al.*, 2019; Rollenhagen *et al.*, 2020; Montero-Crespo *et al.*, 2020; Cano-Astorga *et al.*, 2021; Loomba *et al.*, 2022; Shapson-Coe *et al.*, 2024; Plaza-Alonso *et al.*, 2025) **(Figura 40)**.

Recientemente, hemos desarrollado un método novedoso para trazar y medir las prolongaciones neuronales (axones y dendritas) y sus conexiones en series de imágenes de corteza cerebral obtenidas mediante microscopía electrónica de volumen (Turégano-López *et al.*, 2024). Este método innovador emplea microscopía de doble haz, que combina un haz de iones focalizados (FIB) con un microscopio electrónico de barrido (SEM) y un *software* especializado (EspINA) desarrollado en nuestro laboratorio (Morales *et al.*, 2011). El FIB utiliza un haz de iones de galio para eliminar una fina capa de material (20 nm) de la superficie de la muestra y, a continuación, el SEM adquiere una imagen de la superficie recién expuesta. El uso alterno y consecutivo de FIB y SEM se repite continuamente, permitiendo la adquisición de extensas series de imágenes y el estudio tridimensional del tejido. Posteriormente, en estas series de imágenes se trazan todas las dendritas y axones individuales, generando un «esqueleto» simplificado de cada prolongación nerviosa y vinculándolo a sus contactos sinápticos correspondientes. El resultado es una intrincada red de

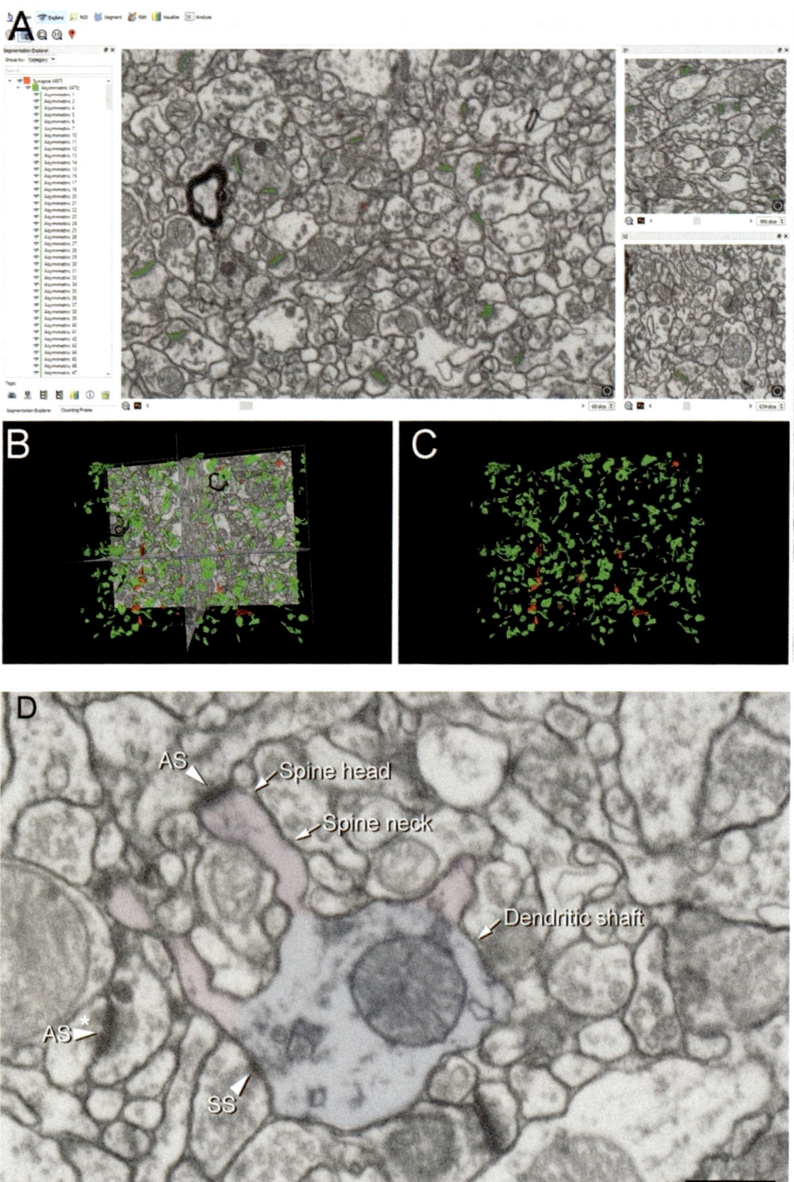

Figura 40. Análisis ultraestructural de la región CA1 del hipocampo humano mediante microscopía de doble haz FIB/SEM y el *software* EspINA. *A*, captura de pantalla de la interfaz del *software* EspINA. Las pilas de imágenes se visualizan con este *software* permitiendo la identificación y reconstrucción 3D de todas las sinapsis en todos los planos espaciales (XY, XZ y YZ). *B*, muestra los tres planos ortogonales y la reconstrucción 3D de las sinapsis segmentadas. *C*, solo se muestran las sinapsis segmentadas. Las sinapsis excitadoras están coloreadas en verde y las sinapsis inhibidoras en rojo. *D*, microfotografía que ilustra un tallo dendrítico (azul) con tres espinas dendríticas (morado) que surgen del tallo (en una de las espinas se señalan el cuello y la cabeza). En el tallo dendrítico se observa una sinapsis inhibidora (SS) (punta de flecha). En una de las espinas se observa una sinapsis excitadora (AS) en la cabeza de la espina (punta de flecha). También se indica una sinapsis AS en la cabeza de otra espina dendrítica (punta de flecha con asterisco). Barra de escala: 1 μm.

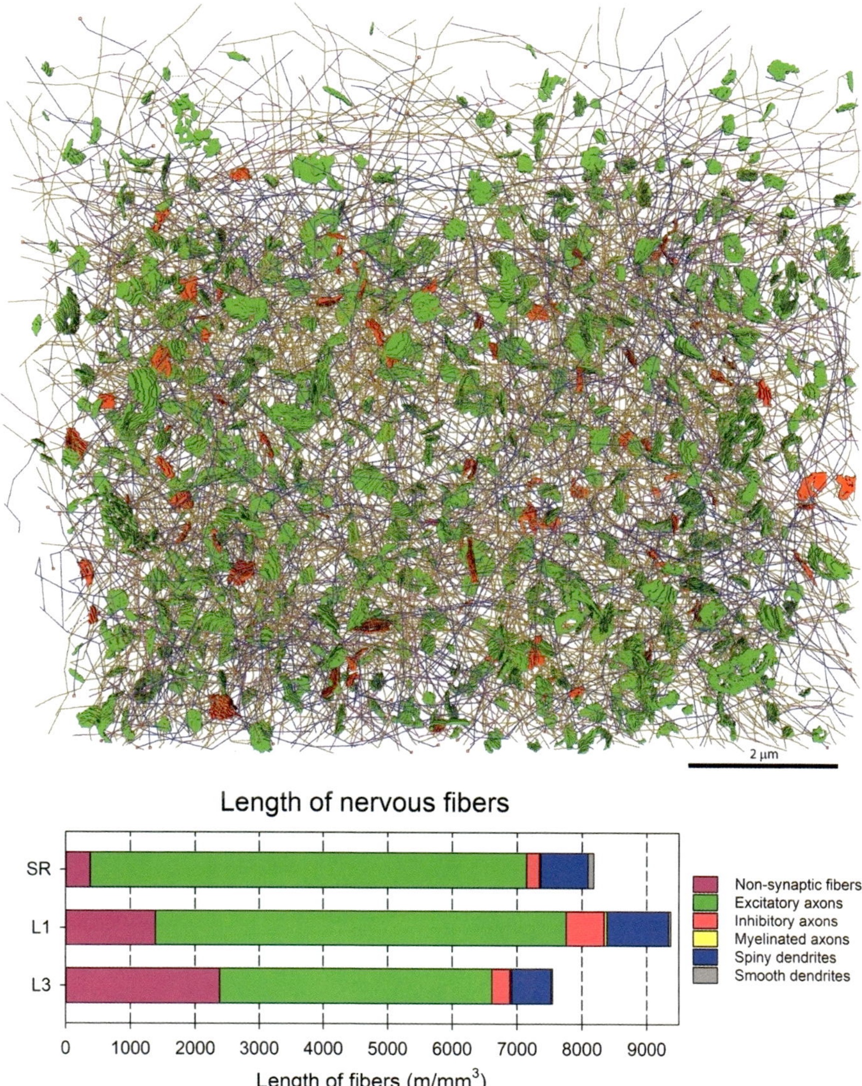

Figura 41. Complejidad de la organización sináptica. Arriba, representación esquemática de una pila de imágenes seriadas donde se han trazado (esqueleto simplificado) los axones (naranja), las dendritas (azul), las fibras no sinápticas (púrpura), los axones mielínicos (amarillo), así como las sinapsis excitadoras (verde) e inhibidoras (rojo) que las conectan. Este ejemplo se obtuvo de la capa 1 de la corteza somatosensorial del ratón. Una vez trazadas todas las fibras, se puede medir su longitud respectiva. El tejido analizado en este ejemplo tiene dimensiones de 10,24 micras en el eje X, 7,68 micras en el eje Y y 6,1 micras en el eje Z. Este volumen de tejido alberga un total de 536 axones, de los cuales 491 forman sinapsis excitadoras, 42 sinapsis inhibidoras y 3 son axones mielínicos. Se identificaron 87 dendritas, 81 de ellas con espinas y 6 sin espinas. El recuento total de sinapsis ascendió a 965, con 867 sinapsis excitadoras y 98 sinapsis inhibidoras. Finalmente, se observaron 142 fibras no sinápticas. Abajo, longitudes de los diferentes tipos de prolongaciones nerviosas presentes en pilas de imágenes seriadas adquiridas del *stratum radiatum* del hipocampo (SR) y de las capas 1 y 3 de la corteza somatosensorial (L1 y L3, respectivamente) del ratón. Las longitudes se expresan en metros de fibra por milímetro cúbico de tejido. Tomada de Turégano-López *et al.*, 2024.

axones y dendritas interconectados por una densa nube de sinapsis. La aplicación de esta metodología está permitiendo visualizar y cuantificar en detalle la enorme complejidad de la organización sináptica (**Figura 41**). Por ejemplo, un solo milímetro cúbico de tejido cerebral puede albergar hasta 9 kilómetros de axones y dendritas conectados por 1800 millones de sinapsis.

Volviendo a Cajal, resulta asombroso que, con herramientas tan rudimentarias como el método de Golgi y los microscopios de su época, Cajal sentara las bases para el estudio de los circuitos neuronales del sistema nervioso marcando un hito fundamental en la neurociencia y trazando el camino a seguir. En la actualidad, gracias al desarrollo de métodos de microscopía electrónica y herramientas informáticas para el análisis de las imágenes generadas, nos brinda un panorama esperanzador para descifrar el intrincado «bosque neuronal» del cerebro. Cada vez hay menos limitaciones tecnológicas y, al mismo tiempo, los científicos estamos mejor organizados para abordar el estudio del cerebro de manera más eficiente mediante la colaboración interdisciplinar. De este modo, en las próximas décadas nuestro conocimiento sobre la estructura y función del cerebro será muy superior al actual, lo que nos permitirá comprender mucho mejor diversos aspectos fundamentales, como las alteraciones que ocurren en el cerebro con diversas enfermedades, cómo este se forma, desarrolla y envejece, y los mecanismos por los cuales aprendemos y mejoramos nuestras capacidades intelectuales.

Consideraciones finales

A pesar de la creciente complejidad que encontramos al profundizar en el estudio del cerebro, lo que dificulta la creación de un esquema sencillo y general de su organización, existen reglas generales en el diseño de los circuitos neuronales. Una de las más relevantes, al menos en los mamíferos, es que las sinapsis químicas axodendríticas son sin duda el tipo de sinapsis más común, seguida de las sinapsis axosomáticas. Otros tipos de sinapsis no están presentes en todas las regiones del sistema nervioso y, allí donde están, suelen establecerse únicamente entre ciertos tipos de neuronas. Por otro lado, los sistemas neuromoduladores actúan, en general, sobre múltiples circuitos neuronales y en diversas regiones del cerebro. Esta acción distribuida está relacionada con funciones cerebrales de estado, como los estados de ánimo, la atención, el sueño y la ansiedad. Sin embargo, el cableado del cerebro a nivel sináptico, su «sinaptoma» (DeFelipe, 2010), es el sustrato anatómico para una gran variedad de funciones que requieren una comunicación rápida y precisa de información de un punto a otro. Los circuitos neuronales involucrados en los reflejos son un ejemplo típico: acciones relativamente simples, rápidas y automáticas que ocurren a nivel subconsciente. Otras funciones mucho más complejas relacionadas con el *sinaptoma* incluyen el procesamiento de la información en circuitos grandes pero discretos en los sistemas sensorial y motor, así como en las regiones cerebrales asociadas con el lenguaje, el cálculo, la escritura y el razonamiento. Estos y muchos otros aspectos de la organización anatómica y funcional del sistema nervioso, basados en la teoría neuronal, indican que esta doctrina sigue siendo uno de los fundamentos en los que se apoya nuestro concepto actual sobre la conectividad y actividad neuronal.

Por último, es importante reconocer que la teoría neuronal no pretende ofrecer una explicación de los procesos cognitivos. El secreto de la actividad mental no reside en las neuronas a nivel individual o, como las denominaba Cajal, en «las misteriosas mariposas del alma», sino en las leyes que regulan su organización y que hacen posible que millones de redes neuronales, formadas por células de diversos tipos y distribuidas en amplias zonas del sistema nervioso, trabajen en concierto y de manera dinámica en un momento dado.

Bibliografía

Alcamí, P.; Pereda, A. E. (2019). «Beyond plasticity: the dynamic impact of electrical synapses on neural circuits». *Nat. Rev. Neurosci.* 20: 253-271.

Agnati, L. F.; Genedani, S.; Leo, G.; Rivera, A.; Guidolin, D.; Fuxe, K. 2007. «One century of progress in neuroscience founded on Golgi and Cajal's outstanding experimental and theoretical contributions». *Brain Res. Rev.* 55: 167-189.

Agnati, L. F.; Leo, G.; Zanardi, A.; Genedani, S.; Rivera, A.; Fuxe, K.; Guidolin, D. 2006. «Volume transmission and wiring transmission from cellular to molecular networks: history and perspectives». *Acta Physiol.* 187: 329-344.

Álvarez-Leefmans, F. J. (1987). *La teoría celular en el tiempo: relato histórico que muestra que los hechos son los tiranos de la razón y los instrumentos sus cómplices.* En *Teorías y hechos sobre la vida. Las células.* Muñoz, J. (ed.). Consejo Nacional de Fomento Educativo (SEP), México, pp. 9-73.

Anastassiou, C. A.; Koch, C. 2015. «Ephaptic coupling to endogenous electric field activity: why bother?» *Curr. Opin. Neurobiol.* 31: 95-103.

Anastassiou, C. A.; Perin, R.; Markram, H.; Koch, C. 2011. «Ephaptic coupling of cortical neurons». *Nat. Neurosci.* 14: 217-223.

Apáthy, S. (1897). «Das leitende Element des Nervensystems und seine topographischen Beziehungen zu den Zellen». *Mitt. Zool. Stat. Neapel* 12: 495-748.

Araque, A.; Parpura, V.; Sanzgiri, R. P.; Haydon, P. G. (1999). «Tripartite synapses: glia, the unacknowledged partner». *Trends Neurosci.* 22: 208-215.

Barbara, J. G. (2022). «The concept of tissue regeneration: Epistemological and historical enquiry from early ideas on the regeneration of bone to the microscopic observations of the regeneration of peripheral nerves». *Front Cell. Dev. Biol.* 10: 742-764.

Barker, L. F. (1899). *The nervous system and its constituent neurones.* D. Appleton and Company, Nueva York.

Bargmann, C. I.; Marder, E. 2013. «From the connectome to brain function». *Nat Methods.* 10: 483-490.

Begemann, I.; Galic, M. (2016). «Correlative light electron microscopy: connecting synaptic structure and function». *Front Synaptic Neurosci.* 8:28.

Bell, F. J. (1908). «National Antarctic Expedition 1901-04. Echinoderma». *Nat. History Zoology (Londres)* IV:1-16.

Bennett, M.V. L. (1997). «Gap junctions as electrical synapses». *J Neurocytol* 26: 349-366.

Bennett, M.V. L. (2000). «Electrical synapses, a personal perspective (or history)». *Brain Res. Rev.* 32: 16-28.

Bennett, M.V. L. (2002). «Neoreticularism and neuronal polarization». *Prog. Brain Res.* 136: 189-201.
Bennett, M.V. L.; Zukin, R. S. (2004). «Electrical coupling and neuronal synchronization in the mammalian brain». *Neuron* 41: 495-511.
Bennett, M. V. L.; Aljure, G.; Nakajima, Y.; Pappas, G. D. (1963). «Electrotonic junctions between teleost spinal neurons: electrophysiology and ultraetructure». *Science* 141: 262-264.
Bethe, A. (1901). «Ueber die Regeneration peripherischen Nerven». *Arch. Psychiatr. Nervenkr.* 34: 1066-1073.
Bethe, A. (1903a). «Zur Frage von der autogenen Nervenregeneration». *Neurol. Centralbl.* 22: 60-62.
Bidder, F. H.; Kupffer, C. (1857). *Untersuchungen über die Textur des Rückenmarks und die Entwicklung seiner Formelemente.* Breitkopf & Härtel, Leipzig.
Blair, PJ.; Rhee, P.L. Sanders, K.M.; Ward, S.M. (2014). «The significance of interstitial cells in neurogastroenterology». *J Neurogastroenterol Motil.* 20: 294-317.
Blackstad, T. W. (1981). *Tract tracing by electron microscopy of Golgi preparations.* En: *Neuroanatomical tract-tracing methods.* Heimer, L., Robards, M. J. (eds.), Springer, Boston US, pp. 407-440.
Blatow, M.; Rozov, A.; Katona, I.; Hormuzdi, S. G.; Meyer, A. H.; Whittington, M. A.; Caputi, A.; Monyer, H. (2003). «A novel network of multipolar bursting interneurons generates theta frequency oscillations in neocortex». *Neuron* 38: 805-817.
Bodian, D. (1942). «Cytological aspects of synaptic function». *Physiol. Rev.* 22: 146-169.
Borroto-Escuela, D. O.; Gonzalez-Cristo, E.; Ochoa-Torres, V.; Serra-Rojas, E. M.; Ambrogini, P.; Arroyo-García, L. E. *et al.* (2024). «Understanding electrical and chemical transmission in the brain». *Front Cell. Neurosci.* 18:1398862.
Brazier, M. A. B. (1988). *A history of neurophysyology in the 19th century.* Raven Press, Nueva York.
Bullock, T. H.; Bennett, M.V. L.; Johnston, D.; Josephson, R.; Marder, E., Fields, R. D. (2005). «The neuron doctrine, redux». *Science* 310: 791-793.
Bullock, T. H. 1959. «Neuron doctrine and electrophysiology». *Science.* 129:997-1002
Cajal, S. R. (1888). «Estructura de los centros nerviosos de las aves». *Rev. Trim. Histol. Norm. Patol.* 1: 1-10.
Cajal, S. R. (1889). «Conexión general de los elementos nerviosos». *La Medicina Práctica* 88: 341-346.
Cajal, S. R. (1891). «Significación fisiológica de las expansiones protoplásmicas y nerviosas de las células de la substancia gris». *Rev Ciencias Méd. Barcelona* 17: 673-679; 715-723.
Cajal, S. R. (1892a). «El nuevo concepto de la histología de los centros nerviosos». *Rev. Ciencias Méd. Barcelona* 18 (números 16, 20, 22 y 28), pp. 361-376, 457-476, 505-520, 529-541.
Cajal, S. R. (1892b) «El plexo de Auerbach de los batracios. Nota sobre el plexo de Auerbach de la rana». *Trab. Lab. Histol. Facultad Med. Barcelona* Febrero, 23–28.

Cajal, S. R. (1893). *Los ganglios y plexos nerviosos del intestino de los mamífero y pequeñas adiciones á nuestros trabajos sobre la médula y gran simpático general.* Moya, Madrid.

Cajal, S. R. (1894). «The Croonian Lecture: La fine structure des centres nerveux». *Proc. Royal Soc. Londres* 55: 444-468.

Cajal, S. R. (1897). «Leyes de la morfología y dinamismo de las células nerviosas». *Rev. trimest. Micrográf.* 2: 1-28.

Cajal, S. R. (1899, 1904). *Textura del sistema nervioso del hombre y de los vertebrados.* Moya, Madrid.

Cajal, S. R. (1903a). «Sobre un sencillo proceder de impregnación de las fibrillas interiores del protoplasma nervioso». *Arch Lat Med Biol* 1: 1-6.

Cajal, S. R. (1903b). «Un sencillo método de coloración del retículo protoplásmico y sus efectos en los diversos centros nerviosos de vertebrados e invertebrados». *Trab. Lab. Invest. Biol. Univ. Madrid* 2: 129-221.

Cajal, S. R. (1905). «Sobre la degeneración y regeneración de los nervios». *Bol. Inst. Suer. Vac. Bacteriol Alfonso XIII* 1: 49-60, 113-119.

Cajal, S. R. (1906). «Mecanismo de la regeneración de los nervios». *Trab. Lab. Invest. Biol. Univ. Madrid* 4: 119-210.

Cajal, S. R. (1909, 1911). *Histologie du système nerveux de l'homme et des vertébrés* (*Translated by L. Azoulay*). Maloine, París.

Cajal, S. R. (1913, 1914). *Estudios sobre la degeneración y regeneración del sistema nervioso.* Moya, Madrid.

Cajal, S. R. (1917). *Recuerdos de mi vida, Vol. 2. Historia de mi labor científica.* Moya, Madrid.

Cajal, S. R. (1933). «¿Neuronismo o reticularismo? Las pruebas objetivas de la unidad anatómica de las células nerviosas». *Arch. Neurobiol.* 13: 1-144.

Cajal, S. R., Sala, C. (1891). «Terminaciones de los nervios y tubos glandulares del páncreas de los vertebrados». *Trab. Lab. Histol. Fac. Med. Barcelona,* Diciembre, 1-15.

Cano-Astorga, N.; DeFelipe, J.; Alonso-Nanclares, L. (2021). «Three-dimensional synaptic Organization of Layer III of the human temporal neocortex». *Cereb. Cortex* 31: 4742-4764.

Clarke, E.; O'Malley, C. D. (1968). *The human brain and spinal cord. A historical study illustrated by writings from antiquity to the twentieth century.* University of California Press, Berkeley.

Clarke, E.; Jacyna, L. S. (1987). *Nineteenth-century origins of neuroscientific concepts.* University of California Press, Berkeley.

Connors, B. W. (2017). «Synchrony and so much more: Diverse roles for electrical synapses in neural circuits». *Dev. Neurobiol.* 77: 610-624. doi: 10.1002/dneu.22493. Epub 2017 Mar 14. PMID: 28245529; PMCID: PMC5395344.

Curcio, M.; Bradke F. (2018). «Axon Regeneration in the Central Nervous System: Facing the Challenges from the Inside». *Annu. Rev. Cell. Dev. Biol.* 34: 495-521.

Crous, J. (1878). *Tratado Elemental de Anatomía y Fisiología Normal y Patológica del Sistema Nervioso.* Librería de Pascual Aguilar, Valencia.

Deiters, O. F. K. (1865). *Untersuchungen über Gehirn und Rückenmark des Menschen und der Säugethiere.* Schultze, M. (ed.), Braunschweig, Vieweg.

DeFelipe, J. (2002). «Sesquicentennial of the birthday of Santiago Ramón y Cajal (1852-2002), the father of modern neuroscience». *Trends Neurosci.* 25: 481-484.
DeFelipe, J. (2006). «Brain plasticity and mental processes: Cajal again». *Nat. Rev. Neurosci.* 7: 811-817.
DeFelipe, J. (2010). «From the connectome to the synaptome: an epic love history». *Science* 330: 1198-1201.
DeFelipe, J. (2014) *El Jardín de la Neurología: Sobre lo bello, el arte y el cerebro.* BOE-CSIC. Madrid.
DeFelipe, J. (2015a). The dendritic spine story: an intriguing process of discovery. *Front Neuroanat* 9: 14.
DeFelipe, J. (2015b). «The anatomical problem posed by brain complexity and size: a potential solution». *Front Neuroanat.* 9: 104.
DeFelipe, J.; Jones, E. G. (1991). *Cajal's degeneration and regeneration of the nervous system.* Oxford University Press, Nueva York.
DeFelipe, J.; Jones, E. G. (1992). «Santiago Ramón y Cajal and methods in neurohistology». *Trends. Neurosci* 15: 237-246.
DeFelipe, J.; Markram, H.; Wagensberg, J. (2007). *Paisajes neuronales: Homenaje a Santiago Ramón y Cajal.* CSIC, Madrid.
Del Río-Hortega, P. (1933). «Arte y artificio de la ciencia histológica». *Rev. Resid. Estudiantes Madrid* 4: 191-206.
Denk, W.; Horstmann, H. (2004). «Serial block-face scanning electron microscopy to reconstruct three-dimensional tissue nanostructure». *PLoS Biol.* 2(11): e329.
Descarries, L.; Mechawar, N. (2000). «Ultrastructural evidence for diffuse transmission by monoamine and acetylcholine neurons of the central nervous system». *Prog Brain Res.* 125: 27-47.
Dogiel, A. S. (1893). «Zur Frage über das Verhalten der Nervenzellen zu einander». *Arch. Anat. Physiol. Anat. Abt.* pp. 429-434.
Dogiel, A. S. (1899). «Ueber den Bau der Ganglien in den Geflechten des Darmes und der Gallenblase des Menschen und der Säugethiere». *Arch. Anat. Entwicklungsgesch* pp. 130-158.
Domínguez-Álvaro, M.; Montero-Crespo, M.; Blazquez-Llorca, L.; DeFelipe, J.; Alonso-Nanclares, L. (2019). «3D Electron microscopy study of synaptic organization of the normal human transentorhinal cortex and its possible alterations in Alzheimer's disease». Eneuro 6:ENEURO.0140-19.2019.
Drumm, B. T.; Baker, S. A. (2017). «Teaching a changing paradigm in physiology: a historical perspective on gut interstitial cells». *Adv. Physiol. Educ.* 4: 100-109.
Faber, D. S.; Pereda, A. E. (2018). «Two forms of electrical transmission between neurons». *Front Mol. Neurosci.* 11: 427.
Fairén, A. (2005). «Pioneering a golden age of cerebral microcircuits: the births of the combined Golgi-electron microscope methods». *Neuroscience*, 136: 607-614.
Farrant, M.; Nusser, Z. (2005). «Variations on an inhibitory theme: phasic and tonic activation of GABA(A) receptors». *Nat. Rev. Neurosci.* 6: 215-229.
Forel, A. H. (1887). «Einige hirnanatomische Betrachtungen und Ergebnisse». *Arch. Psychiat. Nervenkr.* 18: 162-198.

Forel, A. H. (1890-1891). «Ueber das Verhältniss der experimentellen Atrophie und Degenerationsmethode zur Anatomie und Histologie des Centralnervensystems». *Ursprung des ix., x. und xii. Hirnnerven. Festschrift zur Feier des Fünfzigjährigen Doktorjubiläums der Herren Prof. Dr Karl. v. Nägeli u Prof. A. v. Kölliker*, pp. 37-50.

Forel, A. H. (1937). *Out of my life and work.* Traducido por Bernard Miall. George Allen & Unwin, Londres.

Foster, M.; Sherrington, C. S. (1897). *A Text-Book of Physiology. Part III: The Central Nervous System.* Macmillan, Londres.

Freund, T. F.; Somogyi, P. (1989). «Synaptic relationships of Golgi-impregnated neurons as identified by electrophysiological or immunocytochemical techniques». En: *Neuroanatomical tract-tracing methods 2: Recent progress.* Heimer, L., Zaborszky, L. (eds.), Springer US, Boston, pp. 201–238.

Fukuda, T.; Kosaka, T. (2000). «The dual network of GABAergic interneurons linked by both chemical and electrical synapses: a possible infrastructure of the cerebral cortex». *Neurosci Res* 38: 123-130.

Fukuda, T.; Kosaka, T. (2003). «Ultrastructural study of gap junctions between dendrites of parvalbumin-containing GABAergic neurons in various neocortical areas of the adult rat». *Neuroscience* 120: 5-20.

Fuxe, K.; Dahlström, A. B.; Jonsson, G.; Marcellino, D.; Guescini, M.; Dam, M., *et al.* (2010). «The discovery of central monoamine neurons gave volume transmission to the wired brain». *Prog. Neurobiol* 90: 82-100.

Galarreta, M.; Hestrin, S. (1999). «A network of fast-spiking cells in the neocortex con-nected by electrical synapses». *Nature* 402: 72-75.

Galarreta, M.; Hestrin, S. (2002). «Electrical and chemical synapses among parvalbumin fast-spiking GABAergic interneurons in adult mouse neocortex». *Proc Natl. Acad. Sci. USA* 99:12438-12443.

Garthwaite J. (2019). «NO as a multimodal transmitter in the brain: discovery and current status». *Br J Pharmacol.* 176: 197-211.

Giaume, C.; Koulakoff, A.; Roux, L.; Holcman, D.; Rouach, N. (2010). «Astroglial networks: a step further in neuroglial and gliovascular interactions». *Nat. Rev. Neurosci.* 11: 87-99.

Gerlach, J. von (1865). *Mikroscopische Studien aus dem Gebiete der menschlichen Morphologie* (2.ª edición). Enke, Erlangen

Gerlach, J. von (1872). «Über die struktur der grauen Substanz des menschlichen Grosshirns». *Zentralbl. Med . Wiss.* 10, 273-275.

Gibson, J. R.; Beierlein, M.; Connors, B. W. (1999). «Two networks of electrically coupled inhibitory neurons in neocortex». *Nature* 402: 75-79.

Golgi, C. (1873). «Sulla struttura della sostanza grigia del cervello (Comunicazione preventiva)». *Gaz. Med. Ital. Lombardia* 33: 244-246.

Golgi, C. (1885). *Sulla fina anatomia degli organi centrali del sistema nervoso.* Tipografia di Stefano Calderini e Figlio. Reggio Emilia.

Golgi, C. (1886). *Sulla fina anatomia degli organi centrali del sistema nervoso.* Ulrico Hoepli, Milán.

GOLGI, C. (1882-1883). *Sulla fina anatomia degli organi centrali del sistema nervoso. Rivista sperimentale di Freniatria, anni 1882-83*. En: *Opera Omnia*, vol. I. *Istologia Normale* (1870-1883). Ulrico Hoepli, Milán, 1903, pp. 295-393.

GOLGI, C. (1929). *La dottrina del neurone. Teoria e fati*. En: *Opera Omnia*, vol. IV. *Scritti su argomenti varii*. Chapter 30 (Nobel Prize Lecture). Ulrico Hoepli, Milán, pp.1259-1291.

GRAINGER, R. D. (1829). *Elements of general anatomy, containing an outline of the organization of the human body*. S. Highley, Londres.

HALASSA, M. M.; HAYDON, P. G. (2010). «Integrated brain circuits: astrocytic networks modulate neuronal activity and behavior». *Annu. Rev. Physiol.* 72: 335-355.

HELD, H. (1897a). «Beiträge zur Structur der Nervenzellen und ihrer Fortsätze. Zweite Abhandlung». *Arch. Anat. Phys.* (Anat Abt) pp. 204-294.

HELD, H. (1897b). «Beiträge zur Structur der Nervenzellen und ihrer Fortsätze. Dritte Abhandlung». *Arch. Anat. Phys.* (Anat Abt) pp. 273-312.

HELD, H. (1902). «Ueber den Bau der grauen und weissen Substanz». *Arch. Anat. Phys.* (Anat Abt) pp. 189-224.

HELD, H. (1904). «Zur weiteren Kenntniss der Nervenendfüsse und zur Struktur der Sehzellen». *Abhandl math-phys Kl königl sächs Ges Wissensch* 29: 143-185.

HELD, H. (1905). «Zur Kenntniss einer neurofibrillären Continuität im Centralnervensystem der Wirbelthiere». *Arch. Anat. Phys.* (Anat Abt) pp. 55-78.

HELD, H. (1929). *Die Lehre von den Neuronen und von Neurencytium und ihr heutiger Stand*. Abderhalden, E. (ed.) *Fortschritte der naturwissenschftl.* Forschung, N.F. Heft 8. Urban und Schwarzenberg, Berlín, pp. 1-72.

HENSEN, V. (1864). «Zur Entwickelung des Nervensystems». *Arch. pathol. Anat. Physiol klin. Med.* 30: 176-186.

HIS, W. (1886). «Zur Geschichte des menschlichen Rückenmarks und der Nervenwurzeln». *Abhandl Math.- Phys. Klass Königl Sächs Gesellsch Wiss* 13: 147-209; 477-513.

HIS, W. (1889). «Die Neuroblasten und deren Entstehung im embryonalen Mark». *Abhandl Math.- Phys Klass Königl Sächs Gesellsch Wiss.* 15: 313-372.

HODGKIN, T.; LISTER, J. J. (1827). «Notice of some microscopical observations of the blood and animal tissues». *PM* 2:130-138. Citado en CLARKE, E. y O'MALLEY, C. D. (1968). *The human brain and spinal cord. A historical study illustrated by writings from antiquity to the twentieth century*. University of California Press, Berkeley.

HOOKE, R. (1665). Micrographia: or some physiological descriptions of minute bodies made by magnifying glasses with observations and inquiries thereupon. Royal Society. Londres.

Hormuzdi, S. G.; Filippov, M. A.; Mitropoulou, G.; Monyer, H.; Bruzzone, R. (2004). «Electrical synapses: a dynamic signaling system that shapes the activity of neuronal networks». *Biochim. Biophys. Acta* 1662: 113-137.

HUGHES, A. (1959). *A history of cytology*. Abelard-Schuman, Nueva York.

IWASAKI, H,; ICHINOSE, S.; TAJIKA, Y.; MURAKAMI, T. (2022). «Recent technological advances in correlative light and electron microscopy for the comprehensive analysis of neural circuits». *Front Neuroanat.* 16: 1061078.

JONES, E. G. (1994). The Neuron Doctrine 1891. *J Hist Neurosci* 3:3-20.

Kasthuri, N.:, Hayworth, K. J.; Berger, D. R.:, Schalek, R. L,; Conchello, J. A.; Knowles-Barley, S., *et al.* (2015). «Saturated reconstruction of a volume of neocortex». *Cell* 162: 648–661.

Kettenmann, H.; Verkhratsky, A. (2008). «Neuroglia: the 150 years after». *Trends Neurosci* 31: 653-659.

Kölliker, A. Von (1852). *Handbuch der Gewebelehre des Menschen.* Engelmann, Leipzig.

Kölliker, A. Von (1868). *Éléments D'Histologie Humaine.* Masson, París. Segunda edición francesa revisada y corregida de la quinta edición alemana.

Kleinfeld, D.; Bharioke, A.; Blinder, P.; Bock, D. D.; Briggman, K. L.; Chklovskii, D. B. *et al.* (2011). «Large-scale automated histology in the pursuit of connectomes». *J Neurosci* 31: 16125-16138.

Knott G.; Marchman H.; Wall D.; Lich B. (2008). «Serial section scanning electron microscopy of adult brain tissue using focused ion beam milling». *J Neurosci* 28: 2959-2964.

Kubota, Y.; Sohn, J.; Kawaguchi, Y. (2018). «Large volume electron microscopy and neural microcircuit analysis». *Front Neural. Circuits.* 12: 98.

Loomba, S.; Straehle, J.; Gangadharan, V.; Heike, N.; Khalifa, A.; Motta, A., *et al.* (2023). «Connectomic comparison of mouse and human cortex». *Science.* 2022: 377 (6602): eabo0924.

Maestre de San Juan, A. (1879). *Tratado de Histología Normal y Patológica.* Moya y Plaza, Madrid.

Magistretti, P. J.; Allaman, I. (2015). «A cellular perspective on brain energy metabolism and functional imaging». *Neuron.* 86: 883-901.

Mamiya, A.; Manor, Y.; Nadim, F. (2003). «Short-term dynamics of a mixed chemical and electrical synapse in a rhythmic network». *J Neurosci.* 2003: 23(29): 9557-9564.

Marder, E. (2012). «Neuromodulation of neuronal circuits: back to the future». *Neuron.* 76: 1-11.

Mazzarello, P. (1999). *The hidden structure. A scientific biography of Camillo Golgi.* Oxford University Press, Oxford.

McBain, C. J.; Fisahn, A. (2001). «Interneurons unbound». *Nat. Rev. Neuronsci* 2:11-23.

Merchán-Pérez, A. (2001). *Santiago Ramón y Cajal. Discurso de doctorado y trabajos de juventud.* Universidad Europea-CEES, Madrid.

Merchán-Pérez, A.; Rodríguez, J.-R.; Ribak, C. E.; DeFelipe, J. (2009a). «Proximity of excitatory and inhibitory axon terminals adjacent to pyramidal cell bodies provides a putative basis for nonsynaptic interactions». *Proc. Natl. Acad. Sci.* USA106: 9878–9883.

Merchán-Pérez A.; Rodríguez J.-R.; Alonso-Nanclares L.; Schertel A.; DeFelipe J. (2009b). «Counting synapses using FIB/SEM microscopy: a true revolution for ultrastructural volume reconstruction». *Front. Neuroanat.* 3: 18.

Merico, G. (1999). «Microscopy in Camillo Golgi's times». *J Hist. Neurosci.* 8:113-120.

Montero-Crespo, M.; Domínguez-Álvaro, M.; Rondón-Carrillo, P.; Alonso-Nanclares, L.; DeFelipe, J.; Blazquez-Llorca, L. (2020). «Three-dimensional synaptic organization of the human hippocampal CA1 field». *eLife* 9: e57013.

Morales, J.; Alonso-Nanclares, L.; Rodríguez J.-R.; DeFelipe, J.; Rodríguez, A.; Merchán-Pérez, A. (2011). «Espina: a tool for the automated segmentation and counting of synapses in large stacks of electron microscopy images». *Front Neuroanat.* 5: 18.

Müller, J. (1841). Monatsb. k. preuss. Akad. Wiss., 1841, p. 185; Archiv Naturg., 1841, vol. 1, p. 144; *Die Gattung Comatula*, p. 257.

Nansen, F. (1887). *The structure and combination of the histological elements of the central nervous system.* Reprinted from Bergens Museums Aarsberetning for 1886. J. Grieg, Bergen.

Nissl, F. (1894a). Ueber eine neue Untersuchungsmethode des Centralorgans speciell zur Feststellung der Localisation der Nervenzellen. *Neurol Centralbl* 13: 507-508.

Nissl, F. (1894b). Ueber die sogenannte Granula der Nervenzellen. *Neurol Centralbl* 13: 676-685; 781-789; 810-814.

Nissl, F. (1903). *Die Neuronenlehre und ihre Anhänger.* Verlag von Gustav Fischer, Jena.

Nonidez, J. F. (1937). «The nervous "terminal reticulum". A critique. III. Observations on the autonomic ganglia and nerves with special reference to the problem of the neuro-neuronal synapse. Concluding remarks». *Ant. Anz.* 84: 315-330.

Paul, B. D.; Snyder, S. H. (2015). «H2S: a novel gasotransmitter that signals by sulfhydration». *Trends Biochem. Sci.* 40: 687-700.

Pereda, A. E. (2014). «Electrical synapses and their functional interactions with chemical synapses». *Nat. Rev. Neurosci.* 15: 250–263.

Perea, G.; Navarrete, M.; Araque, A. (2009). «Tripartite synapses: astrocytes process and control synaptic information». *Trends Neurosci.* 32: 421-431.

Peters, A.; Palay, S. L.; Webster, H. deF (1991). *The fine structure of the nervous system. Neurons and their supporting cells.* Oxford University Press, Nueva York.

Petzold, G. C.; Murthy, V. N. (2011). «Role of astrocytes in neurovascular coupling». *Neuron.* 71: 782-797.

Plaza-Alonso, S.; Cano-Astorga, N.; DeFelipe, J.; Alonso-Nanclares, L. (2025). «Volume electron microscopy reveals unique laminar synaptic characteristics in the human entorhinal cortex». *eLife* (14:e96144.).

Purkinje, J. E. (1838). «Bericht über die Versammlung deutscher Naturforscher und Ärzte in Prag im September, 1837. pt. 3, sec. 5, A». *Anatomisch-physiologische Verhandlungen* pp. 177-180.

Rollenhagen, A.; Walkenfort, B.; Yakoubi, R.; Klauke, S. A.; Schmuhl-Giesen, S. F.; Heinen-Weiler, J., *et al.* (2020). «Synaptic organization of the human temporal lobe neocortex as revealed by high-resolution transmission, focused ion beam scanning, and electron microscopic tomography». *Int. J Mol. Sci.* 21(15): 5558.

Sanders, K. M.; Ward, S. (2006). «Interstitial cells of Cajal: a new perspective on smooth muscle function». *J Physiol.* 576: 721–726.

Sanders, K. M.; Koh, S. D.; Ro, S.; Ward, S. M. (2012). «Regulation of gastrointestinal motility-insights from smooth muscle biology». *Nat. Rev. Gastroenterol Hepatol.* 9: 633-645.

Santello, M.; Toni, N.; Volterra, A. (2019). «Astrocyte function from information processing to cognition and cognitive impairment». *Nat. Neurosci.* 22:154-166.

Schleiden, M. J. (1838). «Beiträge zur Phytogenesis». *Arch. Anat. Physiol. Wiss Med.* pp. 137-176.

Schwann, T. (1839). *Microscopic investigations on the accordance in the structure and growth of plants and animals.* Londres (traducción al inglés de Sydenham Society, 1847).

Shapson-Coe, A.; Januszewski, M.; Berger, D. R.; Pope, A.; Wu, Y.; Blakely, T., *et al.* (2024). «A petavoxel fragment of human cerebral cortex reconstructed at nanoscale resolution». *Science* 384(6696): eadk4858.

Shepherd, G. M. (1991). *Foundations of the neuron doctrine.* Oxford University Press, Nueva York.

Shepherd, G. M. (2016). *Foundations of the neuron doctrine.* 25th anniversary edition. Oxford University Press, Nueva York.

Sherrington, C. S. (1947). *The integrative action of the nervous system.* Yale University Press, New Haven.

Shimizu K.; Stopfer, M. (2013). «Gap junctions». *Curr. Biol.* 23: R1026-1031.

Simarro, L. (1900). «Nuevo método histológico de impreganación por las sales fotográficas de plata». *Rev. Trim. Micrográf. Madrid* 5:45-71.

Sloper, J. J. (1973). «An electron microscope study of the neurons of the primate motor and somatic sensory cortices». *J Neurocytol.* 2: 351-359.

Sloper, J. J.; Powell, T.P.S. (1978). «Gap junctions between dendrites and somata of neurons in the primate sensori-motor cortex». *Proc. R. Soc. Lond. B* 203: 39-47.

Somjen, G. G. (1988). «Nervenkitt: notes on the history of the concept of neuroglia». *Glia* 1: 2-9.

Sotelo, C.; Llinas, R. (1972). «Specialized membrane junctions between neurons in the vertebrate cerebellar cortex». *J. Cell Biol.* 53: 271–289.

Sotelo, C.; Korn, H. (1978). «Morphological correlates of electrical and other interactions through low-resistance pathways between neurons of the vertebrate central nervous sys-tem». *Int. Rev. Cytol.* 55: 67-107.

Szegedi, V.; Paizs, M.; Baka, J.; Barzo, P.; Molnar, G.; Tamas, G., *et al.* (2020). «Robust perisomatic GABAergic self-innervation inhibits basket cells in the human and mouse supragranular neocortex». *eLife* 9: e51691.

Tello, F. (1907). «Dégénération et régénération des plaques motrices après la section des nerfs». *Trav. Lab. Recherches Biol. Univ. Madrid* 5: 117-149.

Tremblay, R.; Lee, S; Rudy, B. (2016). «GABAergic Interneurons in the Neocortex: From Cellular Properties to Circuits». *Neuron.* 91: 260-292.

Turégano-López, M.; Santuy, A.; Kastanauskaite, A.; Rodriguez, J. R.; DeFelipe, J.; Merchan-Perez. A. (2022). «Single-neuron labeling in fixed tissue and targeted volume electron microscopy». *Front Neuroanat* 16: 852057.

Turégano-López, M.; Félix de las Pozas, F.; Santuy, A.; Rodríguez J.-R.; DeFelipe, J.; Merchan-Perez, A. (2024). «Tracing nerve fibers with volume electron microscopy to quantitatively analyze brain connectivity». *Commun Biol* 7: 796.

Valentin, G. G. (1836). «Über den Verlauf und die letzten Ende der Nerven». *Nova Acta Phys.-Med. Acad. Caes Leopold-Carol Nat. Curiosorum,* Breslavia 18, pp. 51-240.

Van der Loos, H. (1967). *The history of the neuron.* En: Hydén, H. (ed.), *The Neuron,* Elsevier, Ámsterdam, pp. 1-47.

Van der Loos, H.; Glaser, E. M. (1972). «Autapses in neocortex cerebri: synapses between a pyramidal cell's axon and its own dendrites». *Brain Res.* 48:355-360.

Varadarajan, S. G.; Hunyara, J. L.; Hamilton, N. R.; Kolodkin, A. L.; Huberman, A. D. (2022). «Central nervous system regeneration». *Cell.* 185: 77-94.

Vaughn M. J, Haas J. S. (2022) «On the diverse functions of electrical synapses». *Front Cell Neurosci.* 16: 910015.

Venance, L.; Rozov, A.; Blatow, M.; Burnashev, N.; Feldmeyer, D.; Monyer, H. (2000). «Connexin expression in electrically coupled postnatal rat brain neurons». *Proc. Natl. Acad. Sci. EE. UU.* 97: 10260-10265.

Virchow, R. (1858). *Die Cellularpathologie in ihrer Begründung auf physiologische und pathologische Gewebenlehre.* August Hirschwald, Berlín (*Cellular pathology as based upon physiological and pathological histology: twenty lectures delivered in the Pathological Institute of Berlin during the months of February, March, and April*, 1858. Translated from the second edition of the original by Frank Chance. John Churchill, Londres, 1860).

Von Gudden, B. (1870). «Experimentaluntersuchungen über das peripherische und centrale Nervensystem». *Arch. Psychiat. Nervenkr.* 2: 693-723.

Waldeyer-Hartz, W. von (1891). «Über einige neuere Forschungen im Gebiete der Anatomie des Centralnervensystems». *Dtsch. Med. Wschr.* 17: 1213-1218, 1244-1246, 1267-1269, 1287-1289, 1331-1332, 1352-1356.

Wang, R. (2014). «Gasotransmitters: growing pains and joys». *Trends Biochem. Sci.* 39: 227-232.

Whittington, M. A.; Traub, R. D. (2003). «Interneuron Diversity series: Inhibitory interneurons and network oscillations in vitro». *Trends Neurosci* 26: 676-682.

Waller, A. V. (1850). «Experiments on the section of the glosso-pharyngeal and hypoglossal nerves of the frog, and observations of the alterations produced thereby in the tructure of their primitive fibres». *Phil. Trans. Roy. Soc. Lond.* 140: 423-429.

Waller, A. V. (1852). «Sur la reproduction des nerfs et sur la structure et les fonctions des ganglions spinaux». *Arch. Anat. Physiol.* (Liepzig) 11: 392-401.

Winding, M., Pedigo, B. D., Barnes, C. L., Patsolic, H. G., Park, Y., Kazimiers, T., *et al.*, (2023). «The connectome of an insect brain». *Science.* 379 (6636).

Yin, L.; Zheng, R.; Ke, W.; He, Q.; Zhang, Y.; Li, J., *et al.* (2018). «Autapses enhance bursting and coincidence detection in neocortical pyramidal cells». *Nat. Commun* 9: 4890.

¿NEURONISMO O RETICULARISMO?

CONSEJO SUPERIOR DE INVESTIGACIONES CIENTÍFICAS
INSTITUTO RAMÓN Y CAJAL

¿NEURONISMO O RETICULARISMO?
LAS PRUEBAS OBJETIVAS DE LA UNIDAD ANATÓMICA DE LAS CÉLULAS NERVIOSAS

POR
SANTIAGO RAMÓN Y CAJAL

Edición preparada por el Instituto Cajal
con motivo del primer centenario
de su Fundador y Maestro

MADRID 1952

El Instituto Cajal, del Consejo Superior de Investigaciones Científicas, ha creído que de ninguna manera podía colaborar con mayor eficacia a la celebración del Primer Centenario de su Fundador y Maestro, que perpetuando la memoria de su personalidad científica tal como resplandece en su obra.

Y ningún medio mejor para realizar este propósito, que la reedición de sus obras.

Las obras de Cajal son solicitadas hoy con avidez en todas las bibliotecas del mundo. Se busca en ellas el apoyo y solidez que en todas las ramas de la Neurología ofrecen los hechos fundamentales establecidos por el Maestro. Agotadas hace muchos años en sus títulos más importantes, hace esto que muchos tengan que lamentar el no poder conocer más a fondo sus doctrinas, y que otros redescubran con técnicas modernas «nuevos» conceptos consignados hace largo tiempo en los escritos de Cajal.

Este opúsculo sobre la teoría neuronal lo escribió Cajal cuando contaba ya más de setenta y cinco años. En él quiso condensar en bien apretados párrafos, de claridad serena y contundente, los hechos por él descubiertos en favor de la teoría neuronal. «Treinta y cinco años de empleo casi exclusivo del método de Golgi nos han persuadido de la importancia de tamaña causa de error y nos han hecho recelosos y suspicaces en presencia de disposiciones inusitadas y eventuales.» Frases como la anterior reflejan que la responsabilidad que asumía al hacer sus afirmaciones estaba cimentada en la evidencia de los hechos observados con perseverancia y nunca superficialmente.

El presente trabajo fue escrito para el Tratado de Neurología de Bumke-Foersters, y se publicó en el tomo primero de dicha obra en 1935, bajo el título «Die Neuronenlehre».

La versión española fue publicada en 1933 en los Archivos de Neurología (tomo XIII), y de dicha edición está tomada la presente.

En 1934, y en el número de los *Travaux du Laboratoire de Recherches Biologiques* de l'Université de Madrid, fundada por el propio Cajal, y en el que se comunicaba al mundo la noticia de su muerte, se publicó la traducción francesa como homenaje póstumo a su memoria.

Junto con esta reedición de la versión española, hemos preparado también la traducción inglesa de la misma, que aparecerá en breve, buscando para la obra una mayor difusión en el mundo científico.

M. Ubeda Purkiss

[Prefacio que aparece en el libro publicado por el CSIC en 1952]

¿Neuronismo o reticularismo?

Las pruebas objetivas de la unidad anatómica de las células nerviosas por

S. Ramón y Cajal

No obstante, las pruebas objetivas innumerables aducidas en pro de la doctrina de la discontinuidad de los elementos constitutivos de la substancia gris, de vez en cuando, adviértese un retoñamiento del reticularismo, sobre todo desde que Apáthy creyó demostrar en los ganglios de los invertebrados la existencia de una red al parecer continua entre las neurofibrillas de la *Püncksubstanz*. Hoy nos encontramos también, gracias a la actividad infatigable de Held y de sus discípulos, ante un nuevo brote de la hipótesis de la continuidad.

No nos extraña este retorno a la vieja tradición de las redes de Gerlach. Es fuerza reconocer que para ciertos espíritus la teoría reticular ofrece seducciones y comodidades explicativas extraordinarias. Entre otras ventajas fisiológicas, ofrecería la inestimable de comprender sencillamente la propagación de los impulsos nerviosos de unas neuronas a otras y de su difusión en multitud de direcciones dentro de la substancia gris.

Pero no se trata aquí de aquilatar la simplicidad y comodidad teóricas (más aparentes que reales) de una concepción, sino de justipreciar hasta qué punto se conforma con los hechos conocidos y fácilmente demostrables.

El presente opúsculo, más que pugna polémica, casi siempre estéril, será la exposición sucinta de las observaciones contrarias a la concepción de Apáthy, Bethe y Held. Mi propósito es describir brevemente *lo que yo he visto* en cincuenta años de trabajo y lo que cualquier observador, exento de prejuicios de escuela, puede fácilmente comprobar, no en tal cual célula nerviosa, acaso mal fijada o de tipo anormal, sino en millones de neuronas vigorosamente coloradas por diversos métodos de impregnación.

Nos impulsa, además, un afán de claridad. El reticularismo, aún defendido por sus más autorizados y brillantes adalides, aparece siempre nebuloso y contradictorio. Cada antineuronista defiende obstinadamente una fórmula personal con pocos puntos de contacto con las sostenidas por sus congéneres. Y, lo que es más grave, todas ellas son poco conciliables con los datos positivos aportados por la fisiología, la patología, la ontogenia y la filogenia del sistema nervioso. Al revés del neuronismo, cuya base se robustece y ensancha al influjo de la neurogenia, regeneración nerviosa, la fisiología y la patología, etc.

Claro es que la técnica del porvenir puede aportar argumentos nuevos e insospechados en favor de la tesis reticularista o de otras concepciones. Una pequeña mejora en el rendimiento de un método o un descubrimiento histológico de alcance general, pueden obligarnos a modificar nuestras conclusiones. Mas hoy por hoy esta revisión no parece próxima ni probable. Podemos, pues, adoptar aún, sin reservas, la genial doctrina de His, Forel y de Kölliker, puesto que se apoya en innumerables hechos concordantes, recogidos en el sistema nervioso de vertebrados e invertebrados.

Para la más cómoda exposición seguiremos el orden siguiente:

Primera parte:

a) De la historia del neuronismo.

b) De las copiosas observaciones exactas en que se apoya, con inclusión de las dudas y reparos esgrimidos modernamente contra la concepción neuronal.

Segunda parte:

c) De las pruebas neurogénicas irrecusables.

d) De los hechos favorables ofrecidos por el proceso de la regeneración nerviosa y los métodos de cultivo.

e) Y con laconismo, impuesto por la brevedad de este estudio, expondremos también algunos argumentos sacados de la fisiología y patología.

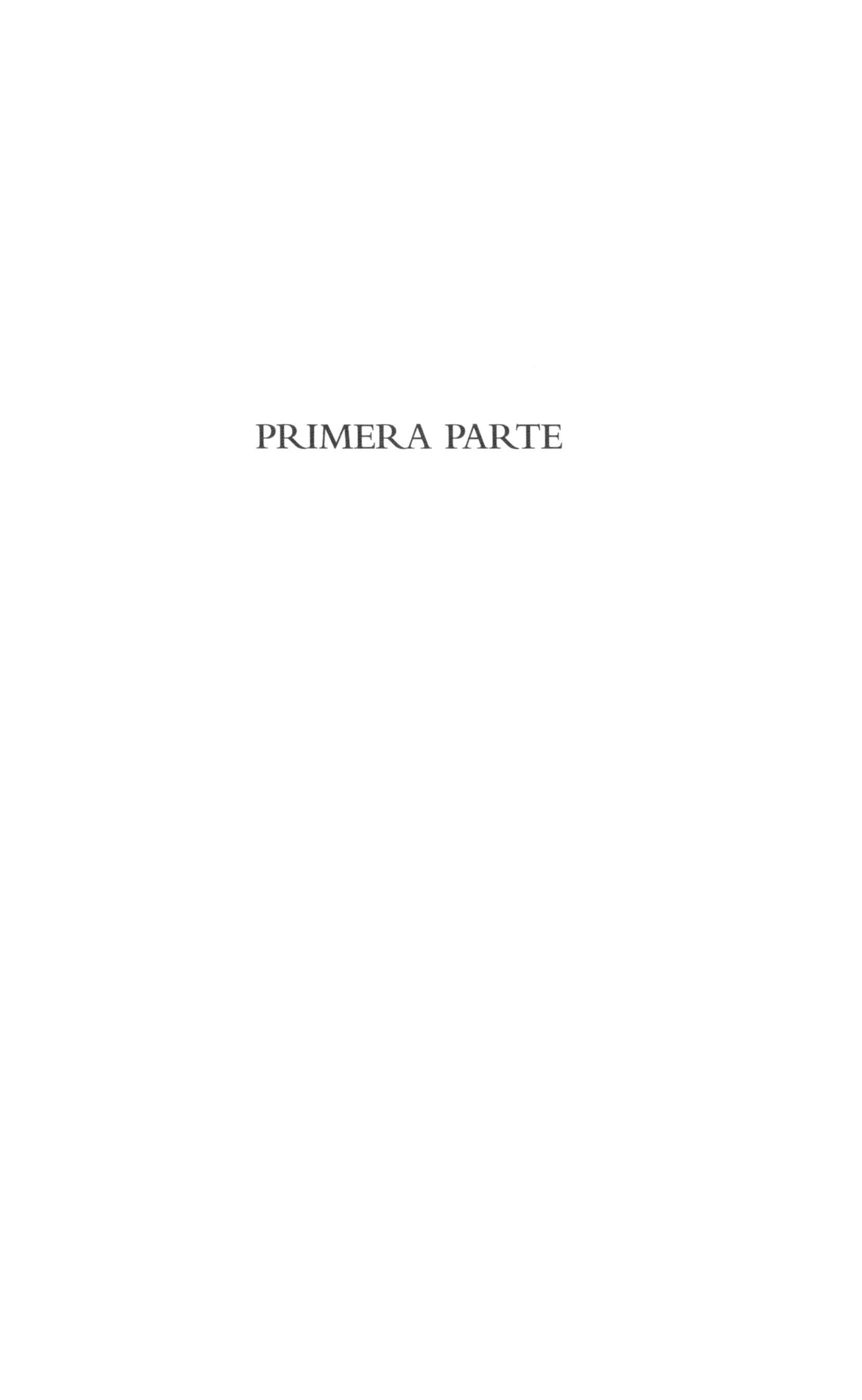

PRIMERA PARTE

01 Apuntes históricos tocantes a la doctrina neuronal

> Los atisbos geniales de His y Forel y los trabajos de Golgi, adolecían de dos graves lagunas: la demostración patente, indiscutible, del modo de terminarse los axones en los centros y las verdaderas relaciones de las ramificaciones nerviosas con las neuronas [...]
>
> Nosotros [...] no hemos logrado nunca ver una anastómosis entre ramificaciones de dos prolongaciones protoplásmicas diferentes [dendritas], ni tampoco entre los filamentos emanados de una misma expansión de Deiters [axón]; las fibras se entrelazan por modo complicadísimo, engendrando un plexo intrincado y tupido, pero jamás una red [...] diríase que cada elemento es un cantón fisiológico absolutamente autónomo.

Con razón se atribuye a los ilustres W. His (1886 y 1890) y Forel (1887) la idea luminosa de que las expansiones de las células nerviosas, se terminan libremente, tanto en la substancia gris como en los órganos sensibles y sensoriales periféricos. El prof. Waldeyer[1] fue en

---

[1] El profesor Waldeyer, a quien gentes poco enteradas atribuyen la doctrina neuronal, que apoyó con el prestigio de su autoridad, no aportó ninguna observación personal, limitándose a exponer breve y brillantemente (1891) las pruebas objetivas, aducidas por His, nosotros, Kölliker, Retzius y Van Gehuchten, e inventando la feliz expresión de *neurona* [Waldeyer-Hartz, 1891]. Exposiciones populares de conjunto, ilustradas con diagramas y grabados muy expresivos en pro de la doctrina neuronal, se publicaron poco después de nuestros trabajos por Van Gehuchten (1891), v. Lenhossék (1891), Kupffer (1892), Charpy (1892), Dagonet (1892), Azoulay (1893), Barker (1893), Tanzi (1893), E. A. Schaffer (1893), His (1893), Held (1893) –que

Alemania, junto con Kölliker, Schiefferdecker, etc., el propagandista de esta concepción. En Francia, donde la doctrina se acogió con entusiasmo, gracias a las pruebas aportadas por nosotros, el paladín más decidido fue Matías Duval. En fin, en Italia defendieron con fervor la nueva doctrina Tanzi y Lugaro.

Resumiendo las sugestiones esparcidas por los diversos trabajos de His, basadas sobre todo en sus admirables observaciones sobre la neurogénesis del hombre, decíamos en 1899 (edición española de nuestra *Históloga del sistema nervioso*), sobre poco más o menos, lo siguiente: «His afirma que los cilindro-ejes embrionarios representan la continuación del primer apéndice brotado en los *neuroblastos*; fuerza es, por tanto, admitir que cada fibra, o sea cada *neurita*, durante un período muy largo de su evolución debe crecer por sus cabos libres. No es presumible que este proceso deba modificarse ulteriormente ni para los axones ni para las expansiones protoplásmicas. Además, conocemos desde hace mucho tiempo una serie de terminaciones periféricas libres, por ejemplo, las de la *córnea*, *piel*, *corpúsculos táctiles* de Pacini, Meissner y Krause, las placas motrices, etc., en todos los cuales hizo notar

---

resumió nuestras conferencias populares de Barcelona[A], Gustav Retzius (1896), etc. Descripciones sintéticas, a veces con esquemas, fueron publicadas, aparte de las de Waldeyer, por Déjerine (1805), M. Heidenhain, P. Schiefferdecker y otros sabios. Oportunamente serán citadas las obras de estos ilustres histólogos, sin olvidar al gran Verworn (1900), el eminente fisiólogo alemán, y el no menos ilustre A. Kölliker (1906), que acogió, generoso, en sus numerosas publicaciones, nuestras ideas, ampliándolas con nuevas ilustraciones y descubrimientos. Por nuestra, parte, dimos a la prensa diversas exposiciones de la doctrina en artículos polémicos. Citemos entre ellos (aparte de mi libro de conjunto): *El Renacimiento de la doctrina neuronal*, Barcelona, 1907 [Cajal, 1907a]. «Die histogenetischen Beweise der Neuronentheorie von His und Forel». *Anat. Anz.* XXX Bd. [Cajal, 1907b]; «L'hypothèse de la continuité d'Apáthy. Reponse aux objections de cet auteur contre la théorie neuronale». *Travaux du Lab. de rech. biol.*VI. 1908 [Cajal, 1908a], y [Cajal, 1908b] *Anat. Anz.* XXXIII Bd. 1908; «Nouvelles observations sur l'évolution des neuroblastes avec quelques remarques sur l'hypothèse neurogénétique de Hensel-Held». *Anat. Anz.* XXXII. 1908 [Cajal, 1908c].

[A]. *N. del E.* Cajal se refiere a sus conferencias pronunciadas durante los días 14, 18 y 19 de marzo de 1892 en la Academia y Laboratorio de Ciencias Médicas de Cataluña, publicadas en *Revista de Ciencias Médicas*, de Barcelona (Cajal, 1892a).

que las últimas ramas nerviosas acaban por un extremo libre o arborización no anastomosada.»

La misma doctrina sería aplicable, según His, a los *ganglios sensitivos*[2], cuyas expansiones acabarían libremente. Por cierto que este sabio, no obstante la insuficiencia de los métodos usados, descubrió el hecho interesante de que las células sensitivas adoptan al principio la forma bipolar, para tornarse sucesivamente monopolares. (Confirmado por nosotros en 1890.)

Por su parte, Forel (1887), que vió algunas preparaciones del método de Golgi, declaraba, casi al mismo tiempo que His, la independencia de las células nerviosas o neuronas. Fundábase sobre todo en que los experimentos de Gudden (arrancamiento de los axones), provocan solamente la atrofia de las células nerviosas de origen (centros tróficos de Deiters)[3].

Esta concepción de His y Forel, basada tanto en observaciones directas como en generalizaciones muy ingeniosas y verosímiles, representaba una reacción vigorosa contra las teorías reticulares de Gerlach y de Golgi, que, por entonces, dominaban en la ciencia neurológica.

Mención muy especial merece el eminente sabio italiano Golgi, que con ser reticularista convencido, aportó importantes argumentos a la doctrina del contacto. Armado con dos métodos valiosísimos de impregnación (el del cromato de plata y del bicloruro de mercurio) el sabio de Pavía (1873-1886), además de aportar muchos datos morfológicos valiosos sobre las neuronas y las colaterales nerviosas, contribuyó al neuronismo con el dato fundamental, entonces revolucionario, de que las dendritas

---

[2] His:. «Die Neuroblasten und deren Entstehung im embryonalen Mark». *Abh. der math. physik. Klasse der Königl. Sachs. Gesellsch. d. Wissensch.* Bd. XV 1889 [His, 1889]. Véase también; Zut Geschichte des menschlichen Rückenmarks & der Nervenwurzeln. Octubre 1886 [His, 1886]. Ebenda: Uber den Aufbau unseres Nervensystems. *Verhandlungen*, etc. 1893 [His, 1893].

[3] Forel (A.): «Einige hirnanatomische Betrachtungen & Ergebnisse». *Arch. f. Psych. & Nervenheilkunde.* Bd. 18. 1887 [Forel, 1887].

caminan independientemente por el seno de la substancia gris y se terminan mediante cabos libres. ¡Lástima que Golgi supusiera sin pruebas que esta tupida y complicadísima urdimbre de arborizaciones protoplásmicas, que rellena la substancia gris, afectando formas regionales variadísimas, bien estudiadas por el citado sabio, carece de capacidad conductriz! En la gran oficina de la vida mental, dichas expansiones desempeñaran un oficio meramente trófico. La propagación del impulso nervioso tendría por cauce exclusivo una red fina intrincadísima, extendida por la substancia gris e integrada; *a)*, por la anastómosis de las colaterales nerviosas de las células del *1 tipo* (motrices); *b)*, por las arborizaciones axónicas de las células del *2 tipo* (*tipo sensitivo*, correspondiente a lo que nosotros hubimos de designar más tarde células de axon corto), y *c)*, en fin, por las *ramificaciones centrales del axon de los corpúsculos de los ganglios sensitivos o sensoriales*[4].

Es una triste verdad que casi nadie puede sustraerse enteramente a la tradición y al espíritu de su época. A pesar de su gran originalidad, sufrió Golgi en buena parte la sugestión de las *redes intersticiales difusas* de Gerlach. En todo caso, la boga de las teorías de Golgi, sobre todo en Italia, fue considerable. Sus más fervorosos adeptos fueron: L. Sala, Fusari, Mondino, Veratti, Martinotti, etc. También en el extranjero logró entusiastas partidarios, aunque fueron más numerosos sus contradictores. En Italia mismo no persuadió a talentos tan esclarecidos como Tanzi, Lugaro, etc., ni a su sobrino, ayudante y continuador en la cátedra de Pavía: el ingenioso y malogrado Perroncito[5].

Como eco lejano de la teoría de Gerlach, surgió en Dogiel (ruso) la concepción reticular, bien que modificada (1891-1893), basada en las fusiones accidentales de las neuronas y fibras nerviosas

---

[4] Véanse, entre otros muchos trabajos concernientes al sistema nervioso, la obra magna de Golgi: *Sulla minuta anatomia degli organi centrali del sistema nervoso*. Milano, 1885 [Golgi, 1885], y también su *Opera omnia*, publicada en italiano y alemán y bien conocida de todos [Golgi, 1903]. Más adelante aludiremos a otras comunicaciones suyas.

[5] Murió consecutivamente a dolencias contraídas durante la guerra mundial.

producidas por los fijadores de la coloración vital de Ehrlich. Llegó hasta describir en la retina gruesos puentes protoplasmáticos interdendríticos.

A despecho de las vacilaciones interpretativas del ilustre Dogiel y de algunos de sus discípulos, que trabajaron, con gran fortuna, empleando el azul de metileno, sobre el *gran simpático*, los *ganglios sensitivos*, la *retina*, el *cerebelo* y las *terminaciones nerviosas periféricas*, etc., buena parte de los resultados obtenidos encajan perfectamente en el cuadro de la doctrina neuronal, a la cual el maestro ruso se fué aproximando mucho en los últimos años de su vida. Acaso nuestros trabajos con el método de Ehrlich y el de Golgi sobre la *retina*, el *gran simpático* y el *cerebelo* pudieron contribuir algo a esta feliz evolución doctrinal, descartando, entre otros prejuicios, el muy añejo y avasallador de las anastómosis entre gruesas dendritas.

En obsequio a la brevedad y considerando que trataremos de ellas luego, callo aquí nuestras contribuciones a la demostración y consolidación de la hipótesis de His. Sólo haré notar el hecho curioso de que mis ideas fueron formuladas en 1888, y después, en 1889 y 1890, sin tener conocimiento de los trabajos y conclusiones de His y Forel. Sólo más tarde (1890) leímos las comunicaciones embriológicas de His, anteriores a mis investigaciones, y eso gracias a la amabilidad del ilustre histólogo de Leipzig. A causa de mi penuria bibliográfica, sólo le cito en mi primera exploración neurogenética de la médula espinal (1890). Por lo demás, estas coincidencias con el pensamiento de maestros ilustres, ajenas a toda sugestión oral o libresca, suelen constituir el mejor tónico moral y la más sólida garantía de la legitimidad de las interpretaciones adoptadas.

De buen grado agregaríamos a la lista de los colaboradores del neuronismo a H. Held, porque durante los años 1893 y siguientes aportó tres hechos importantes: los *cálices del núcleo del cuerpo trapezoide*, los *plexos pericelulares del coclear en el ganglio ventral* del acústico, y más tarde, sirviéndose de métodos de propia invención, los *bulbos terminales* de las fibras sensitivas de la médula espinal *(Endfüssen)*. Con tales hallazgos contribuyó Held a robustecer la teoría del contacto, aunque la modificara algo después con la hipótesis de la *incrustación*, perfectamente compatible, por otra parte, con la concepción de His. Desgraciadamente, se pasó ulteriormente al bando de los secuaces de la continuidad, sobre todo cuando creyó hallar en ciertas imágenes equívocas y falaces de los métodos neurofibrillares y del proceder de Golgi, hechos probatorios de su novísima tesis. Pero de las objeciones de Held y Bielschowsky y otros contra la doctrina neuronal, así como de las ilusiones y celadas que amenazan al neurólogo más cauteloso, cuando ciertas imágenes esporádicas y eventuales son, por exceso de celo, interpretadas demasiado literalmente, hablaremos más adelante.

Y ahora un recuerdo a un precursor genial del neuronismo. Por tal diputamos a Max Schültze, hoy casi enteramente olvidado de los sabios, a pesar de ser descubridor, aparte de otros hechos, de las neurofibrillas. En su conocido artículo del *Stricker's Handbuch* (1871), se encuentran observaciones positivas y reservas críticas impregnadas de gran sagacidad y prudencia. Late en ellas, a modo de postulado tácito, la doctrina de la discontinuidad. En vano se buscaría entre los grabados con que ilustro su artículo, una sola anastómosis ni el menor indicio del syncytio de Gerlach[6]. Además, en el texto, destacan juicios como este: «Die feinen Faserchen (Primitivfibrillen) welche aus den Verästelungen hervorgehen entziehen sich sehr bald der Beobachtungen. Ihr endliches Schicksal ist unbekannt.» Y acerca de las anastómosis por dendritas gruesas, sin negar en absoluto su posibilidad, hace notar: «Die sorgfäeltigsten Isolierungsversuche von Deiters haben nur negative Resultate ergeben. Ebenso ist es mir bei vielen bezueglichen Versuchen an dem zum Studium der Ganglienzellen unübertrefflich geeigneten elektrischen Lappen des Gehirns zur Zittezroch engegangen, obgleich Rudolf Wagner hier früher deutliche Anastomosen erkannt zu haben angibt, habe ich mittels besserer Isolierungsmethoden

---

[6] Véase la figura 28, correspondiente al asta anterior de la médula espinal («Allgemeines zur den Strukturelementen des Nervensystems». *Stricker's Handbuch*, 1871 [Schultze, 1871]).

kein Beispiel einer solchen finden können.» Tampoco ve anastómosis en las terminaciones nerviosas periféricas.

Esta exquisita circunspección, que quisiéramos ver hoy compartida por algunos famosos maestros de la neurología, evitó a Max Schültze el precipitarse en las equivocaciones y fantasías de Harless, Lieberkühn, Wagner, Arnold, Frohmann, Beale, Jolly, Meynert (tan meritorio por otros conceptos), Arndt, Besser y bastantes más.

Los atisbos geniales de His y Forel y los trabajos de Golgi, adolecían de dos graves lagunas: la demostración patente, indiscutible, del modo de terminarse los axones en los centros y las verdaderas relaciones de las ramificaciones nerviosas con las neuronas.

His, que se sirvió de la hematoxilina, aplicada de preferencia en los embriones humanos, si observó perfectamente, como dejamos dicho, los *neuroblastos*, no alcanzó a sorprender la terminación axónica intra o extramedular; sus neuritas embrionarias aparecen acabadas en pico de sonda, siendo así que se terminan, según demostramos nosotros y Michael von Lenhossék (1890), mediante una maza o espesamiento erizado de crestas y de apéndices rudimentarios (nuestro *cono de crecimiento*).

En realidad, el primer descubrimiento del modo de terminarse un axon adulto tuvo lugar en 1888 en el cerebelo de las aves[7], y la primera vez que se sorprendió la punta, de un axon embrionario en vías de crecimiento acaeció en 1890, en los embriones de pollo del tercer día de la incubación (Cajal[8], y después v. Lenhossék[9]). Luego pudimos confirmar esta terminación libre de las neuritas, con sus aparatos pericelulares en un gran número de órganos (cerebelo, médula espinal, asta de Ammon, bulbo olfatorio, retina, tálamo, gran simpático, lóbulo óptico, etcétera).

---

[7] «Estructura de los centros nerviosos de las aves». *Rev. trim. de Histología y normal y patológica*. 1 de Mayo de 1888, Barcelona [Cajal, 1888a], y «Morfología y conexiones de los elementos nerviosos de las aves». *Idem*. Mayo de 1888, Barcelona [Cajal. 1888b].

[8] Cajal: *Anat. Anzeiger.* Bd.V 1890 [Cajal, 1890a].

[9] Lenhossék: *Vernandl. d. X internat. Congrès zu Berlin*. Bd. II. 1890 [von Lenhossék, 1891].

Quizás no carezca de interés reproducir aquí las palabras con que en 1888 y 1889 combatimos el reticularismo. «Nosotros hemos hecho prolijas investigaciones –escribíamos– sobre la marcha y conexiones de las fibras nerviosas de las circunvoluciones cerebrales y cerebelosas del hombre, mono, perro, etc., y no hemos logrado nunca ver una anastómosis entre ramificaciones de dos prolongaciones protoplásmicas diferentes, ni tampoco entre los filamentos emanados de una misma expansión de Deiters[B]; las fibras se entrelazan por modo complicadísimo, engendrando un plexo intrincado y tupido, pero jamás una red. Las observaciones que acabamos de exponer sobre la estructura del cerebelo de las aves apoyan también esta manera de ver; diríase que cada elemento es un cantón fisiológico absolutamente autónomo.»

Aludíamos aquí especialmente a las terminaciones en *borla o pincel* en torno de las células de Purkinje, que sorprendimos por primera vez en la gallina y en la paloma, disposiciones confirmadas en mi Memoria de 1889, donde estudiamos de preferencia el cerebelo de los mamíferos, corroborando la doctrina neuronal[10] y ampliando sus fundamentos objetivos.

En otro trabajo de 1888 describimos las neuronas de la retina como unidades independientes, refutando la hipótesis de las anastomosis sostenida por Dogiel, fundada sobre las revelaciones del método de Ehrlich. Decíamos: «Las redes descriptas por Dogiel entre las arborizaciones inferiores de las células bipolares, no han podido ser comprobadas por nosotros, por lo cual nos inclinamos a pensar que este autor ha tomado por anastómosis el caso frecuente de superposiciones y contactos de los extremos de fibras emanadas de elementos bipolares distintos. Quizá pueda explicarse por la misma facilísima equivocación la red horizontal *(rete dei fiocchetti)*

---

[10] «Sur l'origine et la direction des prolongations nerveuses de la couche moléculaire du cervelet». *Intern. Monatschr f. Anat. u. Physiol.* Bd.VI. 1889. [Cajal, 1889a]. (Aquí se estudian en las aves y mamíferos los nidos o cestas de las células de Purkinje, ampliando nuestras primeras observaciones.)

[B] *N. del E.* Axón.

que señala Tartuferi en la zona más interna del *estrato reticular interno* retiniano y constituida por las pretendidas anastómosis»[11].

Poco después de nosotros llegó al terreno recién desbrozado una pléyade de trabajadores entusiastas, que confirmaron nuestros hallazgos e ilustraron y ampliaron notablemente la concepción de His, enriqueciéndola con un lujo de pruebas de valor inapreciable.

Inició estas exploraciones el gran Kölliker[12] con numerosas monografías, entre las cuales descuellan las del *cerebelo*, *médula espinal*, *cerebro*. Siguió (1892) v. Lenhossék[13] con diversas interesantes contribuciones sobre la *médula espinal* y la *cadena nerviosa* del Lumbricus, etc.; continuó con su ingenio y paciencia insuperables el profesor Retzius (1902-05), de Estocolmo[14], autor de copiosas y monumentales comunicaciones sobre el sistema nervioso de vertebrados e invertebrados; y casi contemporáneamente, o poco después, abordaron el tema de las conexiones internerviosas van Gehuchten[15], de Lovaina; Edinger, P. Ramón, Lugaro, Falcone, Nageotte, Marinesco, Illera, Lavilla, Athias, Blanes, Tello, Azoulay, Calleja y otros muchos investigadores que fuera prolijo enumerar. La bibliografía, sumamente copiosa, de los confirmadores del

---

[11] Sur le morphologie et les conexions des éléments de la rétine des oiseaux. *Anat. Anseiger*, núm. 4. 1889 [Cajal, 1889a].

[12] Kölliker: «Das Kleinhirn». *Zeitschr f. wissenschaftl. Zoologie*. Bd. XLIX, 1890 [Kölliker, 1890a]. *Idem*: «Ueber den feineren Bau des Rückenmarkes». *Sitz. d. Würzb. phys-med. Gesellsch, 8 Maerz*, 1890 [Kölliker, 1890b].

[13] V. Lenhossék: Der feinere Bau des Nervensystems im Lichte neuester Forschungen (1895) [von Lenhossék, 1895]. Véanse sus importantes investigaciones sobre el *Lumbricus*. *Arch. f. mikrosk. Anat.* Bd. XXX. 1892, y otros trabajos valiosos sobre las raíces posteriores, etc. [von Lenhossék, 1892].

[14] Retzius: *Biol. Untersuchungen*. 1892. Stockholm, &. *Neue Folge*, IV [Retzius, 1892b]. Die nervösen Elemente des Kleinhirns. 1892 [Retzius, 1892a]. Consúltense los volúmenes posteriores de su obra y, sobre todo, el libro fundamental: «Zur Kenntnis des Nervensystems der Crustacen». *Biol. Untersuchungen. N. Folge*. Bd. 1890 [Retzius, 1890].

[15] V Gehuchten: «La structure des centres nerveux. La moelle épinière et le cervelet». *La Cellule*. Tom. VII 1892 [Van Gehuchten, 1891].

neuronismo, vendrá más adelante, conforme lo exija el esclarecimiento del texto. Aquí sólo citamos las monografías primeras e inaugurales del largo proceso de confirmaciones y perfeccionamientos de la concepción de His.

02 Las pruebas histológicas

En nuestras pesquisas nos hemos atenido siempre a una norma que podríamos designar *estadística*. Solamente consideramos admisibles y reales aquellas disposiciones de contacto constante entre ambos factores de la articulación [...] El contacto físico puede alcanzar gran intimidad, pero en todo caso siempre existe entre ambas superficies de la sinapsis frontera separatoria.

Variedades de sinapsis neuronales. Membrana celular

Expuestos concisamente los antecedentes históricos de la concepción de la discontinuidad, es hora ya de que manifestemos los hechos clarísimos e incontestables en que se funda. No reuniremos aquí todos los conocidos argumentos objetivos: ello nos obligarla a escribir un libro extenso y además superfluo, ya que las pruebas del pensamiento de His y de Forel están coleccionadas en todos mis libros y monografías, sin contar las numerosísimas y concluyentes allegadas por sabios insignes. Aquí escogeremos exclusivamente las disposiciones de conexión interneuronal que nos parecen más expresivas e inequívocas. Para el mejor orden expositivo, conviene formular una clasificación. Casi todas las relaciones por contacto conocidas hasta hoy pueden reunirse en los grupos siguientes:

1. *Conexión axo-somática por nidos nerviosos ricos en fibras* (cerebelo, etc.).

2. *Conexión axo-somática por cálices o cestas* pobres en fibras (*a*, terminaciones retinianas en las *amacrinas* de *asociación*; *b*, los *cálices de* Held del núcleo del cuerpo trapezoide; *c*, terminaciones acústicas centrales, etc.).

3. *Conexiones axo-somáticas por tubérculos nerviosos terminales*, con o sin proyecciones pericelulares (*ganglio lateral* del vestibular de peces, reptiles y aves). Terminación inferior de las *células bipolares* para bastón en la retina, etc.

4. *Conexiones axo-somáticas* individuales o colectivas, mediante un búcaro nervioso pericelular, o la incrustación de un penacho o pincel de neurofibrillas (terminaciones periféricas del *nervio coclear* y *vestibular* en las aves y mamíferos, etc.).

5. *Conexiones axo-somáticas por nidos amplios*, de los cuales se destacan bulbos o excrecencias terminales (Endfüssen de Held) (médula espinal, bulbo raquídeo).

6. *Conexiones axo-dendríticas* por *fibras trepadoras* (cerebelo).

7. *Conexiones axo-dendríticas* por engranajes (glomérulos cerebelosos, retina de insectos y crustáceos, asta de Ammon, etc.).

8. *Conexión axo-dendrítica por ramas nerviosas cruciales u oblicuas* de gran longitud (cerebro, capa molecular del cerebelo, ganglio interpedular, cerebro, etc.).

9. *Conexión axo-dendrítica mediante plexos planos y paralelos* yuxtapuestos (*capas plexiformes* de la retina, etc.).

10. *Conexión axo-dendrítica por arborizaciones difusas o en pléyade.*

11. *Conexiones y disposición terminal* de algunas arborizaciones nerviosas periféricas (placas motrices, corpúsculos de Grandry-Merkel, etc.)[1].

---

[1] De los argumentos favorables tomados de la neurogenia, regeneración nerviosa, lesiones anatomopatológicas centrales, etc., trataremos en la segunda parte de este trabajo.

Existen todavía muchos tipos de terminaciones por contacto, que omitimos en obsequio a la brevedad.

Conexiones *dendro-dendríticas* y conexiones *axo-axónicas* como las que describe Levi en las peces[2], no las hemos podido descubrir. No negamos su posibilidad, declaramos solamente que en treinta y cinco años de trabajos pacientes con los procederes de impregnación no hemos logrado persuadirnos de su existencia. Creemos, sin embargo, que se trata verosímilmente de apariencias falaces de que son, a veces, víctimas hasta los mejores observadores.

Una advertencia general antes de proseguir. Todas las terminaciones nerviosas por contacto descritas por nosotros en numerosas monografías se mostraron con absoluta evidencia y en preparaciones irreprochables. Las arborizaciones terminales pálidas, mutiladas, confusas por accidentes del tejido, y, con mayor razón, las anormales[3] han sido sistemáticamente descartadas. En nuestras pesquisas nos hemos atenido siempre a una norma que podríamos designar *estadística*. Solamente consideramos admisibles y reales aquellas disposiciones de contacto *constante* entre ambos factores de la articulación, sobre todo cuando uno de ellos aparece vigorosamente impregnado, y mejor aún teñido en matiz diferente. Las preparaciones que más confianza nos inspiran son las que ofrecen las neuronas casi incoloras o coloradas de un tono rosa o rojo, en contraste vigoroso con el tono café negro de las arborizaciones nerviosas. Semejante contraste nos parece signo inequívoco de discontinuidad substancial, dado que la brusca cesación del color de las ramas nerviosas finales implica propiedades fisicoquímicas ajenas a las peculiares del esqueleto intraneuronal. El contacto físico puede alcanzar gran intimidad, pero en todo caso siempre existe entre

---

2 Levi (G.): *Trattato de Istologia.* Torino, 1927 [Levi, 1927].

3 No existe jamás uniformidad absoluta en la forma de las conexiones interneuronales, aun dentro del mismo tipo celular. La substancia gris ofrece siempre variedades morfológicas, desviadas y aun anormales, que culminan, según hemos comprobado repetidamente, en el cerebelo y en los ganglios. A lo que se agrega, la acción alterante de los reactivos, sobre todo del formol.

ambas superficies de la sinapsis frontera separatoria. Pero de estos y otros temas de criteriología técnica, y singularmente del peligro que lleva consigo el practicar y estudiar cortes demasiado finos en tejidos como el nervioso, cuyas células y proyecciones dendríticas y axónicas abarcan áreas enormes, trataremos en otro lugar.

Membrana neuronal. La admisión de un contacto entre las arborizaciones nerviosas y las neuronas plantea como cuestión previa un problema perentorio. Las últimas arborizaciones nerviosas ¿tocan realmente el protoplasma desnudo de la célula o existe entre ambos factores de la sinapsis membranas limitantes?

Nos decidimos desde luego por esta última opinión, aunque haciendo la salvedad de que las películas limitantes poseen en ocasiones delgadez tan extrema que su espesor (doble contorno) escapa al poder resolutivo de los más poderosos objetivos apocromáticos.

Consignemos aquí algunos de los argumentos favorables a la existencia de dicha cutícula:

a) *Observación directa* de una fina cubierta en las células gigantes del *lóbulo eléctrico* del torpedo.

b) *Cromatolisis de* Nissl, reveladora, en los casos extremos, de un obstáculo resistente a la expulsión del núcleo y del citoplasma (método de Nissl y neurofibrillares) (figura l).

c) *Hinchazones enormes del soma neuronal* en estado patológico y, sobre todo, de las dendritas normales teñidas por el método de Ehrlich (grandes varicosidades), sin que esta distensión ocasione la salida del contenido protoplasmático, por lo menos en la mayoría de los casos.

d) *Dislocaciones del citoplasma* y núcleo cuando se tratan ciertos focos del sistema nervioso por el alcohol absoluto, con formación consecutiva de un vacío, a veces considerable, subcuticular (*foco ventral* del acústico, etc.).

Red pericelular. Señalada brevemente por nosotros en 1897, mejor descrita por Golgi (1898), Donaggio, Meyer, Bethe, etc., aparece en los preparados del azul de metileno (figura 2) como

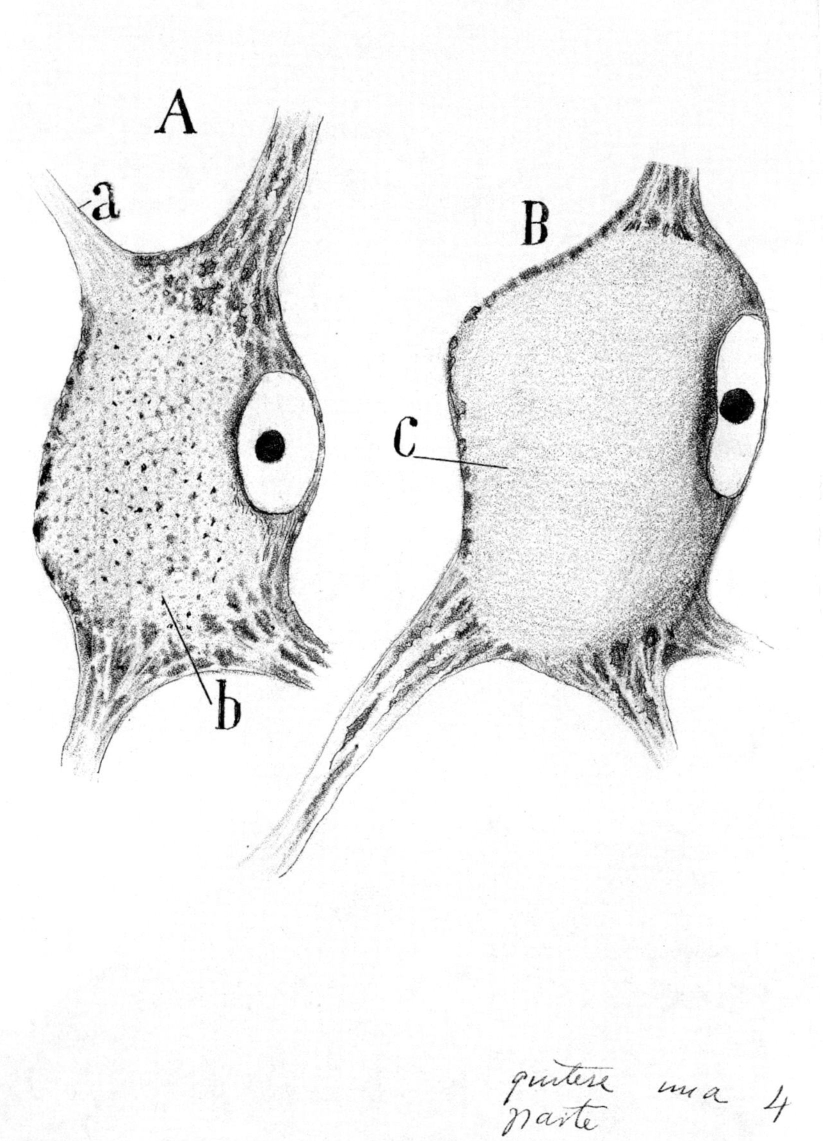

Fig. 1. Células motrices de la médula espinal del gato. Fenómeno de la cromatolisis consecutiva a una herida de la substancia gris. Nótese el núcleo tangencial bajo cutícula invisible; *b*, *c*, citoplasma.

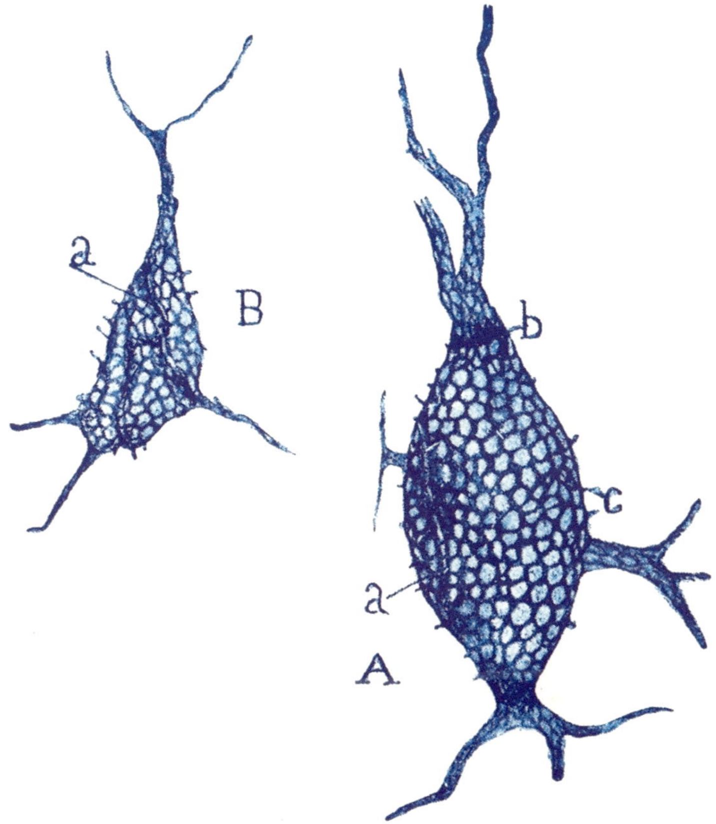

Fig. 2. Células de axon corto de la corteza cerebral del gato (método de Ehrlich algo modificado). *A*, célula grande; *B*, célula pequeña; *a*, repliegues de la red pericelular que pueden pasar erróneamente por fibras nerviosas; *b*, anillos polares fuertemente teñidos; *c*, espinas nacidas en ángulo recto.

una red apretada sin continuación con la glia ni la neuroglia (Golgi, Donaggio). Un estudio prolijo de este armazón exterior nos persuadió de que probablemente se trata de un coagulo reticulado provocado por ciertos fijadores. Hoy, aunque dudamos aún de su preexistencia, nos sentimos menos negativistas, por haber tenido ocasión de observar dicha red pericelular, no sólo en los preparados de Golgi y Ehrlich, sino en los obtenidos por cierta fórmula especial del nitrato de plata reducido, que por cierto sólo la revela en las grandes células de axon corto del cerebro[4]. En todo caso, semejante retículo, preexistente o no, sería extraño a las arborizaciones nerviosas, conforme notaron ya Golgi, Donaggio y Cajal[5].

Nuestra incertidumbre en lo tocante a la preexistencia de la red pericelular de Golgi nos impone, pues, una gran reserva acerca de la identificación anatómica de lo que Langley designa *substancia receptiva*. Sabido es que la admisión de una materia pericelular resistente a la conducción tiene por objeto explicar el retardo (crontaxia de Le Pic) de la propagación de la onda nerviosa cuando esta debe saltar de una neurona a otra o de un axon sobre una fibra muscular. Sin entrar en pormenores, notemos por ahora que este retardo se concilia mejor con la doctrina neuronal que con la teoría de la continuidad.

Si, pasando del terreno microscópico al ultramicroscópico, deseamos informarnos de la concepción actual de la membrana, todo son conjeturas y contradicciones en los cultivadores de la química coloidal. Claro es que estos sabios han enfocado el problema desde el punto de vista del recambio material de las células y no han considerado especialmente el caso de las sinapsis neuronales.

---

[4] Lo que aumenta nuestras dudas es que Ramón Vinós ha teñido por el cromato de plata y fotografiado redes análogas en tomo a las neuronas y *dentro y fuera de los vasos* (trabajo inédito que guardamos para ser publicado en breve).

[5] Cajal: Consideraciones críticas sobre la teoría de Bethe, etc. *Trabajos del Lab.*, etc. Tomo II, 1903 [Cajal, 1903a]. Véase también: La red superficial de las células nerviosas centrales. *Rev trim, micr. gr.*, 1898, tomo III [Cajal, 1898].

Quien desee documentarse en estos problemas de bioquímica debe consultar los trabajos de Oberton, Nathanson, Traube, Rubland, Möllendorf, etc., que aquí no extractamos por no salirnos del cuadro de nuestro tema.

Pasemos ahora a señalar los principales tipos de sinapsis, acerca de cuya realidad no abrigamos la menor duda.

03 I. Conexiones axo-somáticas mediante cestas nerviosas ricas en fibras («nidos» o «cestas» del cerebelo, etc.)

Si los antineuronistas, en vez de comenzar casi todas sus observaciones por el hombre, donde los nidos alcanzan mucha complejidad [...], hubieran iniciado sus exploraciones en los pájaros y roedores (ratón y conejo), pasando después a los carnívoros (gato y perro), para acometer finalmente el problema en el cerebelo humano, habrían evitado muchas dudas, confusiones y contradicciones.

El prototipo de este modo de conexión, descubierta por nosotros en 1888, encuéntrase en el cerebelo. El contacto se establece entre las ramas nerviosas descendentes de las *células estrelladas* de la capa molecular y el soma de las células de Purkinje, incluyendo el segmento inicial amedulado de sus neuritas. Esta notable relación interneuronal, demostrable con grandísima claridad por tres métodos; el de Golgi, el de Cox y todos los neurofibrillares, fué confirmada por Kölliker, van Gehuchten, Retzius, Lugaro, Nageotte, Azoulay, Athias, Illera, P. Ramón, K. Schaffer, Bielschowsky, Rossi, Marinesco, Wolff, Lorente de Nó, Estable y otros muchos autores.

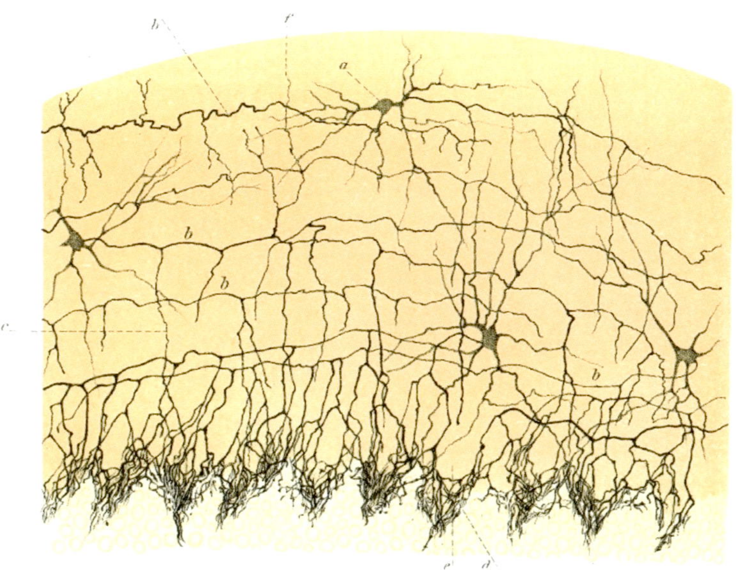

Fig. 3. Nidos y pinceles del cerebelo del gato tomados de nuestra memoria publicada en la *Intern. Monatschr.*, &. Bd. VI, 1889 [Cajal, 1889a].

El hallazgo de las cestas ocurrió en la gallina, donde los nidos son sencillos y las ramas nerviosas terminales afectan forma de borlas cortas, situadas en torno de las células de Purkinje. «Jamás –decíamos–, en numerosas preparaciones hemos podido sorprender la prolongación de una de estas ramas de los flechos y borlas por la *zona granulosa* subyacente. Las fibras de que constan no se anastomosan entre sí y rematan libremente, después de engrosarse fuertemente y tornarse varicosas.» Más adelante, y en el mismo año, sorprendimos los *nidos* en los pájaros y mamíferos. «En la gallina y pato -decíamos-, dichas borlas o mechones fibrilares son cortos y cubren escasa porción del trayecto inicial de la fibra nerviosa de Purkinje». En los pájaros y mamíferos los nidos son mucho más largos. De lo dicho se infiere –añadimos en otro trabajo[1]– que las ramitas descendentes de las prolongaciones

[1] Cajal: «Estructura de los centros nerviosos de las aves». Mayo 1888. *Rev. trimestral de Histología normal y patológica.* Tomo I [Cajal, 1888a].

nerviosas de las células pequeñas de la zona molecular, tienen contacto íntimo, no sólo con el cuerpo del elemento de Purkinje, sino también con la porción más alta, desnuda de mielina de las expansiones de Deiters[C]. Ahora bien; este fenómeno de relación tan singular; esta subordinación del fleco por una parte a las células, y, por otra parte, a los axones, cuya dirección siguen siempre, encerrándoles en una maleza de filamentos, ¿no parece abonar la hipótesis de la transmisión por contigüidad de las acciones nerviosas? Más adelante (1889) publicamos un trabajo de conjunto[2] con numerosos detalles, de los *nidos o borlas descendentes*, así como del pincel terminal, disposición algo desdeñada por los autores modernos y que ha sido objeto recientemente de un análisis escrupuloso del Dr. Estable[3].

Hasta 1903 ó 1904, todas las pesquisas sobre los nidos efectuáronse con el método de Golgi, que tiene la ventaja, no sólo de teñir intensamente las arborizaciones, sino de fijarlas casi idealmente, evitando retracciones de las células de la substancia gris. Esto se advertirá también en la figura 4, que copia una sola célula estrellada de la capa molecular. Pero en 1903[4] tuvimos la fortuna de observar que, por una excepción afortunada, los métodos neurofibrillares argénticos, que no suelen impregnar las células de

---

[C] *N. del E.* axones.

[2] *Ibidem*: «Sobre las fibras nerviosas de la capa molecular del cerebelo». Mayo de 1888. *Rev. trim.*, etc. Barcelona. Tomo I [Cajal, 1888c]. Véase también: Cajal: «Sur l'origine & la direction des prolongations nerveuses de la couche moléculaire du cervelet». *Intern. Monatschr.*, etc. Bd.VI, 1889 [Cajal, 1889b], y Kölliker: «Zur feineren Anatomie des zentralen Nervensystems». *Z. f. wiss. Zool.* Bd. XLIX, H. 4, 1890 [Kölliker, 1890a]. Acerca de las cestas y pinceles cerebelosos consúltense también: Cajal: «Las células estrelladas de la capa molecular del cerebelo y algunos hechos contrarios a la función exclusivamente conductriz de las neurofibrillas». *Trabajos*, etc. Tomo IV, 1905-1906 [Cajal, 1905a]. Véase también Cajal e Illera: «Quelques nouveaux détails sur la structure de l'écorce cérébélleuse». *Travaux*, etc. Tomo V, 1907 [Cajal e Illera, 1907] y Cajal: «Sur les fibres mousseuses et quelques points douteux de la texture de· l'écorce cérébélleuse». *Travaux*, & Tomo XXIV, 1926 [Cajal, 1926a].

[3] Estable: *Trav. du Lab. de Rech. biol.* Tomo XXI, 1924. [Estable, 1924].

[4] Cajal: «Un sencillo método de impregnación de las neurofibrillas, etc». Trabajos del *Lab. de Investig. biol.* Tomo II, 1903 [Cajal, 1903b].

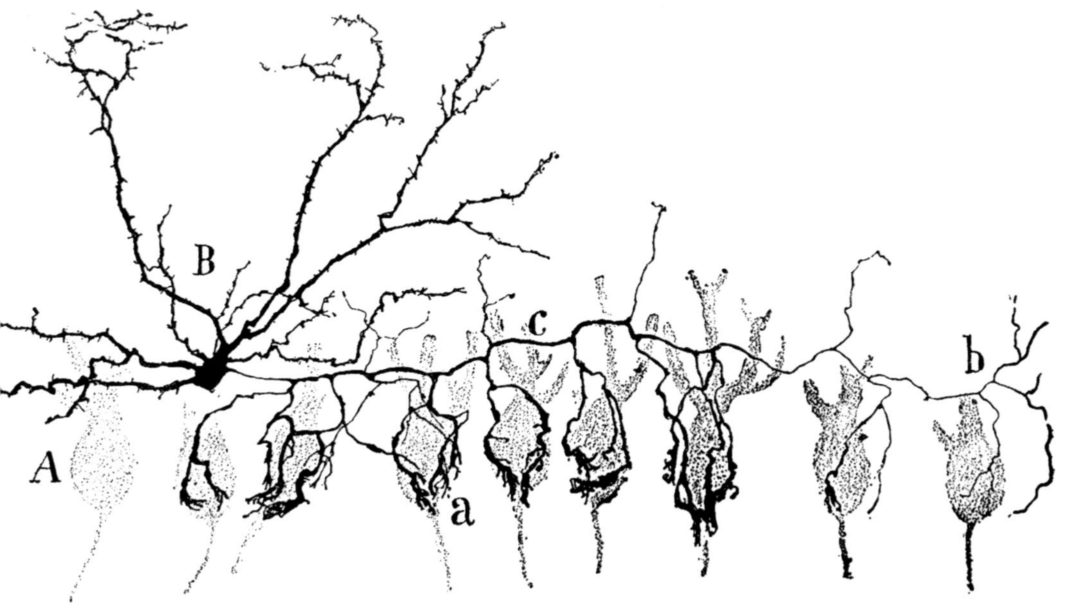

Fig. 4. Una célula de cesta del cerebelo de la rata blanca. *A*. células de Purkinje; *a*, ramificaciones pericelulares; porción inicial gruesa del axon; *b*, porción terminal delgada con finas ramas descendentes (Método de Golgi).

axon corto, revelan maravillosamente bien los nidos cerebelosos. La relación establecida entre las fibras de los nidos o cestas (*Endkörben* de Kölliker) no es individual, sino colectiva, circunstancia que observamos en muchas conexiones de este género. Mediante sus ramas descendentes, sucesivamente engrosadas, cada célula estrellada entra en contacto con muchos *elementos* de Purkinje y, recíprocamente cada una de estas neuronas recibe la influencia de varias *células estrelladas* de la capa molecular. Cuando el nido pertenece a animales jóvenes, o, en casos excepcionales [en animales adultos], aunque normales (pues en esto existe una gran variedad de disposiciones) posee pocas ramas aferentes, éstas se hallan frecuentemente pegadas o incrustadas en la superficie somática; pero si, lo que ocurre frecuentemente en el animal adulto, las susodichas ramas terminales son muy numerosas, algunas de ellas, las más superficiales, parecen sumergidas (método de Golgi) en una substancia especial, acaso conductora, extendida hasta la porción inicial del axon. Recientes observaciones nos han conducido a pensar que la mayoría de estas ramas superficiales son las integrantes del *pincel descendente*, cuya longitud y riqueza fibrillar oscila mucho en los diversos vertebrados, y aun en un mismo género de animales. En ningún caso se apartan las ramas descendentes del pincel para perderse, como suponen Golgi y Veratti en una *red difusa intersticial*. (*Opera omnia*, vol. II, 1903, Milano.) Luego insistiremos sobre estas apreciaciones de Golgi y sus discípulos.

Los nidos y *pinceles* que descubrimos en nuestros primeros trabajos sobre el cerebelo han sido algo desdeñados en estos últimos tiempos, no obstante haber sido observados por muchos sabios y teñirse también por los procederes neurofibrillares. Quien ha hecho de ellos un estudio más minucioso y exacto, poniendo de relieve todas sus variaciones en diferentes especies de vertebrados, ha sido el neurólogo uruguayo Dr. Estable[5], que ha señalado también un hecho curioso, a saber: cuando, por excepción, el axon emana de una dendrita de Purkinje, gran parte de las ramas generadoras de los nidos se desplaza, disponiéndose en pincel en torno del segmento inicial de aquél.

En los mamíferos superiores, y sobre todo en el hombre, los *nidos* se complican mucho, fórmanse bandas fibrillares tangenciales o arciformes (las *hamacas* de K. Schaffer) que coordinan varios Endkörben vecinos. Aunque escasas, tales disposiciones se encuentran ya en los pájaros y roedores, como Illera y nosotros (1907) pusimos de manifiesto (nuestros *nidos asociados*).

Por lo demás, los nidos fueron confirmados hace tiempo por numerosos autores, ya mencionados. Aunque con reservas y reparos acerca de su significación, fueron observados también por Auerbach, Bielschowsky, Wolf, Held, Oudenal, etc. La intensidad de la coloración permite fotografiarlos fácilmente, como nosotros lo hicimos hace tiempo[6] y como recientemente ha hecho

---

[5] Estable: Notes sur la structure comparative de l'écorce cérébelleuse. *Travaux du Lab.*, etc. Tomo XXI, 1924 [Estable, 1924].

[6*] Cajal: La microfotografía estereoscópica y biplanar del tejido nervioso. *Trabajos*, etc. Tomo XVI, 1918 [Cajal, 1918].

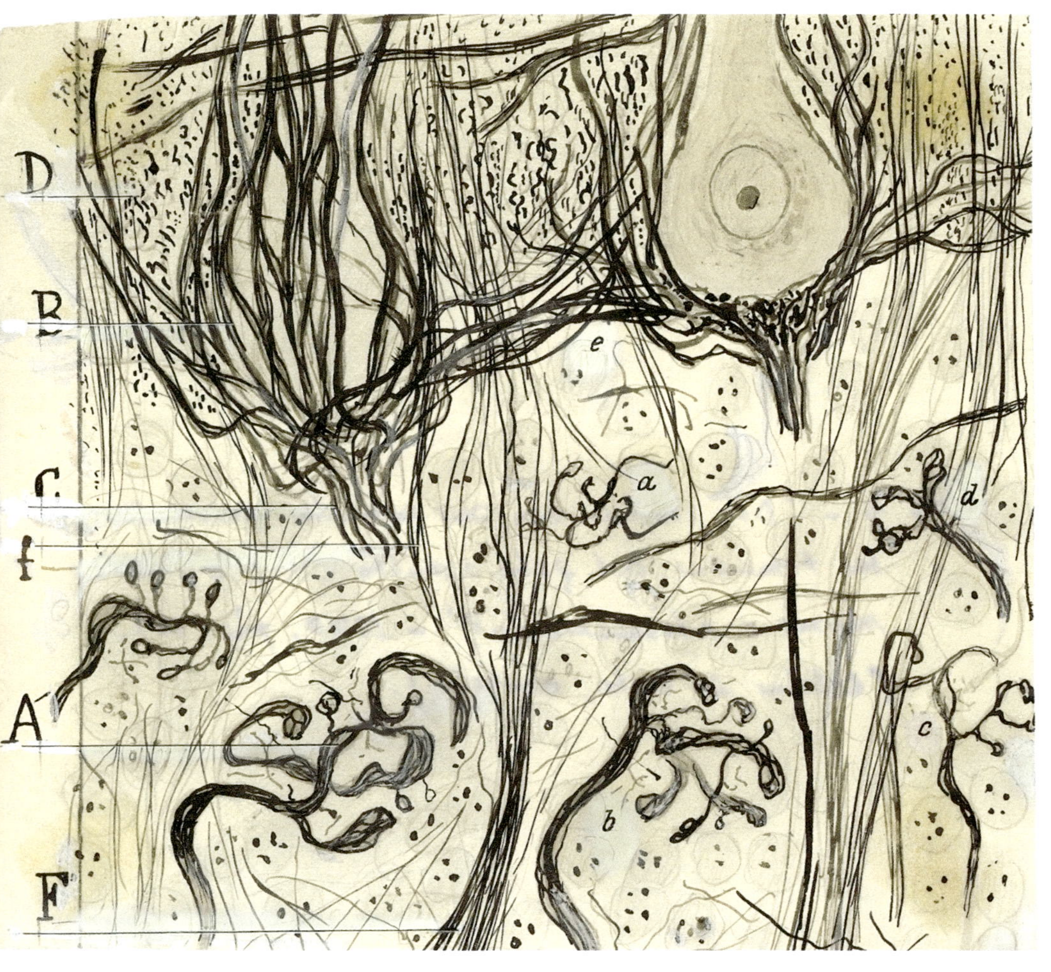

Fig. 5. Dos nidos con sus pinceles descendentes tomados del gato adulto. *B*, ramas del nido; *C*, pincel; *A*, *b*, *c*, arborización final de las fibras musgosas; *F*, diversas fibras, en su mayoría axones de los granos que se remontan a la capa molecular.

el Dr. Jakob[7]. Bielschowsky[8] ha dado también recientemente una buena reproducción de ellos sobre la base de su método de impregnación.

Los cortes paralelos a las laminillas cerebelosas enseñan que *en ningún caso las neurofibrillas de los nidos penetran en el protoplasma*, ni, por tanto, se continúan con el esqueleto somático. Tampoco es dable observar *anastómosis entre las ramas de los nidos*, aunque sí contactos longitudinales u oblicuos muy íntimos.

De las equivocaciones en que han incurrido los reticularistas, a quienes contrariaba, como es natural, este hecho fundamental de transmisión del impulso nervioso por contacto, nos ocuparemos en párrafo aparte. Permitasenos formular aquí solamente un juicio general. Si los antineuronistas, en vez de comenzar casi todas sus observaciones por el hombre, donde los nidos alcanzan mucha complejidad y donde el eje de los mismos no siempre es paralelo al de las neuronas (lo que hace dificil dar a los cortes una orientación favorable para el análisis), hubieran iniciado sus exploraciones en los pájaros y roedores (ratón y conejo), pasando después a los carnívoros (gato y perro), para acometer finalmente el problema en el cerebelo humano, habrían evitado muchas dudas, confusiones y contradicciones. Añadamos que en el hombre las células de Purkinje se retraen mucho, bajo la acción de los reactivos fijadores, y están tan alejadas unas de otras, que es casi imposible sorprender, ni aun con el método de Golgi, la totalidad de la arborización de una célula estrellada. Por estas condiciones adversas, algunos autores no han podido sorprender el pincel descendente en el hombre, que, sin ser absolutamente constante, descúbrese en múchos nidos, a condición de estudiar cortes espesos. Con todo eso, recientemente

---

7 Jakob: Das Zentralnervensystem. Das Kleinhirn. *Handb. d. mikros. Anal. d. Menschen v. Möllendorff.* 4. Bd. l. Teil. fig. 142 (microfotografía colaborada por mi discípulo R. Somoza), 1929 [no verificado].

8 Bielschowsky. Véanse sus artículos del *Handb. der mikros. Anat. u Möllendorff.* 4. Bd. 1928, págs. 107 y siguientes [Bielschowsky, 1928a]. Como veremos más adelante, las figuras del sabio berlinés no difieren esencialmente de las nuestras.

los describe y dibuja bien Bielschowsky en el cerebelo humano normal y patológico (1929), así como Estable y los autores antiguos que aplicaron el método de Golgi.

Objeciones a nuestra interpretación de las cestas y pinceles

a) *Reparos de Golgi y su escuela.*–A pesar de la claridad excepcional de la disposición de los nidos terminales, y no obstante teñirse espléndidamente por cuatro métodos (el de Golgi, el de Golgi-Cox, el de nitrato de plata reducido –casi todas sus fórmulas– y el de Bielschowsky), han surgido dudas y hasta denegaciones a que consagraremos algunos comentarios críticos.

Contra dicha aceptación casi unánime de los sabios de la primera época, se alzó Golgi hace ya bastantes años, afirmando que las cestas y pinceles del cerebelo, que él no había visto hasta 1902 ó 1903, desembocan, según indicamos de pasada más atrás, en una red intersticial difusa de la capa de los granos y hasta asaltarían la substancia blanca. Recordemos que todas las investigaciones recientes con los métodos neurofibrillares propugnan lo contrario (Illera, Estable, Jakob, Cajal, Bielschowsky, Windle y Clark, etc.). Por cierto que en el primer trabajo[9] en donde Golgi dibuja los nidos o cestas; confirmando en principio nuestras descripciones del año 1888 y 1889, sostiene que las cestas representan *impregnaciones incompletas* y que las buenas preparaciones se obtienen con mucha fatiga, etc. De esto parece deducirse que sus primeras impregnaciones del cerebelo, donde faltan las cestas y todos nuestros descubrimientos en dicho órgano (*cestas, fibras musgosas, fibras paralelas, fibras trepadoras*, etc.), son las más ricas y excelentes que cabe lograr. ¡Testimonio elocuente del grado de apasionamiento a que puede llegar un gran talento dominado por prejuicios teóricos y por la ilusión de la propia infalibilidad!

---

[9] Véase Golgi: *Opera omnia*, ed. italiana. Tomo II, 1903, Torino [Golgi, 1903].

En un más moderno discurso sobre la neurona, leído con ocasión del premio Nobel[10], publica Golgi, quince años después que nosotros, una figura, donde no sólo reproduce las *cestas*, sino los *pinceles descendentes* (figura 6). Ella es la más elocuente refutación de sus concepciones teóricas, pues nos muestra en las cestas infinidad de fibras, que luego se reducen próximamente a dos al descender a la zona de los granos (véase la figura 2 de Golgi [figura 6]). Olvida el sabio de Pavía que de la punta del pincel emerge siempre el axon de la célula de Purkinje, asociándosele a veces la *fibra trepadora*, sin contar aquellas neuritas de granos y de colaterales retrógradas del cilindro-eje de Purkinje que costean el pincel.

Por cierto que a casi todos los autores que han trabajado con la técnica de Golgi y neurofibrillar se les ha escapado un hecho que, no por infrecuente, deja de tener valor teórico. Conforme ob-

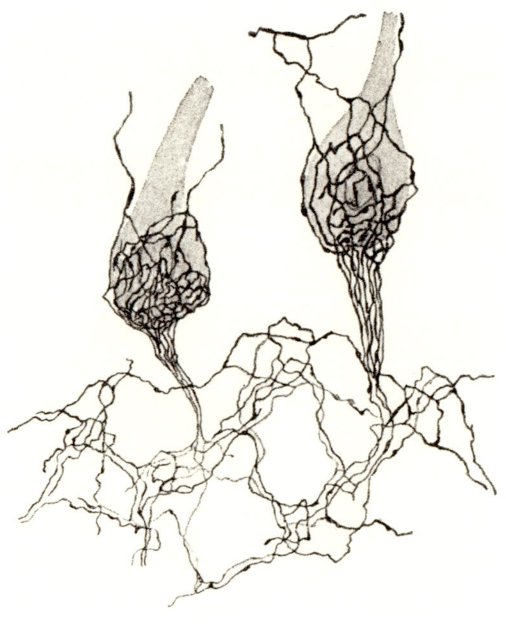

Fig. 6. Cestas y pinceles del cerebelo confirmados por Golgi en 1906. Copia tomada del discurso del premio Nobel [figura 2; Golgi, 1929].

[10] Golgi: *La doctrine du neurone*. Discurso del premio Nobel. Stockolm, 1906 [Golgi, 1929].

servamos hace algún tiempo D. García y nosotros[11], en el cerebelo rábico, y más tarde nosotros e Illera[12], en algunos parajes del cerebelo normal, las ramas descendentes de las cestas se prolongan hasta llegar a la mitad o tercio externo de la *zona de los granos*, donde generan ciertos nidos destinados a unos corpúsculos estrellados, de largas dendritas. Sólo modernamente las ha confirmado Estable[13], el concienzudo histólogo americano.

He aquí todavía otra conexión por contacto. Desgraciadamente, ignoramos el paradero del axon de este tipo singular de células estrelladas.

b) *Reparos de Bielschowsky basados en sus preparaciones neurofribillares*.– Las opiniones recientes de Bielschowsky y la nuestra acerca de la constitución de los nidos, se acercan tanto que, con un poco de buena voluntad, podríamos llegar a un acuerdo perfecto[14]. Sabido es que su concepción de la estructura de la substancia gris se aparta mucho más de las antiguas hipótesis de Apáthy, Bethe, Nissl, Wolff[15] y Held, que de nuestro actual punto de vista.

---

11 Cajal y García: «Las lesiones del retículo de las células nerviosas en la rabia». *Trabajos del Lab. de invest. biol.* Tomo III, 1904 [Cajal y García, 1904].

12 Cajal e Illera: «Quelques nouveaux détails sur la structure de l'écorce cérébelleuse». *Trav. du Lab.*, etc. V. 1907 [Cajal e Illera, 1907].

13 Estable: Loc. cit. Véase también Cajal: *Estudios sobre la Degeneración y la Regeneración*. Tomo II, 1914 [Cajal 1913, 1914]. Fig. 255. (Hay una traducción inglesa Dr. Raoul May, *Degeneration & Regeneration of the Nervous System*. Oxford Univ. Press., 1928.) [Cajal. 1928] Y, en fin, mi *Histologie du systeme nerveux, etc.* Tomo II figura 37 [Cajal, 1909, 1911].

14 El proceder de Bielschowsky, excelente bajo otros aspectos, impregna pálidamente los nidos. Sin embargo, usándolo con maestría confirma todas nuestras observaciones.

15 Las fibras pálidas penetrantes de las cestas, descritas y dibujadas por Bielschowsky y Wolff en 1904 [Bielschowsky y Wolff, 1904], representan verosímilmente algunas fibrillas tenues y profundas del nido adheridas a la membrana de Purkinje, o acaso una porción del retículo intrasomático débilmente teñido. Por cierto que las microfotografias 19, 20 y 21 del trabajo de dichos sabios comprueban plenamente la terminación libre de las fibrillas de las cestas. Y es que la fotografía no se preocupa de prejuicios de escuela ni sufre deformaciones subjetivas. Véase la ya citada Memoria de

Cuando el citado sabido asegura que las cestas o nidos contienen, además de ramas libres, fibras extrañas a las proyecciones nerviosas de los *corpúsculos estrellados* de la capa molecular, coincide con manifestaciones nuestras, algunas muy antiguas, otras más modernas. No sería oportuno reproducir opiniones harto conocidas, expuestas por nosotros, Retzius, Illera, Lugaro y otros muchos. Nos limitaremos a presentar aquí un esquema de estas colaboraciones eventuales de las fibras extrañas. La figura esquemática adjunta (figura 7), donde reunimos detalles tomados de antiguos grabados nuestros, acredita que, de vez en cuando, se mezclan o costean al nido la fibra trepadora con algunas de sus ramillas retrógradas, las neuritas de los granos y hasta colaterales ascendentes de los axones de Purkinje (figura 7 d, b)[16].

Por ser asunto repetidamente tratado por nosotros a la luz de excelentes preparaciones neurofibrillares (fáciles de obtener, por otra parte, tanto con el método de Bielschowsky como con varias fórmulas de nitrato de plata; véase, por ejemplo, la figura 5, *B)*, juzgamos redundante insistir sobre la concepción reticular de los nidos, defendida antaño por Bethe, Bielschowsky y Wolff, Held, Lache, etc.

Para terminar esta exposición crítica sobre las *cestas* hagamos notar que esta disposición, más o menos simplificada, se observa también en los reptiles y batracios (P. Ramón, 1894) y en los teleósteos (Catois, 1901). Trátase, pues, de un factor estructural común a todos los vertebrados, que adquiere su plenitud de complicación

---

aquellos investigadores: «Zur Histologie der Kleinhirnrinde». *Journ. f. Psychol. u. Neuro l.*, etc. Bd. IV, 1904-1905 [Bielschowsky y Wolff, 1904]. En un reciente trabajo, Bielschowsky se abstiene de citar las fibrillas penetrantes.

[16] Cajal: un análisis circunstanciado de todas las equivocaciones cometidas sobre la estructura de los nidos y conexiones de sus fibras se encontrará en nuestro folleto: Sur les fibres mousseuses & quelques points douteux de l'écorce cérébelleuse. Trav., &. Tome XXIV, 1926 [Cajal, 1926a].

Para asegurarse de la participación de las trepadoras, examínense las figuras 21, 46, 48 y 57 del tomo II de nuestro libro de conjunto, edición francesa. Consúltense también: Retzius, *Biolog. Untersuchungen*, N. F. 1890 [Retzius, 1890], que hace notar esta particularidad, siempre excepcional en los animales adultos, y que representa una reliquia de la fase embrionaria de las fibras trepadoras.

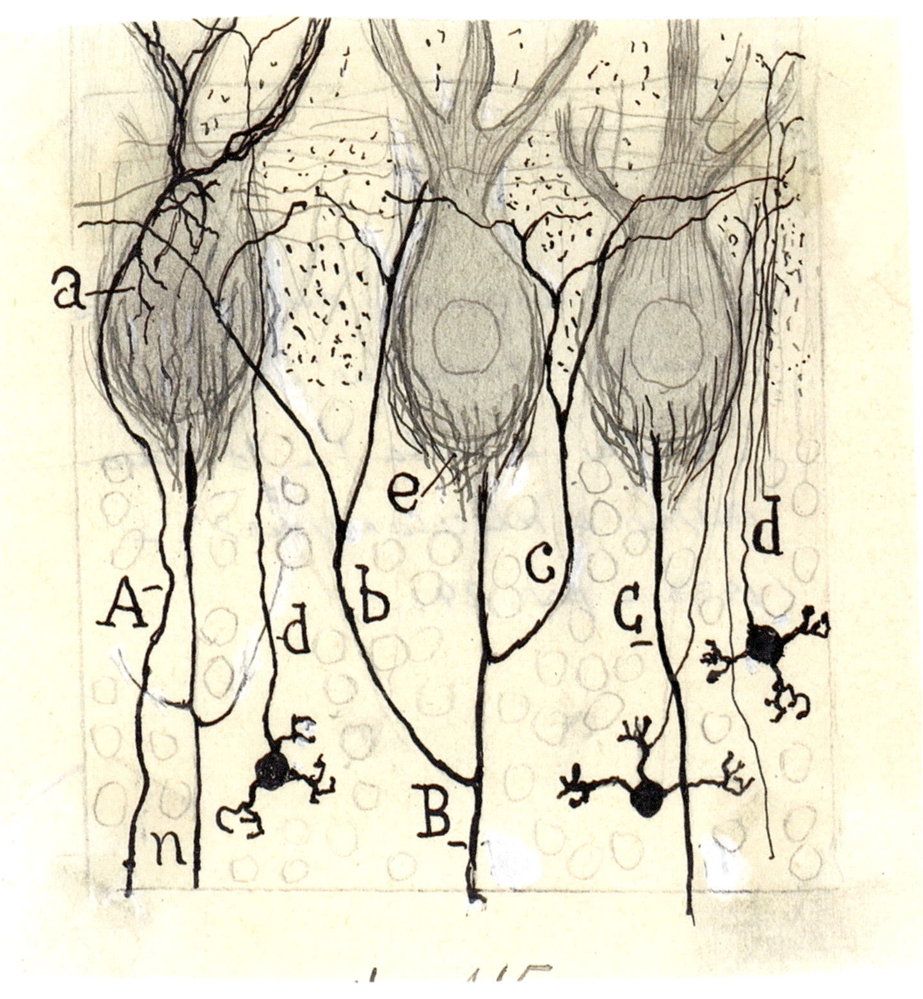

Fig. 7. Esquema destinado a mostrar todas las fibras que accidentalmente pueden mezclarse a las cestas, atravesándolas o marchando tangencialmente. *a*, ramitas retrógradas de las fibras trepadoras; *b*, axones de los granos, etc.

en todos aquellos que, como las aves y hombre, poseen en alto grado la facultad de equilibración automática.

2. Conexiones axo-somáticas mediante cestas o nidos pobres en ramas axónicas

Como tipo de esta variedad de contactos sobrios en fibras podemos considerar el que nosotros señalamos hace tiempo en la retina de las aves al nivel de la capa de los *granos internos*[17], y que fueron confirmados por Dogiel[18].

En el plano inferior de esta zona se observan ciertos corpúsculos piriformes de cortas dendritas dirigidas al estrato molecular subyacente. El axon, conforme mostramos en la figura 8, corre paralelo a dicha zona, terminándose por una arborización ancha y aplanada de gran complicación.

Lo más interesante de estas neuronas es que su cuerpo y dendritas, breves y como verrugosas, se ponen en íntimo contacto con la arborización terminal, pobre en ramas, de ciertos axones llegados de la zona de las fibras ópticas y verosímilmente de los centros visuales primarios *(fibras centrífugas)* [figura 9][D].

Estas interesantes fibras fueron también observadas por Dogiel, pero en preparaciones del método de Ehrlich. Los depósitos de azul, producidos a veces en las articulaciones neuronales tratadas por el picrato amónico, indujeron al sabio ruso a tomar por origen lo que en realidad representa una genuina terminación. Más adelante rectificó su equivocación, adhiriéndose a nuestro dictamen.

---

[17] Cajal: Sobre unos corpúsculos especiales de la retina de las aves. *Actas de la Soc. esp. de Hist. nat.* Julio de 1895 [Cajal, 1895a]. Véase también *Journ. de l'Anat. & de la Physiol.*, núm. 5, 1896 [Cajal, 1986a].

[18] Dogiel: Ein besonderer Typus von Nervenzellen in der mittleren gangliösen Schicht der Vogel-Retina. *Anat. Anzeiger.* Nr. 23, 1895 [Dogiel, 1895]. Consúltense los demás trabajos de Dogiel publicados en el *Anat. Anzeiger* y en los *Arch. f. mikrosk. Anat.*, 1888-1894 [Dogiel, 1888, 1890a,b, 1891a,b, 1893a,b].

[D] *N. del E.* La referencia a la Fig. 9 ha sido añadida por el editor.

Fig. 8. Nidos formados por las fibras centrífugas de la retina y que rodean cierto tipo de células, llamadas *amacrinas de asociación*. *A*, fibra centrifuga; *a*, amacrinas ; *b*, *c*, ramas nerviosas terminales. Azul de metileno. El cromato de plata da imágenes iguales.

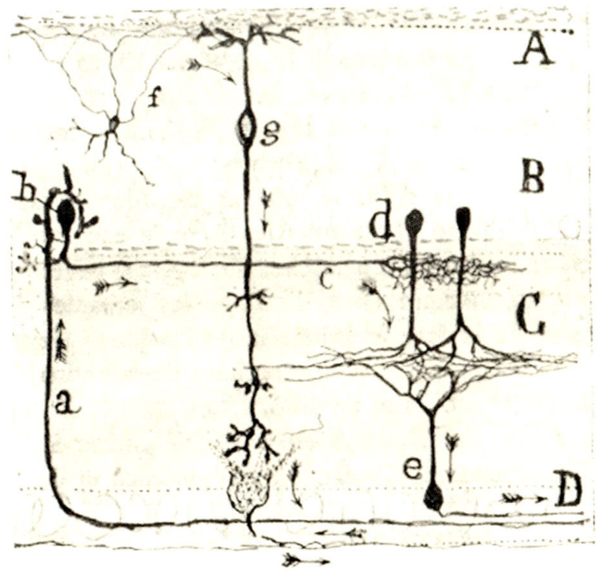

Fig. 9. Algunos elementos de la retina de las aves. *a*, fibra centrífuga; *c*, axón de las neuronas de asociación; *d*, célula amacrina.

04 3. Nidos o cálices de Held en el núcleo del cuerpo trapezoide

Con los métodos plasmáticos, es decir, mediante el proceder de Golgi y el del azul de metileno [...], las fibras aferentes del núcleo [del cuerpo trapezoide], son recias, y al abordar las células se descomponen en una especie de flor de pétalos anchos, escotados por golfos complicados.

Descubiertos por este autor en 1891[1], algo desdeñados durante los años siguientes por su mismo descubridor, fueron objeto después de numerosos trabajos, ejecutados tanto por el método de Golgi como por el de Erlich y neurofibrillares. Entre los autores que los estudiaron especialmente conviene citar a Kölliker (1894), Cajal (1895), Meyer (1896), Lavilla (1898), Turner y Hunter (1899), Veratti (1900), Vincenzi (1899), Tricomi-Allegra, Mahaim, Wolff, Bielschowsky, etc., y al mismo Held, que les ha dedicado, llegada la

[1] Held: Die zentralen Bahnen der Nervus acusticus bei der Katze. *Arch. f. Anat. Und Physiol. Anat. Abteilung*, 1891 [Held, 1891]. De sus trabajos posteriores hablaremos más tarde.

época de los métodos neurofibrillares, numerosas investigaciones. De las opiniones de este sabio y de las controversias suscitadas con ocasión de su teoría reticular, trataremos más adelante.

Aquí nos limitaremos a la exposición sucinta y objetiva de los hechos incontestables, tal como los presentan los métodos de Golgi, Ehrlich y neurofibrillares.

El aspecto de dichos cálices varía mucho según que se empleen para su demostración los métodos plasmáticos y los neurofibrillares.

Con los métodos plasmáticos, es decir, mediante el proceder de Golgi y el del azul de metileno (según técnica de Semi-Meyer), las fibras aferentes del núcleo son recias, y al abordar las células se descomponen en una especie de flor de pétalos anchos, escotados por golfos complicados. Estas ramas se aplican íntimamente a toda o a casi toda la periferia celular, emitiendo algunas veces proyecciones divergentes que se pierden en el espesor del ganglio. La figura 10, tomada de uno de mis antiguos trabajos, dará idea clara de la disposición del cáliz en los buenos cortes del cromato de plata. Si en vez de animales de pocas semanas se utilizan gatos, conejos o ratones recién nacidos, el nido toma aspecto como de cono macizo, del cual surgen muchas fibrillas divergentes. Esta disposición, primeramente vista por nosotros (1895) y confirmada por Tricomi-Allegra (1904), debe estimarse como una fase pasajera de significación embrionaria.

En los animales adultos, conforme demostramos nosotros[2], Lavilla[3], Semi-Meyer[4], etc., el nido se complica, desapareciendo las ramas provisionales o embrionarias. Haciendo uso del azul de metileno

---

[2] Cajal: «Algunos apuntes para el estudio del bulbo raquídeo», etc. Madrid, 1895 [Cajal, 1895b]. Véase también: «El azul de metileno en los centros nerviosos». *Rev. Trim.* Tomo I, 1896 [Cajal, 1986b].

[3] Lavilla: «Algunos detalles concernientes a la oliva superior y focos accesorios». *Rev. trimestral micrográfica.* Tomo III, 1895 [La Villa, 1898].

[4] Semi-Meyer: «Über eine Verbindungsweise der Neuronen». *Arch. f. mikrosk. Anat.* Bd. XLVII, 1896 [Meyer, 1896].

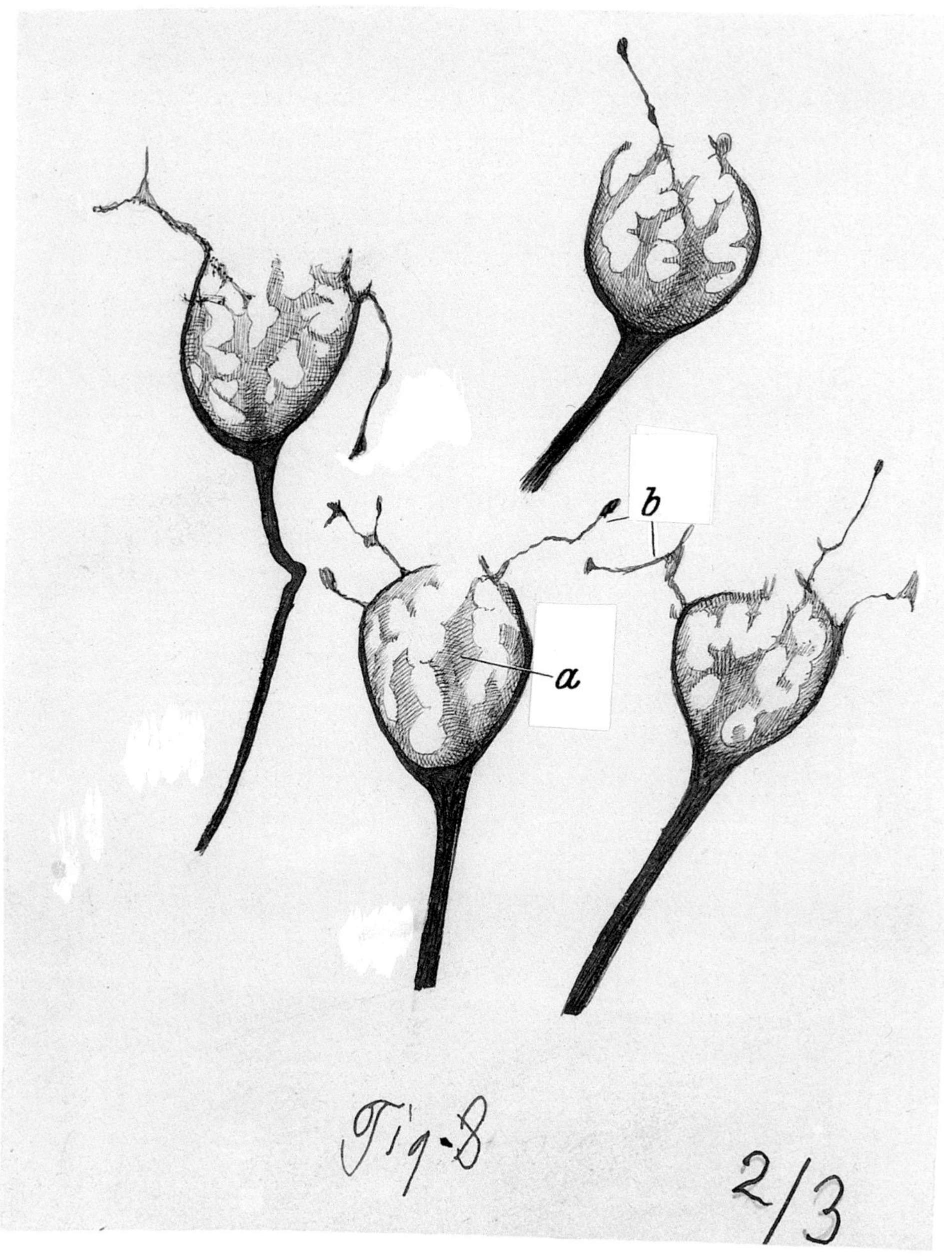

Fig. 10. Detalles de los cálices de Held del gato joven. Método de Golgi. *a*, ramas principales; *b*, apéndices delgados.

se observa que los espacios claros interfibrillares de los cálices se angostan, y a veces parece como si las ramas se anastomosaran. Se recibe la impresión de que el cáliz es algo exterior a la célula, aunque aplicado a ella muy íntimamente (Cajal, Lavilla, etc.).

Si en vez de los métodos plasmáticos empleamos los neurofibrillares, conforme propusimos primero Donaggio[5] y después nosotros (1903), la escena cambia. Las anchas ramas, escotadas como hojas de cardo, se estrechan notablemente, mostrando en su eje un haz liso de finas neurofibrillas, que parecen constituir el esqueleto del cáliz. Esta disposición, comprobada en principio por Held, Donaggio, Collin, Bielschowsky, etc., es fácilmente demostrable por el método de este último sabio, y mejor aún por ciertas fórmulas del nitrato de plata reducido, las cuales tienen la ventaja de impregnar exclusivamente el esqueleto neurofiblillar del cáliz en pardo negro, mientras el protoplasma de la célula rodeada aparece incoloro o de matices rosáceos o amarillentos. La confrontación de las imágenes obtenidas por los métodos plasmáticos y los neurofibrillares prueba que la masa principal del cáliz está constituida por neuroplasma y no por las neurofibrillas. Las coalescencias y artefactos que alguna vez produce el cromato de plata son accidentes que el análisis esmerado de gran número de preparaciones permite descartar.

Observaciones críticas de Held y dudas de Bielschowsky.- Coincidiendo con la escuela de Golgi (aunque por motivos algo diferentes), que advirtió alarmada en estos cálices una dificultad grave para el reticularismo, Held, seducido primeramente por la hipótesis de la incrustación y después por la suposición de la penetración en el cuerpo celular de espesas fibras en forma de bastoncito[6], ha adoptado,

---

[5] Donaggio: «Su speciali apparati fibrillari in elementi cellulari nervosi di alcuni centri del acustico, etc.». *Riv. sperm. di Freniatria.* Vol. XXIX, f.º 1-2, 1903 [Donaggio, 1903]. Véase su comunicación de 1900: «Su alcule particularita dei centri acustici nei mamiferi». (Pavía) [Veratti, 1900; Donaggio, 1900].

[6] Held: «Beitraege zur Struktur der Nervenzellen und ihrer Fortsaetze. 2. Mitteilung». *Arch. f. Anat. u. Physiol. Anat. Abt.* 1897 [Held, 1897a].

por último, la opinión de que entre las neurofibrillas intrasomáticas y las del cáliz existe una verdadera continuidad substancial[7].

Nuestras observaciones antiguas probaron que las recias fibras penetrantes de Held no son otra cosa que un bastoncito de naturaleza enigmática, residente casi constantemente en las neuronas del núcleo del cuerpo trapezoide (Cajal: Un sencillo método, etc. *Trabajos*, Tomo II, 1903, figura 13).

Acerca de este bastoncito ha publicado Río Hortega[8] una comunicación interesante. La apetencia de dicho organito por el óxido de plata amoniacal previa acción del tanino, le ha permitido encontrarlo también en muchas células. Pero hoy el histólogo de Leipzig ha abandonado su primitiva opinión para adoptar, como decíamos, la de la continuidad neurofibrillar.

También Bielschowsky ha estudiado atentamente los cálices de Held y sus pretendidas neurofibrillas penetrantes. Su dictamen, menos categórico que el del neurólogo de Leipzig, puede verse en el libro de Lewandosky[9] y en el Handbuch de Möllendorff[10].

---

[7] «Zur weiteren Kenntnis der Nervenfüssen und zur Struktur der Sehzellen». *Ges. d. Wiss.*, 1904 [Held, 1904]. *Id.* «Das Grundnetz der grauen Hirnsubstanz». *Monatschr. f. Psychiatrie & NeuroL*, LXI, 1927 [Held, 1927]. *Id.* «Die Lehre der Neuronen und vom Neurencytium». *Fortschr. d. naturwissenschaftl. Forsch.* N. F. Heft 8. 1929 [Held, 1929].

[8] Río Hortega: «Estudios sobre el centrosoma de las células nerviosas, etc.». *Trabajos*, etc. Tomo XIV, 1916 [Del Río-Hortega, 1916].

[9] Bielschowsky: «Allgemeine Histologie und Histopathologie der Nervensystems». *Handb. der Neurologie*. Lewandowsky, 1910 [Bielschowsky, 1910].

[10] *Handb. der mikrosk. Anat. des Menschen*. IV. Bd. 1928. Berlin. En este libro se contienen dos artículos de Bielschowsky alusivos a nuestro tema: *Die Endstrecken der Nervenfasern*, pág. 107, y Uebersicht über den gegenwärtigen Stand der Neuronenlehre, etc., pág. 119 [Bielschowsky, 1928a, b]. Véase también: *Journal fiir Psychologie und Neurologie*. Bd. XXI, 1925 [Bielschowsky y Cobb, 1925]. Consúltese también el artículo de Bielschowsky (*Handb. d. mikrosk. Anat. des Menschen*) del libro del Möllendorf, 1928. [Bielschowsky, 1928a, b]. En esta comunicación, lo sorprendente es que, mientras en la figura 65 dibuja una arborización pericelular típica, como la publicada en su trabajo de 1925, en la 66 fusiona y confunde el retículo de la célula con el de una recia fibra, que en nada recuerda los cálices de Held. El mismo contraste se advierte entre la figura 3 (disposición normal), tabla V de su Memoria del libro de Lewandowsky (1910) [Bielschowsky, 1910] y las equívocas representadas en la figura 4.ª de dicha tabla. (Véanse las figuras de este texto, es decir, la 10 y la 11). El verdadero pensamiento

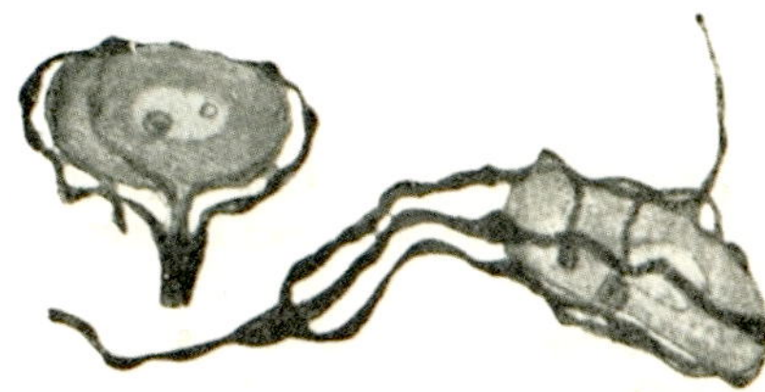

Fig. 11. Cálices de Held dibujados por Bielschowsky (primera reacción). Las terminaciones aparecen por fuera de la célula.

La impresión que se obtiene de la lectura de estos trabajos es que la interpretación de Bielschowsky es oscilante o está en curso de evolución; sus figuras parecen con frecuencia confirmaciones de nuestras ideas (Figuras 11 y 12).

A nuestro juicio, la diversidad de las figuras y las indecisiones de dicho sabio dependen de la variedad de las reacciones obtenidas con los métodos neurofibrillares. Esta diversidad de imágenes, también observadas por nosotros, se reducen principalmente a dos:

a) En ciertos casos el cáliz aparece enérgicamente impregnado, contrastando vigorosamente con el tono claro del soma amarillo-rojizo y aun casi incoloro (figura 11). Su posición exterior no ofrece la menor duda, como ya notó Donaggio, empleando su técnica.

b) Otras veces la impregnación se extiende al soma, perdiéndose mucho el contraste entre el color de la arborización y el de las neurofibrillas neuronales. A consecuencia de ello, la imagen total muéstrase obscura y confusa; diríase perteneciente a otro tipo neuronal. En suma: su análisis es difícil, produciendo gran incertidumbre. Imágenes equívocas de este género han sido copiadas por Held en preparaciones del método de Bielschowsky.

Del primer tipo de impregnación dimos hace tiempo[11] y daremos ahora figuras convincentes, confirmatorias de que la

---

de Bielschowsky se resume en las siguientes palabras que tomamos del tratado de Lewandowsky (1910): «Aus alledem ergibt sich, dass wir auch heute die Neuronenlehre gelten lassen können, wenn wir sie unter Beseitigung der verschiedenen Einheitsdogmen als einfache Zellenlehre auffassen.» De acuerdo con esta restricción, figuran en algunos de sus trabajos perfectos cálices libres (fig. 10) [Bielschowsky, 1910].

[11] Cajal: Un sencillo método, etc. *Trabajos*, etc., 1903 [Cajal, 1903b]. Véase también: *Histologie du système nerveux de l'homme et des vertebrés.* Tomo I, 1909, página 108 [Cajal, 1909, 1911].

arborización yace siempre en torno de la célula. Análogas figuras y descripciones han dado diversos autores, entre ellos Collin, Mahaim, Lavilla, [Windle] y [Clark] y otros muchos. Esta imagen clarísima, de *cáliz superficial*, compuesto por vigorosos e independientes ramos, es la más común y la que merece más confianza, puesto que se obtiene con muchas fórmulas argénticas.

Pero la segunda clase de figuras, en que Held y Bielschowsky muestran la terminación del cáliz dentro de la célula, a beneficio de una infinidad de neurofibrillas finas y divergentes continuadas con el retículo somático, nos produce una impresión de sorpresa y de escepticismo tan grandes, que no podemos allanarnos a la idea de que el tallo generador de tales neurofibrillas pertenezca a los cálices legítimos. El contraste es verdaderamente enorme. Compare el lector las figuras correspondientes al ratón y al gato anejas a este trabajo (figuras 12, 13 y 14) y las mismas publicadas por Held y Bielschowsky (segunda reacción), y sentirá la misma sorpresa que nosotros. ¿Qué han visto, pues, dichos sabios en las imágenes obscuras correspondientes a este segundo tipo de impregnación de que damos un ejemplo en la figura 12, tomada del neurólogo de Berlín? (dibujo de la derecha).

Varias hipótesis son posibles para explicar esta variedad de aspectos. Declaremos, desde luego, la que nos parece más probable. En las preparaciones obscuras del método de Bielschowsky y en otras semejantes obtenidas por fórmulas del nitrato de plata reducido, se consigue casi siempre, no obstante las dificultades, reconocer en tono más obscuro el cáliz superpuesto. Pero la falta de claridad impide fijar la posición de la arborización nerviosa. Nosotros presentamos en la figura 15, *A*, una sinapsis obscura cuya interpretación, sin ser difícil, ayuda a comprender el carácter contradictorio de algunas figuras de Bielschowsky.

¿Pero todas las imágenes publicadas por Held y Bielschowsky contienen positivamente cálices? La figura 12 inferior del grabado adjunto nos deja perplejos. ¿No sería posible que la fibra tomada por axon terminal fuera una dendrita? A este propósito importa recordar algunas antiguas observaciones. Hace ya muchos años· que tanto nosotros como Lavilla[12] señalamos dos hechos de cierto interés: primero, que no todas las células del cuerpo trapezoide poseen cálices terminales; segundo, que al lado de neuronas provistas de robustos cálices existen otras rodeadas por finas arborizaciones pericelulares.

Si no nos detuviera la autoridad y sagacidad interpretativas de Held y Bielschowsky, nosotros nos inclinaríamos a admitir que las fibras· penetrantes de estos sabios (figura, 12) representan el origen de neurofibrillas de dendritas en continuación con el armazón intrasomático perteneciente a aquellas neuronas rodeadas de finos plexos pericelulares, los cuales, fáciles de teñir con el cromato de plata, escapan casi siempre a la impregnación de las fórmulas del nitrato de plata reducido y del método de Bielschowsky[13]. Por otra parte, en muchas células del núcleo del *cuerpo trapezoide* y del *ganglio ventral del acústico*, las dendritas y axon brotan de una especie de arborización interior. Y esto ocurre hasta en las neuronas guarnecidas de un cáliz. Bajo este aspecto, son instructivas la figura 11 de nuestra Memoria de 1903 y la neurita reproducida en la figura 15, *n*, tomada del núcleo del *cuerpo trapezoide* del gato. Añadamos aún que la pretendida fibra penetrante de Bielschowsky (figura 12 derecha), va adelgazándose progresivamente hacia afuera, como lo haría una expansión protoplásmica.

Fig. 12. Representaciones contradictorias de los cálices, dadas por Bielschowsky. En la superior aparece un cáliz normal. En la inferior, una figura equívoca.

---

[12] Lavilla: «Algunos detalles concernientes a la oliva superior y focos accesorios». *Rev. trim. microgr.* Tomo III, 1899 [La Villa, 1898].

[13] Bielschowsky: *Loc. cit*. El nacimiento de una dendrita por la convergencia de neurofibrillas relativamente gruesas, fué ya representada por nosotros en nuestro trabajo de 1903 y aparece en el cono axónico de origen de algunas células (véase la figura 13, correspondiente al gato adulto).

Algunas recientes observaciones nuestras en el gato y ratón adulto.—

Para terminar esta reseña crítica de los cálices de Held, permítasenos presentar el resultado de nuestras recientes observaciones mediante dos fórmulas argénticas singularmente expresivas y eficaces: la de la hidroquinona aplicada en los cortes, y la caracterizada por la fijación sucesiva en formol y piridina, que proporciona excelentes y constantes resultados[14].

Con estas fórmulas las imágenes se ofrecen notablemente vigorosas y claras. Nuestras fórmulas dan ordinariamente los cálices casi negros, y aunque se vislumbre el retículo somático la diferencia de intensidad y matiz son tales, que toda equivocación resulta imposible. Es más: conforme mostramos en la figura 13, se obtienen preparaciones (proceder a la hidroquinona tras la acción del nitrato de plata, alcohol y piridina) en que el soma neuronal es absolutamente incoloro, sin que se perciba fibrilla alguna penetrante.

Puesto que las figuras son harto expresivas, permítasenos, para terminar, consignar dos detalles que corroboran antiguas observaciones. En el primero (figura 13, *C*), una colateral que, abandonando el cáliz, se pierde en los haces de fibras bulbares transversales. A veces se observa la llegada al cáliz de una fibra terminal de origen incierto (figura 15, *a*). En fin, se ven ramas emergentes del espesamiento terminal del recio axon generador del cáliz, que emiten, acaso para neuronas vecinas, una proyección ramificada (figura 15, *b*). Otro detalle aún. A no mucha distancia de la célula, el pedículo del cilindro-eje aferente palidece de pronto antes de incorporarse a las fibras transversales del cuerpo trapezoide. Consideramos seguro que en este segmento pálido comienza el forro medular.

Notemos aún, para ser completos, el contraste existente entre los cálices del ratón y los del gato. Mientras éstos afectan gran extensión y complejidad, los del ratón son pobres en proyecciones terminales, aunque espesas (figura l4, *A*). Arborizaciones hay que forman sólo una especie de horquilla que arranca de un macizo

---

[14] Véase *Travaux du Lab. de Rech. biol.* Tomo XIX, 1921 [Cajal, 1921b].

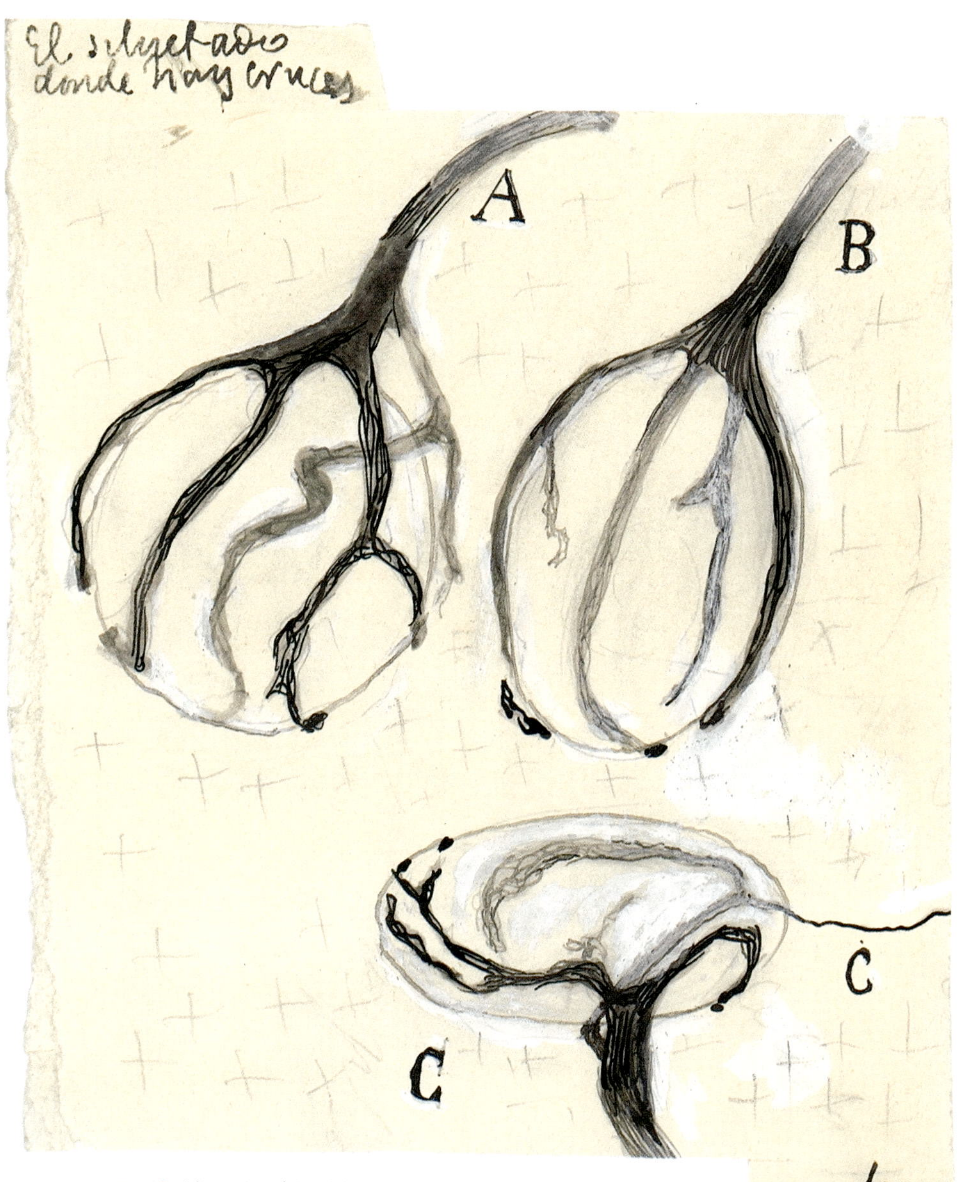

Fig. 13. Cálices del núcleo del cuerpo trapezoide del gato adulto. (Método de la hidroquinona). El soma de las neuronas aparece absolutamente incoloro, y ninguna de las fibrillas de la arborización se la ve abandonar su trayecto para ingresar en el cuerpo protoplásmico. *C*, una rama del cáliz sale de éste con rumbo desconocido.

quitese
1/4
siluetese
por fuera
de las celulas

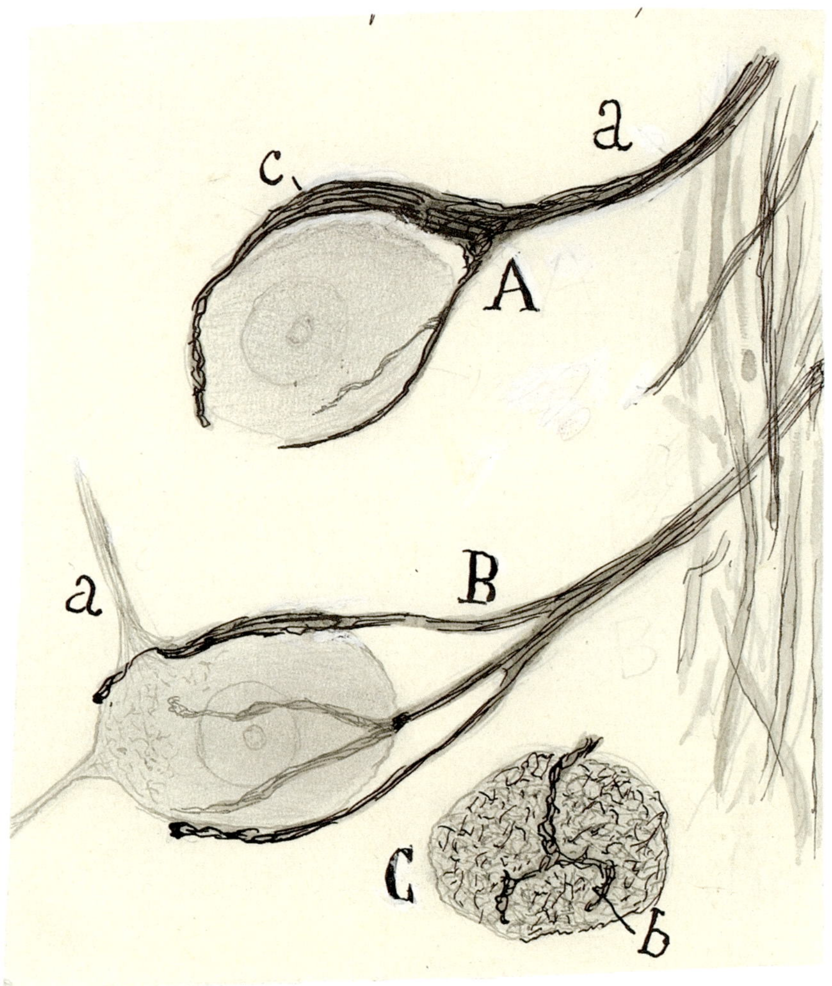

Fig. 14. Cálices del núcleo del cuerpo trapezoide del ratón (fijación primero en formol y después en piridina, bloques, etc.). En *A* y *B* salta a los ojos la independencia del retículo celular, apenas visible, y el cáliz. El tono del protoplasma es amarillo rojo. *C*, corte secante a una célula, cuyo retículo se había teñido. Posibilidad. de que la simultaneidad de coloraciones produzca la ilusión de la continuidad *b*. Notemos que el cáliz aparece vigorosamente impregnado en color café-negro.

Página siguiente

Fig. 15. Cálices de Held del núcleo del cuerpo trapezoide del gato. *A*, célula cuyo retículo se muestra teñido, aunque de tono rojo; *B* y *C* cálices enérgicamente impregnados en café oscuro; *a*, fibra que acudía al cáliz desde larga distancia; *b*, rama emergente del nacimiento del cáliz y perdida en el plexo intersticial; *n*, axon bien teñido de una neurona que sin el cáliz pudiera simular una conexión por continuidad neurofibrillar (método del nitrato de plata, alcohol, piridina, reducción hidroquinona, etc.).

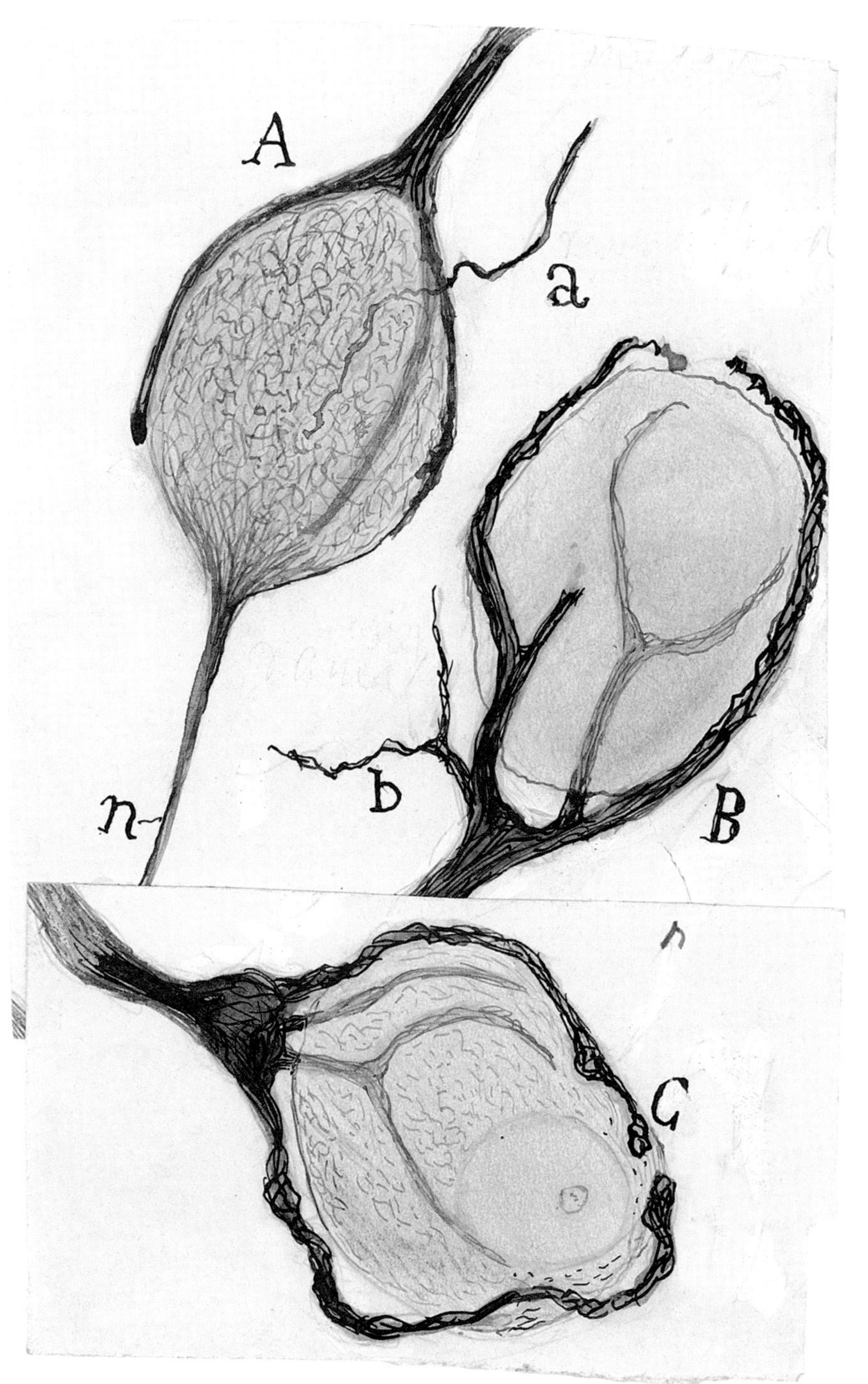
A
a
b
n
B
C

neurofibrillar falciforme. Sería curioso explorar comparativamente el aparato terminal de varios mamíferos de talla y acuidad acústica diversas. Aquí ocurre, como· siempre, que los problemas artificiales que nos planteamos nos apartan de las verdaderas cuestiones por esclarecer.

En suma; dado el estado actual de la técnica y eliminadas las causas de error, estimamos que debe mantenerse todavía la vieja tesis sostenida *ab initio* por el mismo Held (aunque sin insistir) de que sus cálices están situados por fuera de las células y representan una de tantas variantes de nidos o cestas perisomáticas, descubiertas por la histoneurología moderna.

4. Conexiones axo-somáticas en el ganglio ventral del coclear

Señaladas sucintamente por Held (1891), que las impregnó por el cromato de plata, han sido estudiadas por muchos autores, cuyas opiniones distan bastante de ser concordantes.

Estos nidos, algo parecidos a los *cálices de* Held, discrepan de ellos en dos rasgos esenciales: en que cada neurona del mencionado *ganglio ventral* recibe, en vez de una, dos o más fibras nerviosas acústicas aferentes, y en que la ramificación terminal de estos axones posee, tanto en las preparaciones de Golgi como en las neurofibrillares, espesamientos irregulares de trayecto, y a menudo, aunque no siempre, *bulbos terminales* apoyados sobre la superficie neuronal (figura 16). No todas las células poseen terminaciones colorables; como ocurre en el *núcleo del cuerpo trapezoide*, existen neuronas triangulares o estrelladas en torno de las cuales no se advierte ninguna neurita coclear ramificada.

Fuera inoportuno reproducir aquí nuestros reiterados estudios de las arborizaciones acústicas centrales. Quien desee informarse detalladamente del tema debe leer nuestras antiguas monografías, y, sobre todo, nuestro libro de conjunto sobre el sistema nervioso. Y los argumentos de nuestra antigua polémica contra el Prof.

Fig. 16. Arborizaciones terminales del coclear en la región próxima a la penetración del nervio (gato). *B* y *C*, células en que, por no haberse teñido el retículo, aparece perfectamente clara y libre la arborización acústica; *A*, célula donde la simultánea impregnación del retículo protoplásmico produce la ilusión del enlace parcial de las neurofibrillas exógenas y endógenas (*i*, *h*); *a*, anillos o esferas termínales; *d*, *g*, bulbos bifurcados.

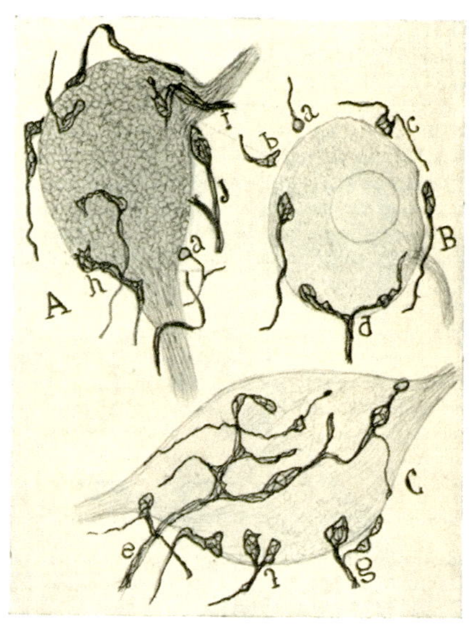

Apáthy[15]. Para no repetirnos, incluimos aquí una figura tomada de recientes preparaciones ejecutadas con una fórmula a la hidroquinona. El examen cuidadoso de los bulbos terminales y de tal cual maza de Held (*a*, *b*) no nos ha permitido percibir ninguna de esas fibrillas penetrantes señaladas por Holmgren y Held, fibrillas que estimamos como formas accidentales o resultado de defectuosa fijación. Es muy posible que Holmgren, que ha explorado el *ganglio ventral acústico* del zorro y representado casi exclusivamente finos anillos terminales, más o menos alterados, haya examinado regiones de dicho ganglio diferentes de las exploradas por nosotros; pues no hay que olvidar, según probamos hace muchos años, que, conforme nos acercamos al origen del nervio coclear, los bulbos y arborizaciones terminales son más robustos y de disposición más complicada.

[15] Figuras análogas a las nuestras dieron Collin (1905) y otros muchos autores, entre los que, por modernos, deben citarse a Windle y Clark, que han trabajado con una variante de mi método (variante de Ramson) 1928 [Windle y Clark, 1928].

05

5. Terminaciones periféricas del nervio coclear en el órgano de Corti. Terminaciones del nervio vestibular

Una crítica bibliográfica minuciosa nos enseñaría que las divergencias de opinión dependen, tanto de los métodos usados, como del grado de evolución [desarrollo] del animal utilizado.

A. Terminaciones del coclear.– Las descubrió Retzius, en 1892[1], en el coclear del feto de ratón y luego las confirmaron van Gehuchten (1892)[2], Gebert[3], nosotros[4] y Held[5]. Modernamente las han estudiado Kolmer[6] (nitrato de plata reducido), Bielschowsky y Brühl, Castro, Lorente de Nó y Tello, etc.

---

1 Retzius: «Biologische Untersuchungen». *N. F.* Bd. III. 1892 [Retzius, 1892a].

2 Van Gehuchten: *La Cellule.* Tome VIII. 1892 [Van Gehuchten, 1892a, 1892b].

3 Gebert: *Anat. Anz.* Bd. 8. 1892 [Gebert, 1893].

4 Cajal: *Les nouvelles idées sur la structure du systeme nerveux.* París, 1894 [Cajal, 1894a].

5 Held: «Zur Kenntnis der peripheren Gehörleitung». *Arch. f. Anat . & Physiol. Anat. Abt.* 1897 [Held, 1897b].

6 Kolmer: *Anat. Anz.* Bd. 26 [Kolmer, 1905a] y 27 [Kolmer, 1905b], y *Arch. f. mikrosk. Anat.* Bd. 70, 1907 [Kolmer, 1907].

Utilizando el método de Golgi, que es todavía el que proporciona las imágenes más instructivas, Retzius probó que las fibras terminales del coclear abordan el cabo profundo de las células ciliadas, donde se dividen en un *bouquet* ascendente, situado por fuera de las mismas y terminando libremente. Análogas descripciones, con pequeñas variantes, hicimos cuantos después del sabio sueco aplicamos el proceder del cromato de plata. Séanos lícito reproducir aquí dos figuras publicadas por nosotros, tiempos después, y donde el lector podrá observar la disposición del *bouquet* y su contacto con las células ciliadas. Advertirá también en la figura [17][E] correspondiente al ratón de cinco días que las expansiones periféricas del ganglio espiral se disponen en dicho roedor, como ya indicó Retzius, en dos haces: el uno, destinado a las células *ciliadas internas*, y el otro, más caudaloso, en conexión con las externas. No es posible sorprender jamás continuidad entre ambos factores de la articulación. Es más: la célula ciliada casi nunca se impregna por el método de Golgi, lo que revela una composición física o química diferente.

Más adelante, el empleo de los métodos neurotibrillares vino a complicar el problema de la terminación del coclear y, en cierto modo, significó un retroceso. Desdeñada la claridad de las preparaciones de Golgi, estallaron las controversias entre los neuronistas y los reticularistas. Así, Bielschowsky y Brühl[7], escogiendo como material de estudio el cobaya y dos fetos humanos, dibujaron y describieron como aparato terminal del coclear unas pocas hebras sutilísimas apenas perceptibles, que penetrarían, al parecer, en el espesor de la célula ciliada.

Nuestras investigaciones con los métodos neurofibrillares, recaídas primero en las aves y después en los mamíferos, confirmaron en principio las revelaciones del método de Golgi. Como

---

[E] *N. del E.* La referencia a la Fig. 17 aparece en la versión inglesa.

[7] Bielschowsk y Brühl: «Uber nervöse Endorgane im häutigen Labyrinth der Säugetiere». *Arch. f mikroskopische Anat.* Bd. 71, 1908 [Bielschowsky y Brühl, 1907].

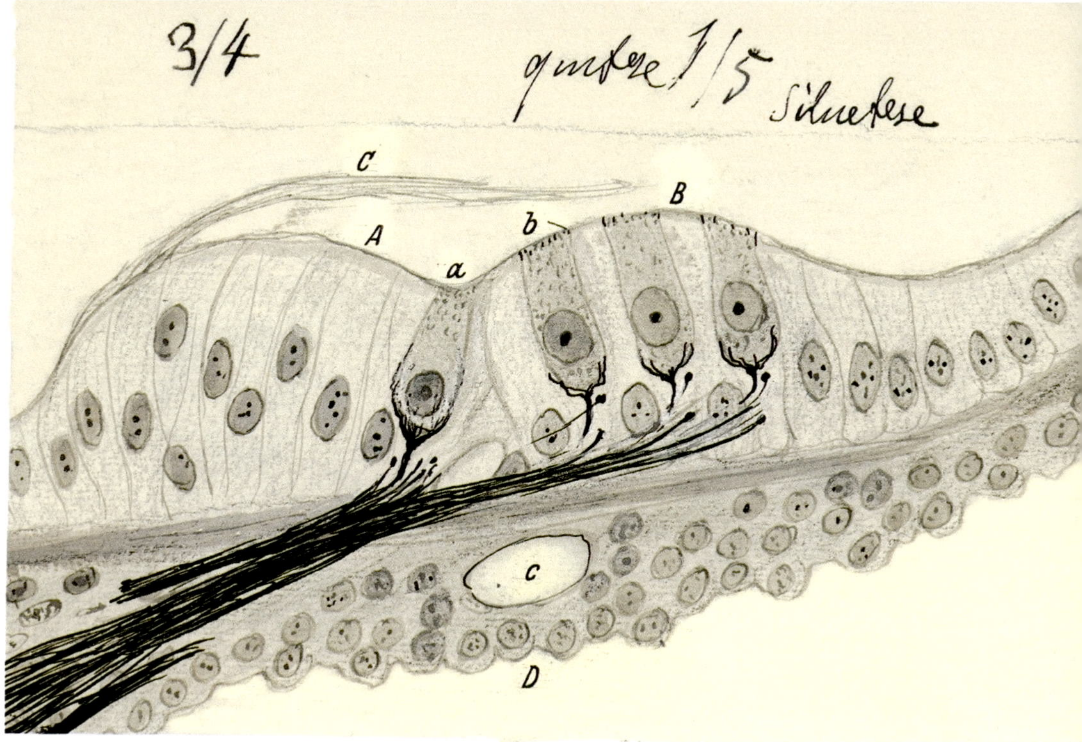

Fig. 17. Corte del epitelio del órgano de Corti del feto de ratón de término. *A*, reborde interno; *B*, reborde externo; *D*, escala timpánica; *a*, célula ciliada interna; *b*, célula ciliada externa; *c*, vaso espiral (fijación en piridina).

mostramos en la figura 17, que copia el feto de ratón de término[8] en una época en que comienza a modelarse el túnel de Corti, las expansiones periféricas del coclear se distribuyen, como ya vieron Retzius y otros autores, en dos haces: uno, destinado a las células ciliadas del *reborde interno* (A) y otro a las más numerosas del *reborde externo* (B). Las fibras destacadas de dichos fascículos, (prescindiendo de los haces espirales) abordan el epitelio, pasan por entre las fibras de sostén, y, llegadas que son a las *células ciliadas*, se terminan en una ramificación de hebras cortas, que circuyen íntimamente el polo inferior de dichas células. El número de ramos terminales es variable, pero nunca considerable; casi todas las hebras neurofibrillares se localizan en la región infranuclear

[8] Cajal: Acción neurotrópica de los epitelios, etc. *Trabajos*, etc. Tomo XVII, 1919 [Cajal, 1919].

del protoplasma, dentro del cual jamás se las advierte. Trátase, pues, de un contacto muy íntimo, según la norma general de toda terminación axónica.

Algunos años antes[9] describimos también un modo de terminación análoga en el *coclear* de las aves jóvenes. De acuerdo con lo ocurrido en los mamíferos, el axon, llegado a la *pars inferior* del órgano de Corti, se descompone en un haz apretado de neurofibrillas que terminan libremente. Esta unión es tan tenaz que jamás se ve un *bouquet* terminal desprendido de dichos elementos. He aquí un caso en donde se patentiza lo que Held llamaba terminación por *incrustación*. Tampoco se sorprende en las aves la penetración intrasomática de neurofibrillas, ni la formación de esos búcaros o cálices alargados característicos de las terminaciones del vestibular. En general, nos ha parecido que en las aves es mucho más rico el *bouquet* terminal que en los mamíferos[10].

Las preparaciones de Castro, efectuadas en el ratón adulto o casi adulto con su método de decalcificación permiten reconocer las mismas disposiciones. Siempre las hebras terminales, tanto del coclear como del vestibular son exteriores a la célula, pero siempre también la ramificación es pobre en ramúsculos perisomáticos. En esto, nuestras observaciones concuerdan, salvo la interpretación anastomótica, con las imágenes bien dibujadas y descritas por Bielschowsky y Brühl, donde el esqueleto neurofibrillar del *bouquet* de Retzius se reduce a escasos y sutiles filamentos.

Excusado es decir que si en el adulto o en los fetos adelantados la independencia de las terminaciones nerviosas cocleares es evidente

---

[9] Cajal: «Terminación periférica del nervio acústico de las aves». *Trabajos del Lab. de Invest. biól.* Tomo VI, 1908 [Cajal, 1908d].

[10] F. De Castro: «Technique pour la coloration du système nerveux quand il est pourvu de ses étuis osseux», págs. 443 y 444. *Trav. du Lab.*, &. Tome 23, 1925 [de Castro, 1925]. En este trabajo, Castro se ocupa predilectamente de las terminaciones del vestibular; pero sus preparaciones nos han persuadido de que existe una disposición análoga en torno de las células ciliadas del aparato de Corti, salvo que los cálices poseen muchos menos ramúsculos. En todo caso, los cortes transversales de Castro prueban que la arborización es exterior.

más lo será si cabe en los embriones tempranos, cuando todavía no se ha modelado el órgano de Corti ni ha surgido la diferenciación de las células ciliadas. En la figura 18, D, mostramos las fases primordiales de la penetración de las fibras cocleares (feto de ratón de un centímetro). Véase cómo del ganglio espiral surgen fibras ascendentes (D), que caminan a la ventura entre los elementos epiteliales indiferenciados, acabando en puntas agudas. Esta disposición ha sido comprobada recientemente por Lorente de Nó[11] y Tello, que han estudiado cuidadosamente en el ratón fetal las fases sucesivas de las terminaciones cocleares, empleando el método de la decalcificación preliminar.

Últimamente hemos analizado en cortes casi paralelos a la *membrana tectoria* las terminaciones cocleares del ratón de pocos días (figura 19). De acuerdo con nuestras antiguas investigaciones, el *bouquet* aparece pobre y exterior. En cambio, se reconoce en la célula ciliada un armazón neurofibrillar interior que recuerda los dibujos de Kolmer. Este retículo pobre en el lado alto del corpúsculo ciliado se muestra complicado y denso hacia el polo profundo (*a*). La independencia entre las neurofibrillas aferentes y las intracelulares es manifiesta.

En suma: no obstante, las dificultades técnicas que se oponen a un buen análisis del comportamiento periférico del coclear en el *órgano de Corti*, y que explican las diferencias de opinión, todas las buenas preparaciones obtenidas en los fetos y en los animales jóvenes y adultos (ratón) postulan una conexión interneuronal por contacto. Creemos, por tanto, que si este estudio pudiera efectuarse en el hombre y mamíferos de gran talla, nos encontraríamos en presencia de los mismos hechos, salvo diferencias de detalle.

B. Terminaciones periféricas del nervio vestibular.– En este dominio abundan, por fortuna, los documentos iconográficos y las observaciones exactas. Ello se comprende recordando que dichas terminaciones se tiñen intensa y admirablemente con los

---

[11] Lorente de Nó: Etudes sur l'Anatomie et la Physiologie du Labyrinth de l'oreille et du VIII nerf. Travaux, &. Tome XXIV, 1926 [Loremte de Nó, 1926].

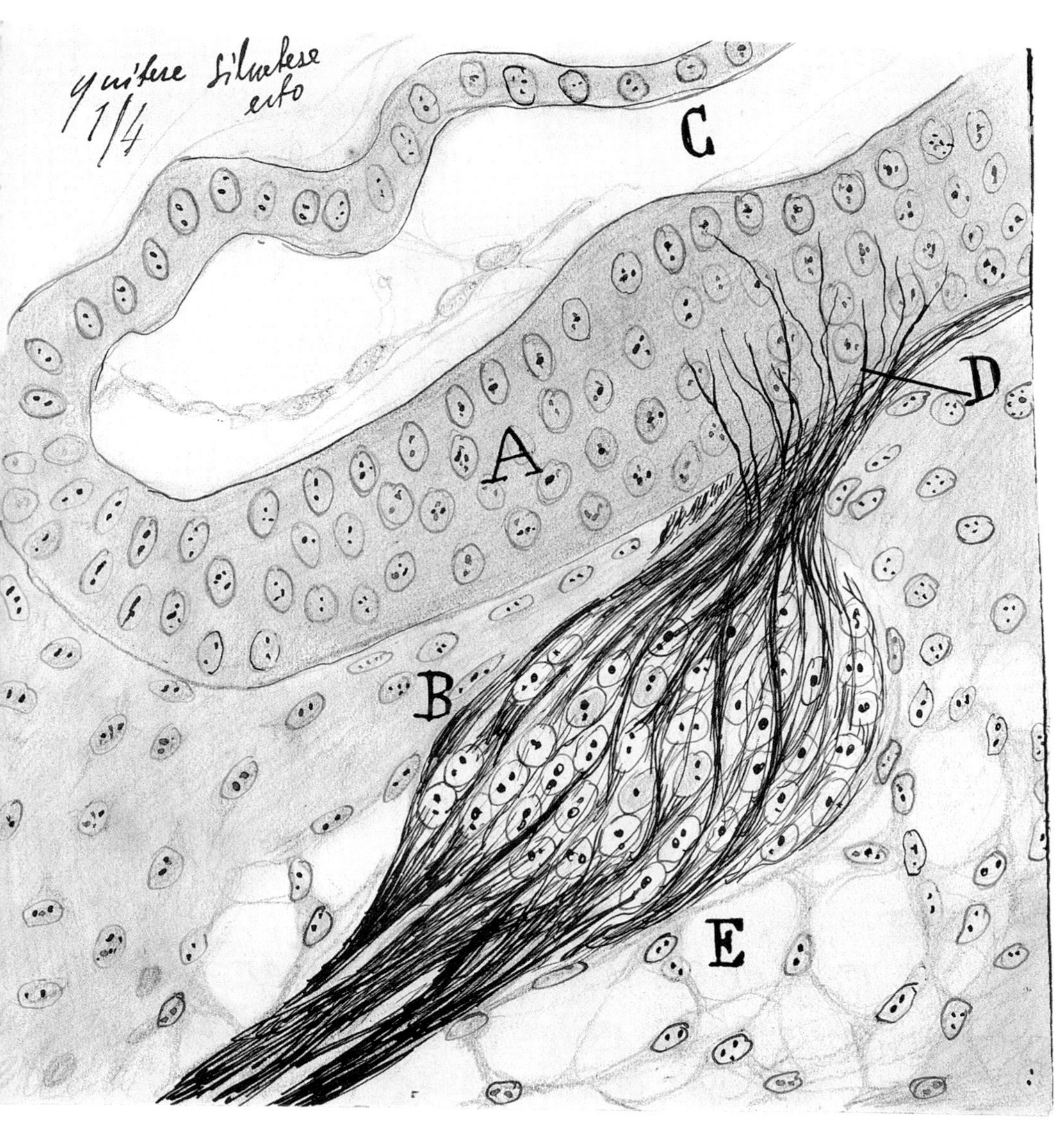

Fig. 18. Corte del conducto coclear de un feto de ratón de un centímetro. *A*, conducto coclear; *C*, epitelio de que se formará el órgano de Corti ; *B*, ganglio espiral; *D*, algunas fibras que penetran en el epitelio: *E*, lagunas conectivas a cuyas expensas se construirá la escala timpánica .

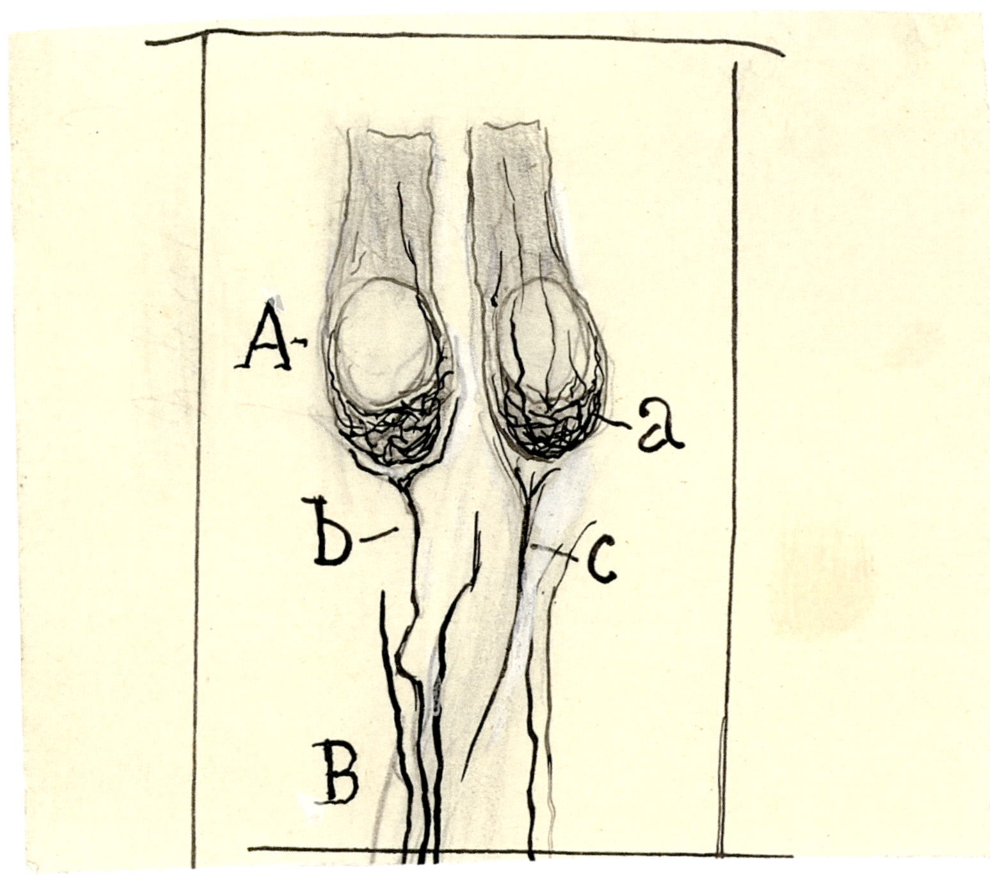

Fig. 19. Dos células ciliadas del órgano de Corti, con sus terminaciones cocleares. *A*, *a*, ciliadas; *B*, fibras cocleares; *b*, ramificación terminal. (Fijación en piridina.) (Ratón de pocos días.)

métodos de Golgi y neurofibrillares, y lo mismo en los mamíferos que en las aves y reptiles. Y cuando las preparaciones obtenidas se interpretan juiciosa y objetivamente, la doctrina neuronal halla en ellos uno de los más sólidos apoyos.

El método de Golgi, manejado por observadores tan hábiles como Retzius[12] y Lenhossék[13], aportó los primeros datos positivos de la manera de terminarse las ramas periféricas de los corpúsculos bipolares del *Ganglio de Escarpa.* Niemak (1892), Krause, Gebert, etc., aplicaron al argumento el método de Ehrlich. Inventados los métodos neurofibrillares, nosotros mismos allegamos alguna contribución, escogiendo de preferencia el *vestibular* de las aves[14], singularmente propicio para tal indagación [figura 20][F]. En fin, no hay que olvidar las numerosas investigaciones efectuadas por Kolmer[15] sírviéndose de nuestros métodos, ni el importante trabajo, ya citado, de Bielschowsky y Brühl. Entre los sabios modernos (no los citamos todos) es preciso mencionar a Lorente de Nó[16], Castro[17], Poljak[18] y a Tello[19].

---

[12] Retzius: «Die Endlgungsweise des Gehörnerven». *Biol, Untersuchungen.* N. F. Bd. III. 1892 [Retzius, 1892c]. Las observaciones importantes de Retzius recayeron tanto en el embrión de ave (pollo desde el onceno al decimoséptimo día de incubación) como en el ratón recién nacido y de cuatro días.

[13] V. Lenhossék: Die Nervenendigungen in der Maculae und Cristae acusticae. *Versammlungen der anat. Gesell. zu Göttingen.* 23 Mai 1893 [von Lenhossék, 1893].

[14] Cajal: Asociación del método del nitrato de plata con el embrionario, etc. *Trab.*, etc. Tomo III. 1904 [Cajal, 1904a]; consúltese también: Histologie du système nerveux Tome I. págs. 755 y siguientes [Cajal, 1909, 1911].

[F] *N. del E.* La referencia a la Fig. 20 ha sido añadida por el editor..

[15] Kolmer: *Anat. Anz.* Bd. 26 [Kolmer, 1905a] y 27 [Kolmer, 1905b]. Ibídem : *Arch. f. mikrosk. Anat.* Bd. 70, 1907 [Kolmer, 1907].

[16] Lorente de Nó: *Loco citato.*

[17] Castro: *Loco citato.*

[18] Poljak: «Uebr die Nervenendigungen in den vestibulären Sinnesendstellen der Säugetierc». *Z. f Anat., &. Entwicklungsgesch.* Bd. 84, 1927 [Poljak, 1927]. Poljak ha trabajado en la rata con el cromato argéntico, revelando cálices terminales singularmente robustos y como laminares.

[19] F. Tello: «Le reticule des cellules ciliées du Labyrinthe chez la souris et son independance des terminations nerveuses de la VIII paire». *Trav. du Lab., &* Tome XXVII, 1931 [Tello, 1931].

Una crítica bibliográfica minuciosa nos enseñaría que las divergencias de opinión dependen, tanto de los métodos usados, como del grado de evolución del animal utilizado.

Los que han empleado el proceder de Golgi, como Retzius, Lenhossék y nosotros (excepto Ayers, a quien le pareció observar una continuidad substancial), abogan por una terminación por contacto[20], ya que las fibras aferentes marchan siempre por fuera de las células ciliadas de las *crestas* y *máculas* del laberinto. Por el contrario, quienes han trabajado con el método de *Ehrlich*, suponen en su mayoría (Niemak, Krause, Gebert, etc.) que las fibras vestibulares se dilatan en una copa pericelular (Kelche) o se conexionan con una substancia especial que rodea gran parte de las *células ciliadas* (Niemak).

Y, en fin, los autores que abordaron el tema empleando nuestro antiguo método neurofibrillar (fórmula primera), como Kolmer, London y London y Pesker, etc., sin perjuicio de admitir alguno de ellos fibras terminadas libremente, se inclinan a una continuidad entre el retículo de las *células ciliadas* y el *cáliz exterior*[21]. A la teoría de la continuidad se afilian sin titubeos también Bielschowsky y Brühl, aunque la pobreza de las neurofibrillas terminales observadas y su delgadez extraordinaria hagan sospechar que el método usado por ellos no revela la totalidad de la arborización[22].

Se preguntará acaso: ¿cómo es que los resultados logrados por los métodos neurofibrillares discrepan tanto entre sí hasta el punto de que, mientras nosotros en las aves jóvenes sorprendimos

---

[20] Excepto V. Lenhossék, que estudió fases bastantes adelantas del desarrollo de las *máculas*, Retzius y nosotros aplicamos el cromato de plata antes de sobrevenir la diferenciación de las células ciliadas. Por eso no vimos los plexos horizontales señalados por el sabio húngaro. Ulteriormente los confirmamos plenamente, así como Castro, *loc. cit.*

[21] Véanse las figs. 21 y 32 del trabajo de Kolmer de 1906, ya citado.

[22] Es de justicia reconocer que Bielschowsky y Brühl [Bielschowsky y Brühl, 1907] descubrieron dentro de las células ciliadas y debajo del núcleo un factor estructural nuevo; cierto delicado anillo neurofibrillar, recientemente confirmado por Tello en el ratón adulto. También se debe a aquellos sabios la primera tentativa feliz para usar el método de Bielschowsky en piezas decalcificadas.

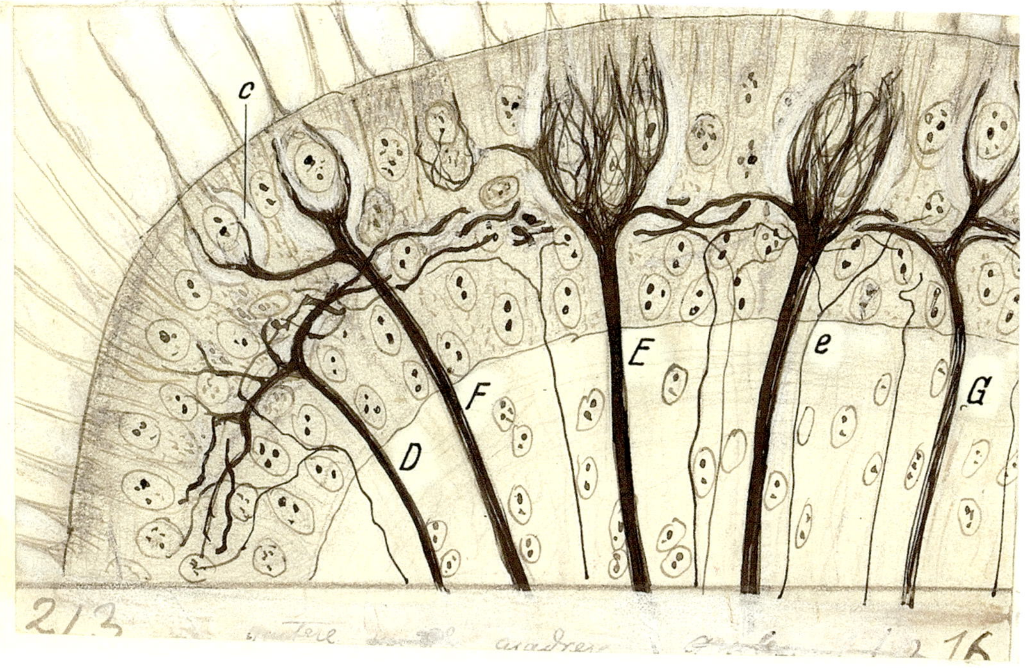

Fig. 20. Terminaciones caliciformes del nervio vestibular de las aves en el epitelio de las crestas acústicas. *E*, fibra gigante que forma nidos para tres células ciliadas; *D*, *e*, fibras finas distribuidas en plexo horizontal por debajo de dichas células.

una incuestionable discontinuidad, otros defienden resueltamente la continuidad?

Las razones son varias y sencillas: todo depende de las fórmulas neurofibrillares empleadas, las cuales producen tres efectos diversos muy propicios al equívoco. Añadamos también como origen de disidencias la edad del feto, la especie de animal utilizado y, sobre todo, la extraordinaria intimidad del contacto.

Así, por ejemplo, si recurrimos al método del nitrato de plata reducido (fórmulas con fijación en alcohol amoniacal o en piridina) y se escogen las aves o mamíferos recién nacidos, aparece la célula ciliada incolora, mientras que el cáliz terminal se muestra enérgicamente teñido. Tal nos ocurrió a nosotros al principio con el embrión de pollo, y recientemente con los pájaros de pocos días. En tales preparaciones, la discontínuidad es evidentísima, por no poseer ninguna apetencia, hacía la plata el retículo interior de la célula rodeada. Semejante resultado se le ha presentado singularmente a Tello hasta en el ratón adulto o casi adulto (fijación al hidrato de cloral-nítrico, según fórmula de Castro)[23].

Mas cuando se utiliza la *fórmula primera* del método del nitrato de plata reducido, según práctica de Kolmer, muéstranse a veces teñidos simultáneamente el esqueleto interior de las células ciliadas y las neurofibrlllas del cáliz o búcaro terminal.

Finalmente, las fórmulas del nitrato de plata reducido, cuando se aplican a embriones tempranos (ratón con fijación en piridina), tiñen, a veces, enérgicamente y con singular elegancia en pardo, casi negro, el retículo propio de las *células ciliadas*, en tanto que las fibras del vestibular, impregnadas pálidamente en rosa, se disponen en los plexos horizontales descubiertos por Lenhossék, sin el menor conato de entrar en relación con el citado armazón interior. En estas preparaciones admirables todo error es imposible, puesto que no se han formado aún los cálices o búcaros de las células ciliadas.

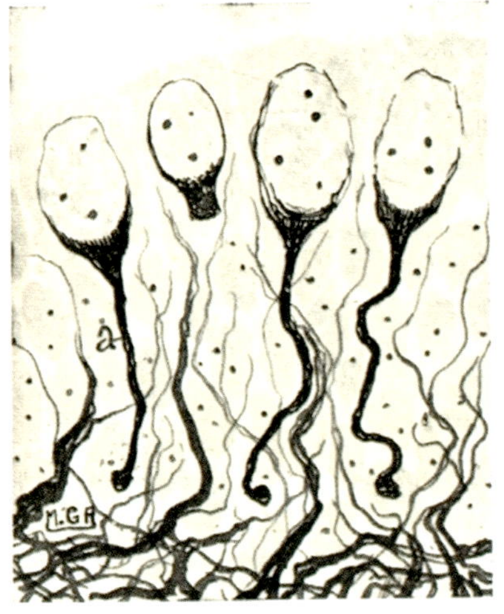

Fig. 21. Embrión de ratón, de 10 milímetros. Nótese la situación inferior de las neurofibrillas de la célula ciliada y la existencia de un pedículo descendente (*a*) (Tello).

Esto es lo que recientemente ha puesto en claro Tello, explicando con gran lucidez las causas de las contradicciones de los sabios[24]. Como aparece en la figura 21 (embrión de 10 milímetros), la *célula ciliada* está provista de un denso retículo polar, el cual se prolonga, bajo la forma de un mango, hasta cerca de la basal del epitelio embrionario; mientras que las fibras del

---

[23] *Loc.cit.*

[24] Tello: El retículo de las células ciliadas y su relación con las terminaciones nerviosas. *Bol.de la Soc.esp. de Hist. Nat.* Julio de 1930 [Tello, 1930].

vestibular, pocas y finas, se pierden, sin modelarse en cáliz, en el macizo epitelial, donde se terminan libremente y completamente desorientadas.

La figura 22 muestra una fase durante la cual la expansión descendente de la célula ciliada se ha atrofiado, creciendo en sentido radial algunas neurofibrillas superficiales (embrión de 9 a 10 mm.). Nótese la falta de enlace entre las células ciliadas y fibras, todavía desconexionadas, del vestibular.

Pero el estadio reproducido en la figura 23, correspondiente a un embrión de 17 milímetros, es sumamente expresivo, puesto que muestra la plena independencia de las neurofibrillas de la *célula ciliada* (extraordinariamente aparentes) y las aferentes de las ramas del vestibular que todavía no han iniciado la formación de los búcaros terminales.

En fin, la figura 24, que representa el aparato vestibular terminal del ratón adulto, es decisiva. En la célula de la izquierda aparece el retículo de la *célula ciliada* en vías de regresión parcial, con pleno y rico desarrollo del *búcaro nervioso*; mientras que en la célula de la derecha, a causa de la retracción protoplásmica, obsérvase el búcaro totalmente despegado. Es muy posible que el armazón del

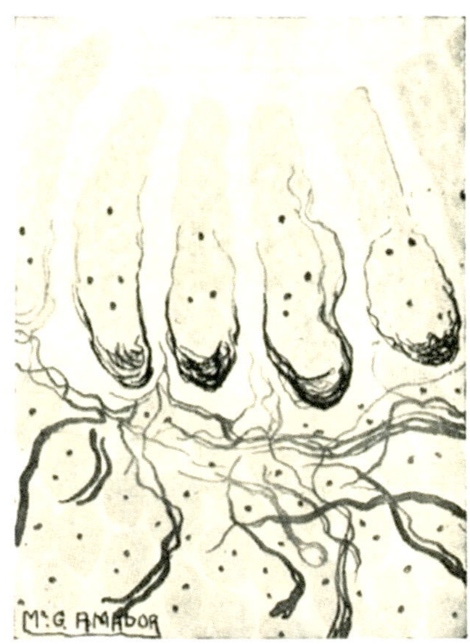

Fig. 22. Alargamiento de las células ciliadas y aparición de los plexos del vestibular. El pedículo se ha atrofiado. Embrión de ratón, de 9 a 10 milímetros (Tello) [Tello, 1931].

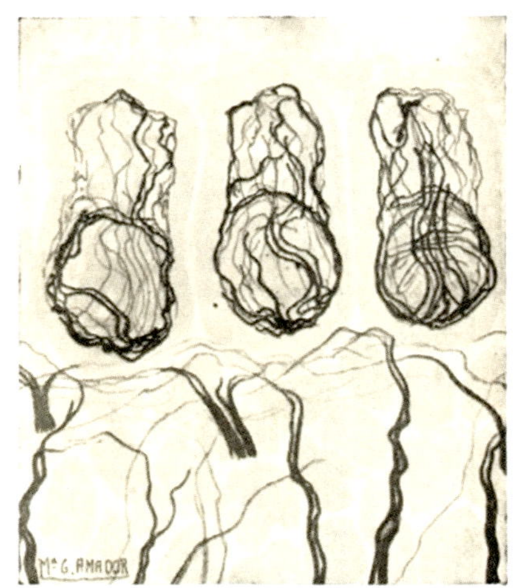

Fig. 23. Embrión de ratón, de 17 milímetros. Desarrollo completo del armazón neurofibrillar de la célula ciliada y su independencia de las fibras vestibulares (según Tello [Tello, 1931]).

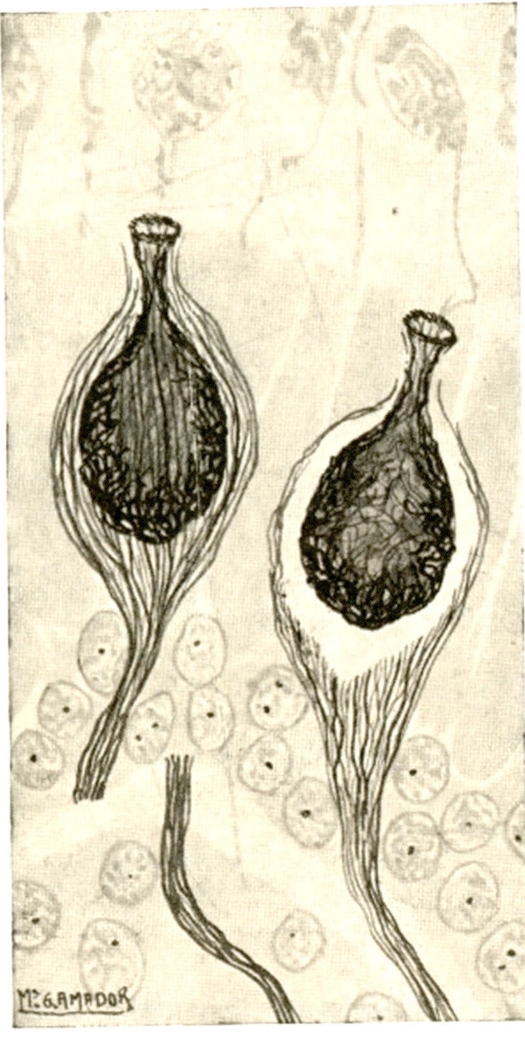

Fig. 24. Terminación pericelular del vestibular en el ratón adulto. Nótese en la figura dela derecha la independencia del retículo endógeno y el exógeno (Tello) [Tello, 1931].

corpúsculo ciliado subsista más o menos alterado; en todo caso, su coloración tórnase muy difícil y azarosa.

En suma: de las múltiples y aparentemente contradictorias observaciones efectuadas por muchos sabios y con diversos proceres de impregnación, se desprenden las siguientes conclusiones: 1ª La *célula ciliada* posee un retículo propio independiente, que se rarifica y acaso desaparece con el tiempo[25] en ciertos animales; 2ª En torno de la misma, la fibra aferente del vestibular se termina, mediante rica arborización en forma de cáliz, después de emitir ramas tangenciales para el plexo de Lenhossék, plexo confirmado en las aves por nosotros; 3ª Hay una época de madurez en que ambos plexos neurofibrillares, el *intracelular* y el *extracelular*, se tiñen a un tiempo; pero un análisis escrupuloso con el objetivo 1,30 de 2 mm. y ayudándose de los cortes transversales, según hicieron Castro y Tello, demuestra la absoluta independencia de los mismos. Por tanto, lejos de constituir las terminaciones del vestibular una dificultad insoluble para la teoría neuronal, representan, por el contrario, una de sus pruebas más decisivas y brillantes.

[25] Entiéndase que para nosotros *desaparecer* no significa en este caso dejar de existir (lo que sería una aserción aventurada), sino el perder completa o casi totalmente la apetencia hacia la plata coloidal. De esta repugnancia hacia el coloide argéntico, a medida que las neuronas evolucionan, podrían citarse centenares de ejemplos.

06 6. Conexiones axo-somáticas por tubérculos gruesos terminales con o sin proyecciones pericelulares. (retina.) Tubérculos del vestibular en el foco lateral bulbar de las aves y peces. Bulbos de Held. «Endfüssen» de las neuronas motrices

Por lo demás, fuera pueril disimular que en algunas sinapsis [...], la intimidad de ambos factores de la articulación es muy grande, pudiendo hallarse imágenes [...] en donde la ilusión de la continuidad es excusable. Sin embargo, haremos bien en atenernos a las imágenes más comunes, a condición de que las impregnaciones sean finas y vigorosas. De lo contrario, el factor subjetivo difícilmente eliminable en la observación con grandes aumentos, nos arrastrará a nebulosidades y contradicciones lamentables. Por eso se ha podido decir que las controversias histológicas obedecen más que a preferencias técnicas injustificadas, a psicologías antípodas.

A. Los mejores ejemplos de este modo sumario de relación interneuronal se nos ofrecen con admirable claridad en la retina de los peces y mamíferos. Conforme mostramos en la figura 25, tomada de preparados de Golgi, la prolongación descendente de las *bipolares de bastón* (prolongación asimilable a un axon) cruza la zona *plexiforme interna*, y, llegada a la capa de las neuronas gangliónicas, se espesa y acaba a favor de un tubérculo de que brotan a veces excrecencias irregulares y como verrugosas, implantadas sobre la cara externa del soma de las citadas neuronas. La figura 25, perteneciente a la retina

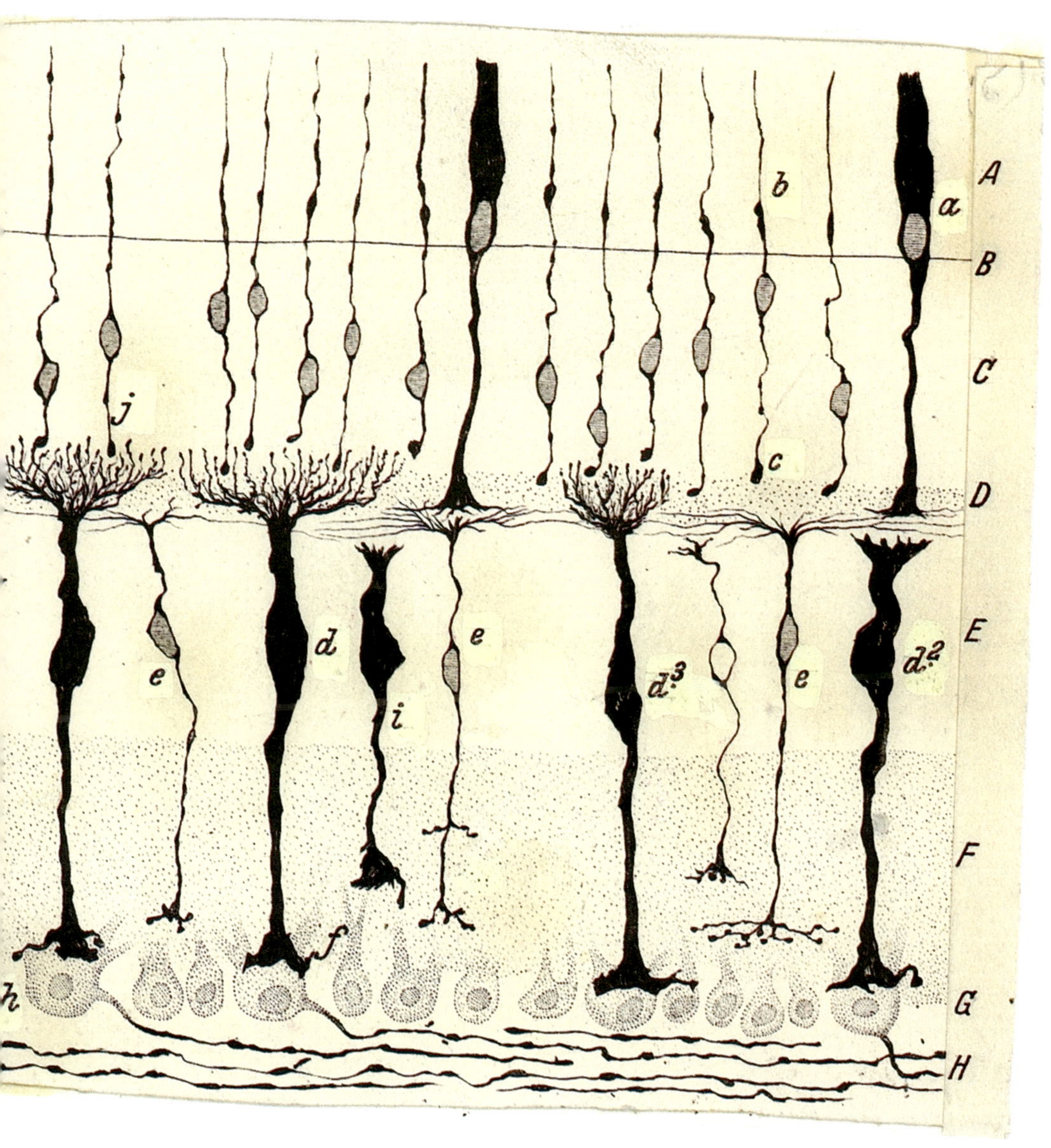

Fig. 25. Corte transversal de la retina del *cyprinus carpio*. *A*, capa de los conos y bastones; *B*, limitante externa; *C*, granos externos; *E*, granos internos; *D*, plexiforme externa; *F*, plexiforme interna; *G*, capa de las células ganglionares; *H*, capa de las fibras del nervio óptico; *a*, cono; *b*, bastón; *d*, bipolar gigante; *e*, bipolar delgada.

de un pez, nos dispensa de entrar en pormenores descriptivos, que se encontrarán en. nuestra obra extensa sobre la retina[1].

Importa notar que las mencionadas *células bipolares para bastón* (que por su lado externo reciben las esferas finales de las fibras descendentes bacilares), sólo se tiñen por el método de Golgi. El proceder de Ehrlich rara vez las selecciona y no de manera perfecta, y jamás los procederes neurofibrillares. Los severos detractores del método de Golgi deben meditar acerca de este hecho (de que existen innumerables ejemplos en todo el sistema nervioso) para adaptarse a la idea de que las neurofibrillas faltan en numerosas neuronas o carecen de atracción por la plata coloidal[2]. En todo caso, la masa del neuroplasma de las fibras y células nerviosas es preponderante.

B. Tubérculos del vestibular en el foco lateral bulbar de las aves, reptiles y peces[3]. Harto conocidas por haber sido publicadas en una revista de gran circulación y crédito[4], nos limitaremos aquí a una exposición sucinta:

El núcleo que nosotros designamos *tangencial del vestibular* reside en el mismo espesor de este nervio, inmediatamente después de su entrada en el bulbo. Consta de células voluminosas, ovoideas, con tal cual dendrita divergente.

---

[1] Véase nuestro libro «La rétine des vertebrés», La Cellule, 1892 [Cajal, 1892b]. Y sobre todo el tomo II de la «Histologie du système nerveux, &.», París, 1911, Chapitre XV et XVI [Cajal, 1909, 1911]. Un estudio especial consagramos hace tiempo a la retina de los teleósteos, donde aparecen las células colosales para bastón (*Act. de la Soc. esp. de Hist. natural.* Tomo II, Junio de 1892) [Cajal, 1892c].

[2] Por una excepción afortunada, hay ciertas terminaciones nerviosas centrales y periféricas sumamente ricas en neurofibrillas (*nidos* del cerebelo, *terminaciones acústicas centrales* y *periféricas*, *plexos pericelulares* de la médula espinal, *células horizontales* de la retina, etc. En cambio, la inmensa mayoría de los núcleos del *tálamo*, *cuerpo estriado*, *cerebro medio*, etc., carecen de fibrillas colorables.

[3] Cajal: Sobre un ganglio especial del nervio vestibular en las aves y en los peces. *Trabajos del Lab. de Invest. biol.* Tomo VI, 1908 [1908e].

[4] Cajal: Les ganglions terminaux du nerf acoustique des oiseaux. *Journal füer Psychol und Neurologie*. Bd. XIII, 1908 [Cajal, 1908f].

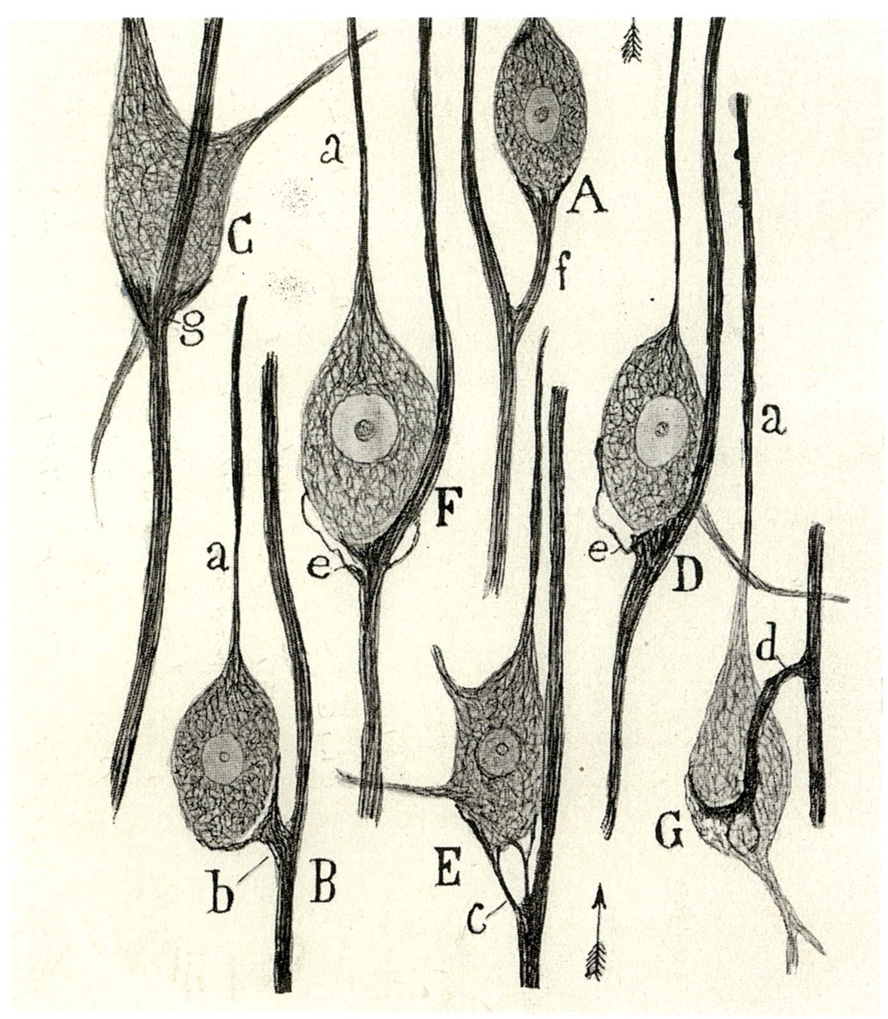

Fig. 26. Células del núcleo tangencial de las aves (milano de pocos días); *A, B, C, D*, células que reciben una excrencia terminal.

Pero lo que aquí nos interesa es apuntar la original conexión de estas células con el nervio. El vestibular se divide también, como en los mamíferos, en rama ascendente dirigida hacia el cerebelo y descendente, o mejor horizontal, que se pierde en un ganglio probablemente homólogo del de Deiters. Ahora bien, del tallo de los axones, antes de la bifurcación, surge una colateral recia y espesa que, dilatándose en tubérculo triangular, se aplica íntimamente al polo profundo de las citadas neuronas. En los peces, el *tubérculo de conexión* es todavía más breve y sencillo, conforme mostramos en la figura 27, donde aquél afecta forma de masa triangular sin proyecciones.

Recientes investigaciones de R. Segarra prueban que en los reptiles[5] se presenta tan sumaria conexión de una manera clarísima. El tubérculo triangular suele adquirir proporciones colosales.

En fin, Von Lenhossék ha sorprendido un modo de conexión semejante en el *ganglio ciliar* de las aves y reptiles[6]. Huelga decir que semejantes relaciones son estrictos contactos, sin el menor indicio de penetración intrasomática de neurofibrillas que, por cierto, se impregnan muy bien en los peces y aves.

C. Conexiones axo-somáticas mediante nidos amplios y laxos de los cuales se desprenden bulbos o pies terminales. («Endfüssen» de Held).

Como es harto sabido, las colaterales de los cordones de la médula espinal que fueron indicadas brevemente por Golgi[7] y estudiadas minuciosamente por nosotros (1889-1903), tanto por el método de Golgi[8] como por el de Ehrlich, se ramifican complicadamente en la

---

[5] Segarra: «Le ganglion tangentiel ou intercalaire du vestibulaire de certains reptile». *Trav. du Lab. de Rech. biol.* Tomo XXIV, 1926 [Segarra, 1926].

[6] Von Lenhossék: «Das ciliare Ganglion der Reptilien». *Arch. f. mikroskop. Anat.* Bd. 80, 1912 [von Lenhossék, 1912]. Véase también: «Das Ganglion ciliare der Vögel». Misma revista. Tomo 76, 1911 [von Lenhossék, 1911]. (Estos trabajos van ilustrados con dibujos extraordinariamente claros y persuasivos.)

[7] Golgi: Studi istologici sul midollo spinale. Communication faite au IIIe Congrès de Reggio-Emilia. 1880 [Golgi, 1880]. Esta nota, publicada en un periódico médico provincial, fué durante once años desconocida de los sabios.

[8] Cajal: «Sur l'origine et les ramifications des fibres nerveuses de la moelle épinière &». *Anat. Anz.* 1890 [Cajal, 1890a].

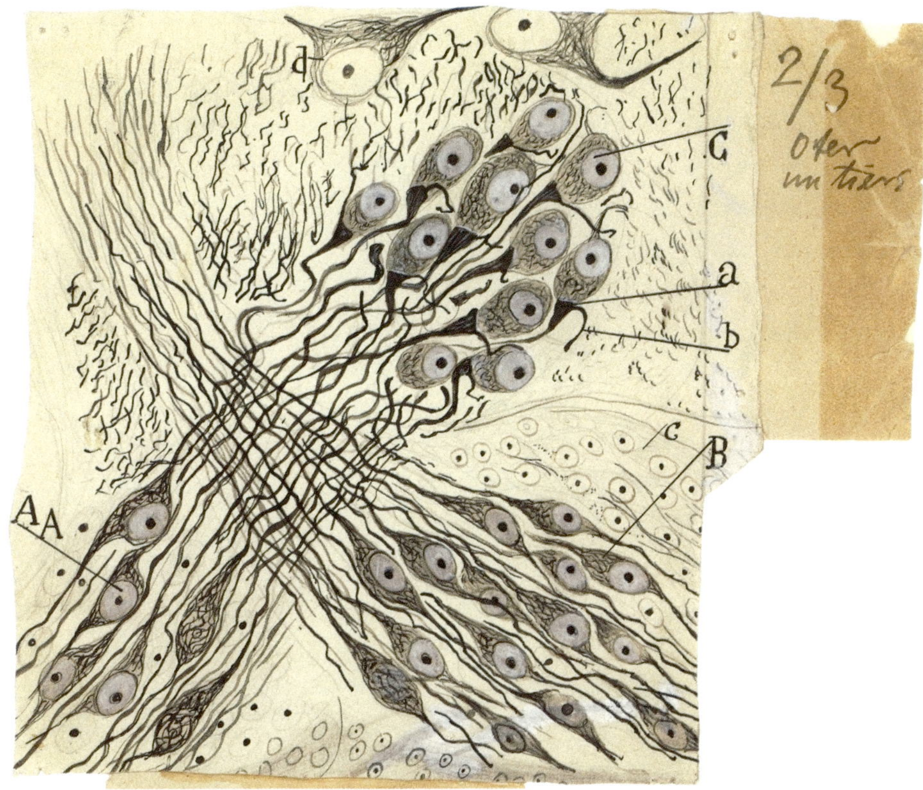

Fig. 27. Porción lateral de un corte del bulbo de la trucha. (Embrión de catorce días.) *A*, lóbulo externo del ganglio de Escarpa de donde parten las fibras colosales vestibulares; *B*, lóbulo ventral; *C*, ganglio tangencial; *a*, tubérculo de conexión; *b*, rama ascendente del nervio vestibular.

substancia gris y se terminan formando nidos más o menos gruesos y apretados, en torno de las células medulares, singularmente de las motrices. Los últimos ramúsculos cesan sobre la célula mediante una varicosidad, en contacto con la membrana. Nuestra descripción fué confirmada por Kölliker[9] y después por van Gehuchten[10], Edinger, Lenhossék[11], Retzius[12] y Sala[13], etc. Después las colaterales fueron una adquisición definitiva de la ciencia, admitida por todos los autores.

Pero nuestras investigaciones, así como las de Kölliker, v. Lenhossék, Retzius, etc., adolecían de un defecto esencial: las colaterales y sus nidos terminales fueron impregnados en los embriones de las aves y mamíferos de pocos días, es decir, en animales en vías de evolución. Sólo más tarde pudimos demostrar estas fibras, aunque parcialmente, en los mamíferos adultos o jóvenes, con ayuda del método de Ehrlich, que desgraciadamente no tiñe bien la substancia gris profunda. Sin embargo, llegamos a mostrar las terminaciones libres de las colaterales en ciertas células grandes tangenciales de la substancia de Rolando[14]. Faltaba, por consiguiente, demostrar el comportamiento real de los nidos en el adulto.

Esta fué la tarea plausible que, en diversas pesquisas, se impuso Held[15] sirviéndose de diversos métodos, y sobre todo de los

---

[9] Kölliker: «Ueber den feineren Bau des Rückenmarks, &». März 1890. *Vorläufige Mitteilung. Sitz. ber. d. Würzb. phys. med.* Gesell. 8 März 1890 [Kölliker, 1890a, 1890b].

[10] Van Gehuchten: «La structure des centres nerveux». *La Cellule.* Tome VII, 1897 [Van Gehuchten, 1891].

[11] V. Lenhossék: «Der feinere Bau des Nervensystems». 1895 [von Lenhossék, 1895]..

[12] Retzius: *Biol. Untersuchungen.* N. F. Bd.V. 1893 [Retzius, 1893].

[13] Sala: «La médula de los batracios» (en colaboración con nosotros), 1892 [Sala y Pons, 1892].

[14] Cajal: El azul de metileno en los centros nerviosos. *Revista trimestral micrográfica.* T. I. [Cajal, 1896b].

[15] Held: Beiträge zur Struktur der Nervenzellen und ihrer Fortsätzen. *Arch. f. Anat. & Physiol. Anat. Abt.* 1897 [Held, 1897a]. *Ibídem*: Zur weiteren Kenntnis der Nervenfüsse und zur Struktur der Schzellen. *Abhandl. d. mathemat. -phys. Klasse d. Königl. Gesell. d. Wiss.* Nr. 11. Bd. XXIX, 1904 [Held, 1904]. (En este trabajo es donde Held describe la unión neurofibrillar de los *Endfüssen* con el retículo neuronal).

Fig. 28. Detalles del nido pericelular de las células motrices con los bulbos de Held (Endfüssen). En esta figura, tomada de un trabajo antiguo (1908) nuestro [Cajal, 1908a], se han reunido las disposiciones más comunes de los bulbos en las células motrices del conejo. [En la Figura 2A del Estudio Introductorio se presenta este dibujo publicado en *¿Neuronismo o reticularismo?*, con sus rótulos correspondientes].

neurofibrillares, que impregnan las neurofibrillas adultas. El resultado general de las importantes investigaciones del sabio de Leipzig fué demostrar que las tenues varicosidades terminales, descritas por nosotros y por los cultivadores del método de Golgi, están representadas en el adulto por espesas escrecencias aplicadas sobre la superficie neuronal. Semejantes tumefacciones que Held llamó *Endfüssen*, fueron confirmadas por Auerbach.[16], que aplicó al tema un proceder especial; por nosotros, que utilizamos[17] la nueva técnica del nitrato de plata reducido [1903][G], y, en fin, por otros muchos observadores, entre los cuales merecen citarse Wolff[18], Holmgren, V. Economo y Tello, sin contar los más modernos investigadores.

Pero la técnica del nitrato de plata reducido (1ª fórmula) y la más reciente imaginada por Bielschowsky, se prestan a equivocaciones, la principal de las cuales es teñir una substancia viscosa que rodea a las neuronas y otras muchas cosas ajenas a las neurofibrillas, sobre todo recurriendo al virado al oro. Por eso nosotros, desconfiados de los efectos, harto variables y falaces, de la primera fórmula de impregnación argéntica (defectos imputables también al excelente proceder de Bielschowsky), imaginamos después técnicas que tiñen intensa y exclusivamente los *Endfüssen* de Held[19] y coloran

---

Semejante aserción aparece repetida y ampliada en ulteriores monografías, singularmente en: Zur Kenntnis einer neurofibrillaren Continuität im Zentralnervensystem der Wirbelthiere. *Arch. f. Anat. u. Physiol. Anat. Abt.* 1905 [Held, 1904].

[16] Auerbach: Nervenendigung in den Zentralorganen, *Neurologisches Centralbl.* Nr. 10. 1898. [Auerbach, 1898].

[17] Cajal: Un sencillo método de coloración selectiva del retículo protoplásmico, etc. Trabajos del Lab. de lnvest. biol. Tomo II. 1903 [Cajal, 1903b]. Aquí se señalan y figuran por primera vez las neurofibrillas de las mazas terminales de Held.

[G] *N. del E.* El texto indica incorrectamente 1893.

[18] Max Wolff: Zur Kenntnis der Heldschen Füsse. *Journ. f. Psychol. u. Neurol.* Bd. IV. 1905 [Wolff, 1905].

[19] Consiste este proceder en fijar las piezas en formol durante treinta y seis a cuarenta y ocho horas; lavarlas durante doce-dieciséis; someterlas después por un día al alcohol amoniacal (alc. de 96°, 50 cc. y amoníaco de cinco a ocho gotas); luego, tratamiento por el nitrato de plata a la manera ordinaria; finalmente, reducción en piroformol (véase Cajal: Quelques formules de fixation destinées à la méthode du nitrate d'argent. *Trav. du Lab.*, &. Tome V, pág. 215. 1907 [Cajal, 1907c].

apenas o respetan completamente las neurofibrillas de las neuronas. Con una de estas fórmulas extraordinariamente analíticas, todo error es imposible, pues ni tiñen el cemento pericelular[20], ni la glia, ni la red de Golgi ni exigen el peligroso virado complementario.

Usando esta variante del nitrato de plata reducido, se observa que el pie neurofibrillar se impregna intensamente y cesa de modo brusco en el límite neuronal, del cual le separa tenue cutícula, a veces aparente (figura 29, *f*). Con más o menos claridad, los *bulbos* de Held encierran, según indicamos nosotros y describieron el neurólogo de Leipzig y Holmgren, una estructura reticular con vacuolas o espacios de muy variable aspecto.

Cuando la célula nerviosa no ha sufrido retracción apreciable, los bulbos o anillos costean ajustadamente el contorno celular, advirtiéndose que muchas fibras aferentes exhiben nudosidades de trayecto y emiten, a menudo, hebras finas acabadas en anillos (Cajal, Auerbach, Holmgren, etc.) La imagen tigroide del contorno neuronal sólo es perceptible en las buenas impregnaciones, a condición de examinar la superficie celular con los mejores objetivos[21]. El aspecto general es el de una serie de pláculas discoideas, insertas sobre la membrana celular.

Pero si el corte se orienta ecuatorialmente, entonces. se percibe con toda evidencia que el bulbo terminal, intensamente impregnado, acaba sin trasiciones, como cortado, en el contorno neuronal, sin emitir, claro está, neurofibrillas perforantes, para el corpúsculo motor correspondiente.

Conforme mostramos en la figura 29 *B*, sorpréndese a menudo, a cierta distancia, un nido apretado de fibras ameduladas de diversos calibres. De este nido se desprenden los bulbos terminales; sin

---

[20] No prejuzgamos aquí la naturaleza de esta substancia específica, destinada a fijar los bulbos de Held a la superficie neuronal.

[21] Véase la figura 28, que tomamos de un trabajo polémico, ya antiguo. Cajal: L'hipothèse de Mr. Apáthy sur la continuité des cellules nerveuses entre elles. *Anat. Anz*. Bd. 33. 1908 [1908b]. Consúltese también: Die histogenetischen Beweise der Neuronentheorie von His. u. Forel. *Ibidem*. Bd, 30. 1907 [Cajal, 1907b].

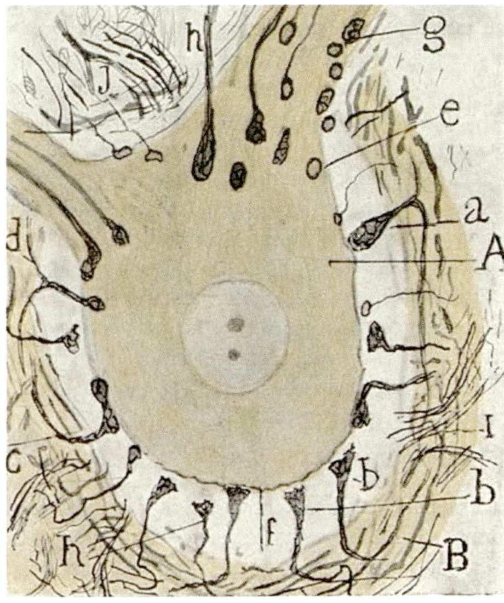

Fig. 29. Gran célula motriz de la médula del gato adulto. *A*, neurona teñida de naranja; *B*, nido pericelular apartado por retracción del protoplasma neuronal; *a*, *h*, mazas gigantes; *b*, mazas desprendidas; *c*, maza bilobada; *e*, esférulas cuyo pedículo no se tiñó; *f*, membrana neuronal; *d*, maza de paso.

embargo, esta disposición no es constante; depende sobre todo de la retracción de la neurona. Si ésta no se encoge, como mostramos en la figura 28, el nido no aparece con claridad.

Los *Endfüssen* de Held son formaciones tardías. En el gato y perro de ocho días no los hemos podido ver. En su lugar destacan los nidos laxos teñidos por el método de Golgi. Sólo en el gato de un mes a mes y medio se encuentran ya, aunque esporádicamente, pero todavía asociados a los clásicos plexos pericelulares, en parte subsistentes.

La riqueza de los nidos y sus pies terminales son muy variables, según el tamaño de la neurona. Escasos en las células pequeñas, abundan más y afectan mayor tamaño en torno de los corpúsculos voluminosos, como por ejemplo, en los del *núcleo de Deiters*, núcleo del techo del cerebelo y los motores e intersticiales del bulbo[22]. Pero este es hecho demasiado conocido para que insistamos sobre él.

Nuevas observaciones nuestras sobre los «Endfüssen».– La gran importancia que se ha concedido a los *Endfüssen* de Held,

[22] En la substancia de Rolando y focos de los cordones de Clark y Burdach faltan por completo. Todo hace sospechar que dichos bulbos representan la terminación de un aparato sensitivo reflejo peculiar de las grandes neuronas motrices y funiculares.

como argumento decisivo de la doctrina de la continuidad, nos ha obligado recientemente a revisar nuestras antiguas preparaciones y a ejecutar otras nuevas con fórmulas algo diferentes de las primitivas.

En la figura 29 mostramos el aspecto de algunas de estas preparaciones pertenecientes al gato adulto. Al primer golpe de vista, como expusimos hace tiempo y mostramos en la figura, se advierten diversas formas de bulbos, distintas, tanto por su tamaño, como por su forma y estructura. Algunas de estas variedades fueron ya notadas por Held.

En nuestros preparados destacan las especies siguientes:

1. Fibras finísimas terminadas sobre la célula mediante un anillo. Estas formas, entrevistas y dibujadas por nosotros (1903), han sido bien presentadas por Holmgren y Bielschowsky. Algunos de estos anillos parecen aislados, por no haberse teñido la fibrilla aferente (figura 29, *g)*. Verosímilmente el anillo es aparente, representando la sección óptica de una corteza esferoidal fina, argentófila.

2. Bulbos gruesos en forma de maza o cónicos provistos de una red interior de neurofibrillas (figura 29, *h)*.

3. Bulbos espesos bilobados y trilobados acostados tangencialmente sobre la neurona (figura 29, *C)*.

No es raro sorprender en el tallo o en la tumefacción final de estos pies la emisión de colaterales terminadas en anillo, según señalamos hace tiempo[23] (figura 28, *h)*.

4. Gruesos bulbos bifurcados, una de cuyas ramas suele afectar menor espesor que la compañera (figuras 28, *e*, y figura 30, *e)* .

5. Voluminosos bulbos de paso que provienen de una fibra situada a más o menos distancia de la célula (figura 29, *a*, *d)*.

Algunos de estos *Endfüssen* aparecen desprendidos, afectando forma cónica y con una superficie paralela a la célula[24]. No es raro que

[23] Cajal: L'hypothèse de la continuité d'Apáthy, &. *Trab.*, &. Tomo VI. 1908 [Cajal,1908a].

[24] Estable, Villaverde y otros autores, tales como Tello. etc., han reconocido la facilidad con que los bulbos de Held se desprenden y alejan de la neurona en diver-

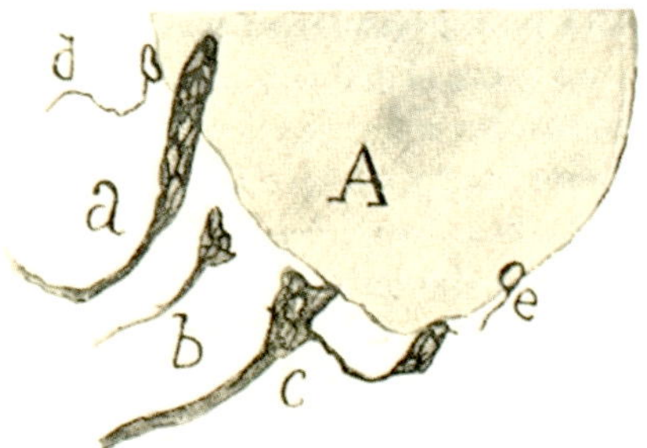

Fig. 30. Detalles de mazas de varias formas examinadas a gran aumento. *a*, maza gigante; *b*, maza cónica desprendida; *c*, maza que emitía otra accesoria de anillos finos, provista de un pedículo. (Célula motriz del gato adulto.)

esta superficie aparezca con algunas asperezas. Este fácil desprendimiento de los pies es significativo, pues enseña que la adhesión de los mismos a la membrana, con ser bastante sólida, no lo es tanto que no pueda apartarse de ella, conforme ya notamos nosotros, Tello y otros autores. Llama también la atención que la susodicha superficie accidentalmente liberada de la neurona no ofrezca filamentos o neurofibrillas flotantes de aspecto radicular (figura. 29, *h*, *b*, y figura 30, *b*).

Todas estas formas, aun las más finas, están sumergidas en una masa de neuroplasma incolorable por los métodos neurofibrillares, pero colorable por el proceder de Golgi y el de Auerbach. En nuestras preparaciones percíbense las neurofibrillas tan enérgicamente impregnadas que el virado no sólo sería redundante, sino perjudicial; porque obscurecería el fondo y destruiría el admirable contraste existente entre el soma (donde a veces se muestran neurofibrillas densas y finas, rosadas o anaranjadas, apenas aparentes) y el tono negro pardo intensísimo de las mazas y anillos. En cambio, en el método de Bielschowsky el virado es necesario, lo que no deja de tener inconvenientes, porque si posee la ventaja de vigorizar el teñido de las neurofibrillas, colora algo el elemento pericelular y otras substancias extrañas a la arquitectura neuronal. En general, consideramos desventajoso para la interpretación fácil del comportamiento de los *Endfüssen* la impregnación intensa concomitante del armazón del protoplasma, impregnación casi constante sirviéndose del óxido de plata amoniacal.

sos estados patológicos. Véase sobre todo Estable: «Zur Histopathologie der Friedreichen Kränkheit, &». *Travaux du Labor.* & Tomo XXVII. 1931 [Estable, 1931].

Reparos de la escuela de Held y dudas de Bielschowsky acerca de la independencia de los «Endfüssen» y anillos.– A dos pueden reducirse las objeciones de los adeptos a la concepción de Held:

1. Los *Endfüssen* no representarían terminaciones libres pericelulares, sino que emitirían para el retículo neuronal subyacente neurofibrillas penetrantes continuadas con aquél[25].

2. Además de este modo de terminación existiría otro representado por una red superficial pericelular (*«pericelluläres nervöses Terrninalnetz»* de Held), que brotaría de la base de los *Endfüssen*. Esta red nerviosa descrita primeramente por Auerbach[26] se extendería a la totalidad o a una parte de la célula. Según dicho sabio, este fino retículo será independiente de la red pericelular de Golgi, cuya naturaleza, no nerviosa, han defendido muchos autores. Coincidiendo con Held, Auerbach hace brotar de la base de los *Endfüssen* la rejilla neurofibrillar perisomática. Pero entre el pensamiento de este investigador y el de Held existe una diferencia esencial. Según Held y sus adeptos, los pies, conforme dejamos apuntado, emitirían hebras sutiles continuadas con el armazón del soma, mientras que para Auerbach tales filamentos perforantes no existirían; una cutícula transparente continua se interpondría constantemente entre ambos retículos nerviosos. Aunque en su último trabajo no habla el histólogo de Leipzig de las redes de Golgi, implícitamente parece atenerse a su antigua opinión, según la cual este retículo exterior no sería de naturaleza nerviosa, sino de una dependencia de la neuroglia, tesis también sostenida por Donaggio y otros autores. Advierta el lector cómo se complica el

---

[25] Held: «Zur Kenntnis einer neurofibrillären Continuität im Centralsystem der Wirbelthiere». *Arch. f. Anat. & Physiol. Anat. Abt.* 1905 [Held, 1905]. Consúltese sobre todo su obra. Véase también Ebenda: «H. Held». *Archiv. f. Psychiatrie.* Bd. XLI. 1897 [no verificado]. Consúltese sobre todo su último folleto, resumen luminoso de sus ideas, intitulado: «Die Lehre von den Neuronen und vom Neurencytium und ihr heutiger Stand». *Fortschr der Naturwiss. Forschung.* N. F. H. 8. 1829 [Held, 1929].

[26] Auerbach: *Neurologisches Centralbl.* Nr. 10. «Nervenendigung in den Centralorganen». *Neurol. Centralbl.* 1898 [Auerbach, 1898a]. «Nachtrag zu dem Aufsatz: Nervenendigung, &.» *Neurol. Centralbl.* 1898 [Auerbach, 1898b].

mecanismo de las terminaciones nerviosas centrales bajo la pluma audaz de los reticularistas. En vez de aceptar los pies terminales como único modo de conexión interneuronal, tenemos que habérnoslas con estas cuatro disposiciones: *la red de* Golgi extraña al retículo terminal; los *Endfüssen*, entidad real y bien comprobada; la problemática *rejilla nerviosa pericelular*, y, en fin, las fibras de unión con el *armazón del soma*. Todo este sistema complicado de relaciones difícilmente demostrable, salvo los bulbos terminales, préstase a infinitas confusiones, tanto más cuanto que cada reticularista sostiene, por lo menos en parte, una fórmula diferente[27]. Un escéptico pudiera preguntarse si existen terminaciones nerviosas pericelulares concretas y si el íntimo pensamiento de Held no sería retornar a la vieja doctrina de la continuidad de Apáthy y Bethe, en la cual la célula ganglionar representaría un punto nodal, dotado de actividades tróficas, enlazado con una urdimbre difusa y continua de filamentos conductores. El título mismo del mencionado trabajo de Held, donde se habla de [*Neurencytium*] es, bajo este aspecto, bastante alarmante. Pero de la última concepción del neurólogo de Leipzig y de los escollos peligrosos donde sus ideas amenazan zozobrar, nos ocuparemos más adelante. Limitémonos por ahora a apuntar las dudas sugeridas por dos de las citadas tesis de Held y de sus discípulos relativas a las terminaciones pericelulares en el eje del bulbo-espinal. Para ello debemos someter a un examen crítico las descripciones y figuras de Holmgren, Held y Bielschowsky. Y para

---

[27] Por ejemplo, Wolff, en un trabajo especial («Zur Kenntnis der Heldschen Nervenfüsse». *Journ. f. Psychol. u. Neurol.* Bd. IV. 1904-1905) [Wolff, 1905], describe y dibuja una especie de red esponjosa pálida intercalar entre el pie y la neurona, especialmente visible en los Endfüssen desprendidos. Esta trama esponjosa apenas perceptible, que envolvería también el contorno del pie, nos parece un artefacto producido por la coloración forzada, mediante el óxido de plata, de exudados coagulados en el espacio perineuronal. En nuestras preparaciones, enérgicamente teñidas, jamás se perciben tales redes esponjosas ni por las fórmulas del nitrato de plata reducido, ni por la técnica de Bielschowsky, por cierto muy azarosa cuando se trata de la impregnación de los bulbos terminales

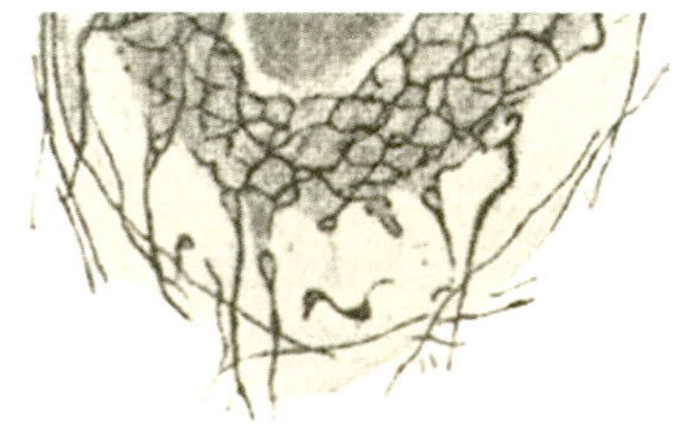

Fig. 31. Supuestas groseras comunicaciones entre los bulbos de Held y el retículo observado por Holmgren. (Corpúsculos motores de la médula espinal).

no ser prolijos omitiremos aquí las opiniones sostenidas por otros reticularistas, en principio análogas a las de Held y Auerbach.

Digamos dos palabras de la opinión ya antigua de Holmgren. Como puede notarse en la figura 31, Holmgren[28] señala, no sólo el pie característico de Held, sino una especie de cono o surtidor de neurofibrillas penetrantes, espesas y enlazadas con el retículo protoplasmático, grosera y esquemáticamente representado[29]. ¿Qué comentario oponer a tan insólitas disposiciones? Me limitaré a declarar que en cientos de preparaciones enérgicamente impregnadas por diversas fórmulas jamás sorprendí disposición semejante. Sospechamos que los tales conos fibrillares han sido producidos por el encogimiento de las neuronas que arrastró tras sí, estirándolos y dislocándolos, grupos de hebras de los *Endfüssen*.

La actitud de Held en el problema de las terminaciones de sus *Endfüssen* es harto conocida. De ella nos hemos ocupado diversas veces, sobre todo en nuestras polémicas con Apáthy.

Recordemos que para el sabio de Leipzig y sus discípulos, los pies desembocan en un doble sistema de neurofibrillas: el *pericelular*, ya mentado más atrás, y las hebras comunicantes con el retículo intrasomático. La *red o velo pericelular* brotaría, como ya indicó Auerbach,

[28] Holmgren: «Ueber die sogenannten Nervenendfüssen (Held)». *Jahrbücher für Psychiatrie, &. Neurologie*. XXVI Bd. 1905 [Holmgren, 1905].

[29] A decir verdad, en los grabados originales de Holmgren las hebras de estos conos terminales son sutilísimas; sin duda, el fotograbado anejo a la monografía de Held que los copia, ha exagerado enormemente el diámetro de las supuestas fibrillas y, por tanto, las mostradas en nuestro grabado (figura 31), trasunto del publicado por el maestro de Leipzig.

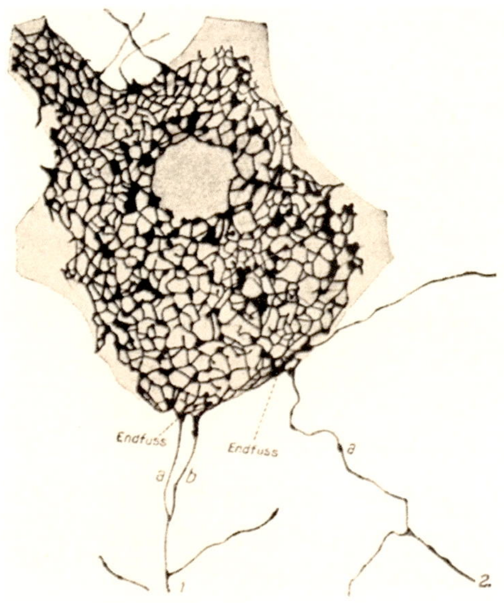

Fig. 32. Red superficial nerviosa y continuada con Endfüssen, impregnada en una célula motriz. *a*, *b*, fibras aferentes del retículo (según Held).

de la base de los *Endfüssen*; de suerte que éstos representarían los puntos nodales de la misma. La figura 32, tomada del último trabajo de Held, es desde este aspecto muy expresiva. Trátase del retículo pericelular de una neurona motriz de la médula, donde vendrían a converger los pies terminales (*a*, *b*). La preparación ha sido obtenida por el método de Golgi.

Acerca de la posible ilusión de la existencia de neurofibrillas penetrantes hemos hablado ya en diversas ocasiones[30]. Se trata verosímilmente de disposiciones accidentales, motivadas por fruncimientos del protoplasma. La proximidad de ambos retículos, el de los *Endfüssen* y el intrasomático, separados por tenuísima membrana que escapa al poder resolutivo de nuestros mejores objetivos, hace posible, en casos excepcionales, semejante confusión. Nosotros no hemos sorprendido nunca esta continuidad de ambos aparatos neurofibrillares ni aun en las mejores preparaciones del proceder de Bielschowsky. De todos modos, lo más seguro para evitar tales ilusiones es recurrir a las fórmulas que tiñen exclusivamente o casi exclusivamente los *Endfüssen*. En tales preparaciones se observa constantemente que el retículo del bulbo terminal cesa bruscamente en la superficie de la neurona. Se objetará, sin duda, que no tiñéndose el armazón intraprotoplasmático y sí el de los *Endfüssen*, resulta imposible sorprender la citada continuidad de ambos sistemas

[30] *Anatomischer Anzeiger*. Bd. XXXIII. 1908 [Cajal,1908b].

neurofibrillares; pero esta brusca interrupción de la reacción, sobre representar un hecho favorable al neuronismo (ello denota que existe al nivel de la membrana un obstáculo casi siempre infranqueable a los agentes reductores), no da cuenta bien del por qué, por lo menos en algunos casos, no emergen de los *Endfüssen* algunas hebras parcialmente invasoras del cuerpo celular incoloro.

En cuanto al velo *marginal*, hagamos notar desde luego que dicha disposición, ya vista por Auerbach y eventualmente (*gelegentlich*) por Held, choca con grandes dificultades. He aquí algunas:

a) Si la red es tan espesa como la dibuja Held y emana de los *Endfüssen*, debiera impregnarse con los métodos neurofibrillares, por lo menos en la médula espinal y ganglios acústicos y motores bulbares. Pues bien; todas nuestras tentativas para impregnarla con diversas fórmulas del nitrato de plata reducido y el método de Bielschowsky han fracasado. Ciertamente Held describe y dibuja en su figura 10[31] un velo reticulado neurofibrillar sobre una gruesa dendrita de la médula espinal (asta anterior); pero esta figura, que ofrece una pléyade de anillos terminales[32] unidos mediante puentes delicadísimos, no es convincente. Grupos de anillos próximos hemos hallado nosotros muchas veces; pero jamás trabéculas anastomóticas. Siempre el mosaico de pláculas o anillos aparecía separado por espacios vacíos. La impresión que se obtiene al contemplar este fotograbado de Held es que ha sido inducido en error por la coloración de algún precipitado coloide depositado entre los anillos y vinculado accidentalmente con ellos.

b) La reticulación superficial de Held (figura 32), impregnada por el cromato de plata, se asemeja tanto al llamado retículo pericelular de Golgi, Donaggio y otros sabios (estimado como de naturaleza no nerviosa) que es casi imposible sustraerse a la idea de que la red de Golgi y la reproducida por Held son la misma cosa.

---

[31] *Loc. cit.*, de la última y repetidamente citada Memoria de Held.

[32] Recuérdese nuestra reserva acerca de la forma real traducida por la apariencia anular. Trátase probablemente, repetimos, de una capa cortical fuertemente argentófila.

c) Ni debe detenernos la consideración de que el neurólogo de Leipzig haya sorprendido los pies insertos en los puntos nodales de la red. Sabido es, conforme repetidas veces hemos hecho notar, que el cromato de plata produce, a veces, entre fibras próximas, precipitados adhesivos y coalescencias falaces. Gran ingenuidad sería tomar estos accidentes rarísimos como normas de estructura preexistente. Treinta y cinco años de empleo casi exclusivo del método de Golgi nos han persuadido de la importancia de tamaña causa de error y nos han hecho recelosos y suspicaces en presencia de disposiciones inusitadas y eventuales.

A causa de tales artefactos y de otros provocados por los fijadores (no existe ninguno perfecto), creemos que se impone una gran prudencia cuando se trata de interpretar formas extraordinarias o fusiones singulares entre estructuras próximas. Notemos a este respecto que en las figuras publicadas por los reticularistas relativas a los *Endfüssen*, cálices, etc., suelen omitirse las disposiciones más comunes y se reproducen con delectación morosa las más singulares y bastardas.

Por lo demás, fuera pueril disimular que en algunas sinapsis (las acústicas, las de los focos motores, etc.), la intimidad de ambos factores de la articulación es muy grande, pudiendo hallarse imágenes, sobre todo en los cortes oblicuos, en donde la ilusión de la continuidad es excusable. Sin embargo, haremos bien en atenernos a las imágenes más comunes, a condición de que las impregnaciones sean finas y vigorosas. De lo contrario, el factor subjetivo difícilmente eliminable en la observación con grandes aumentos, nos arrastrará a nebulosidades y contradicciones lamentables. Por eso se ha podido decir que las controversias histológicas obedecen más que a preferencias técnicas injustificadas, a psicologías antípodas.

En cuanto a Bielschowsky, en sus recientes comunicaciones donde se aborda de pasada el problema del neuronismo, muéstrase más reservado que Held, Bethe, Wolff, Holmgren, etc. Parécenos empero que, no obstante su gran circunspección y su conocimiento de los errores a que pueden dar origen los métodos neurofibrillares, gravita un poco hacia la hipótesis de la continuidad, por lo menos para ciertas sinapsis especiales. Si hemos de juzgar por los datos expuestos en su último trabajo[33], y, sobre todo, por el aspecto de las figuras anejas a sus preparaciones, han ocurrido en éstas fruncimientos y coalescencias achacables verosímilmente a la fijación formólica. En unas figuras (figura 57, *a, b, c*), los bulbos y anillos aparecen libres y sin continuidad con el retículo de la célula rodeada; en otras se advierte cierta confusión y mezcla entre los anillos exteriores y el retículo intrasomático, que podrían dar la impresión de una penetración neurofibrillar. A veces (figura 58), en imágenes correspondientes a neuronas del *ganglio ventral del acústico y foco* de Deiters, parece como que los bulbos de Held engendran una red superficial. Lo que hace que estas figuras susciten dudas en el ánimo del lector, es el empleo de aumentos muy pequeños (o de dibujos muy achicados en el fotograbado)[34].

En todo caso, ninguna de las representaciones iconográficas de Bielschowsky revela claramente la continuidad entre el retículo de los *Endfüssen* y el esqueleto intrasomático. Si nosotros interpretamos rectamente el pensamiento de Bielschowsky (últimos trabajos), este sabio se inclina a la continuidad, pero sólo para ciertas clases de sinapsis. Acepta en principio el neuronismo, pero no le erige en dogma obligatorio. Criterio semejante, aunque se crea otra cosa, hemos defendido nosotros hace muchos años, reconociendo, sobre todo en la esfera de los ganglios simpáticos autóctonos, algunas anastómosis interneuronales.

---

[33] Bielschowsky: «Artículo del libro de Möllendorff». Tomo IV, págs. 108 y 109. J. Springer. Berlín, 1928 [Bielschowsky, 1928a].

[34] Hay muchos sabios modernos, sobre todo en los países anglosajones y en Italia y Francia, que no han podido convencerse de semejantes comunicaciones. Citemos como uno de tantos ejemplos el de Wiliam P. Windle, A. Sand. L. Clark, que dibujan los *Endfüssen* a grandes aumentos, como absolutamente independientes de las neuronas. Véase: «Observations on the Histology of the Synapse». *The Journ. of comp. Neurology*. Vol. 26, 1928 [Windle y Clark, 1928]. Los fisiólogos, entre ellos los ilustres Sherrington, Langley y otros muchos, adoptaron hace tiempo igual actitud. Levi y Tanzi y Lugaro, grandes autoridades de la neurología italiana, confiesan su fe neuronista. El escepticismo de los sabios, frente a la tesis reticularista, está sobradamente justificado.

07 7. Fibras trepadoras o conexiones axo-dendríticas longitudinales. Conexiones axo-dendríticas por engranaje

Tratándose de una conexión de contacto tan evidente, los retícularistas han solido guardar un silencio prudente. Y es que aquí el contacto se muestra con evidencia absoluta. Los escasísimos autores que han supuesto puentes de comunicación entre el armazón de las dendritas y las hebras trepadoras, o han sufrido una ilusión lamentable, o sido víctimas de subjetivismos deformadores.

A. [Fibras trepadoras del cerebelo][H]. El ejemplo más típico es el de las *fibras trepadoras* que serpentean como lianas a lo largo de la arborización dendrítica de las células de Purkinje.

Descubiertas por nosotros en el cerebelo de las aves en 1881[1], descritas después en los mamíferos y el hombre en ulteriores monografías y libros[2], notadas luego por casi todos los observadores que emplearon el método de Golgi, Kölliker (1893), Retzius (1892), Lugaro (1895), Held, Athias (1897), P. Ramón,

[H] *N. del E.* Subtítulo añadido por el editor.

[1] Cajal: Sobre las fibras nerviosas de la capa molecular del cerebelo. *Revista trimestral de Histología normal y patológica.* Agosto de 1888. (Con una lámina litográfica.) [Cajal, 1888c]. *Ibídem*: Sur les fibres nerveuses de la couche granuleuse du cervelet, &. *Internat. Monatsschrift. f. Anat. u . Physiol.* Bd.VII. Nr. i. 1890 [Cajal, 1890b].

[2] Kölliker: Handbuch der Gewebelehre des Menschen. Bd. 2. Erste Hälfte. 1893. (Sechste Auflage). S. 364 und 365 [Kölliker, 1893].

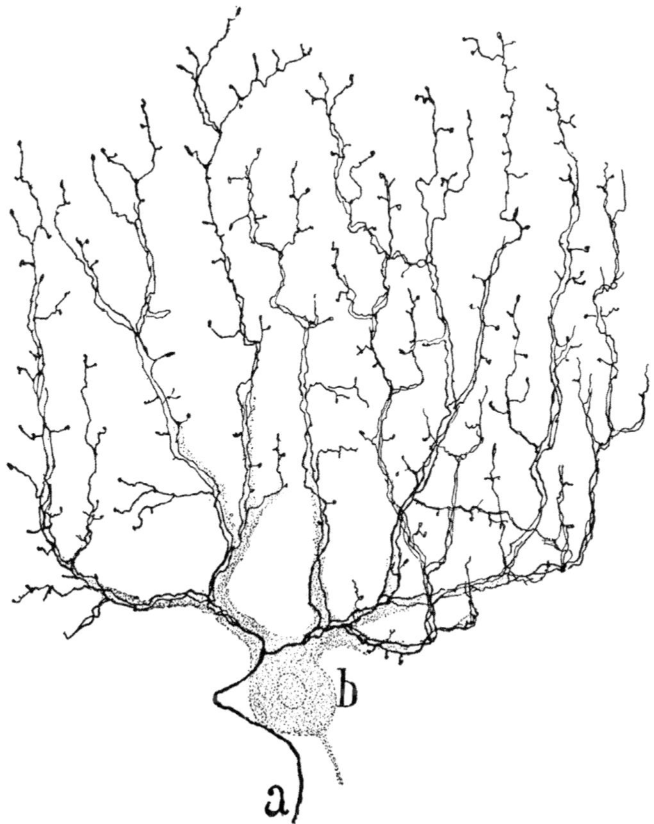

Fig. 33. Una fibra trepadora del cerebelo humano. *a*, tallo de la fibra dividido en multitud de ramas secundarias.

Illera, comprobadas, en fin, por cuantos desde 1904 sometimos el cerebelo a la piedra de toque de los procederes neurofibrillares, contribuyeron poderosamente a fundamentar la hipótesis de la transmisión por contacto del impulso nervioso.

No entraremos aquí en minucias descriptivas, harto familiares a los histoneurólogos. Baste recordar que ciertos axones, relativamente espesos, llegados de la substancia blanca, cruzan, casi siempre sin bifurcarse, la zona de los granos y asaltan el contorno o la vecindad del soma de Purkinje, mezclándose a veces con las cestas. Salvadas éstas, se incorporan al grueso tallo ascendente de los citados corpúsculos o, después de bifurcarse y disponerse en plexos más o menos complicados sobre los diversos troncos protoplásmicos (perro, hombre) y de dividirse reiteradamente, se aplican íntimamente a las recias dendritas y a sus ramos secundarios, respetando solamente los ramúsculos más finos o terminales (figura 33)[3]. El conjunto de la singular arborización reproduce, simplificado, el ramaje de los elementos de Purkinje. Cada dendrita puede ser costeada por una, dos o más ramas nerviosas. Las más elevadas y finas acaban libremente con o sin final varicosidad[4].

Claro es que la complicación y extensión de esta arborización nerviosa guarda relación con la riqueza de las dendritas de Purkinje. Extraordinariamente complicada en el hombre, donde se dilata sobre una área considerable, se muestra más sobria en el perro, gato, conejo y aves y todavía más, como ha demostrado mi hermano, en el cerebelo de los reptiles. Cuando se estudian escrupulosamente algunas preparaciones neurofibrillares del gato y perro, donde se muestren teñidas simultáneamente las neurofibrillas de ambos factores de la articulación axo-dendrítica, se advierte, sin el menor asomo de duda, que las hebras del retículo dendrítico y las constitutivas

---

[3] Véase nuestro libro de conjunto sobre el sistema nervioso. Tomo II, página 65 y siguientes. París, 1911 (traducción francesa del Dr. Azoulay) [Cajal, 1909, 1911]. En este libro se hallará también un resumen de la evolución de tan interesantes axones aferentes, confirmada por Retzius y otros sabios. Véase también: Cajal e Illera: *Travaux du Laborat. de Rech.*, &. Tomo V, 1907 [Cajal e Illera, 1907]. Entre los investigadores de la primera hora, consúltese, sobre todo, el interesante estudio de Retzius: *Biol. Untersuchungen. N. T.* Bd. III, 1892 [Retzius, 1892a]. El sabio sueco no sólo confirma nuestra descripción de las fibras trepadoras, sino que aduce datos interesantes acerca de su evolución.

[4] Tan claro y elocuente es el hecho del contacto, que hasta Bielschowsky, que no peca de crédulo, las considera como un paradigma o modelo de conexiones mediatas. Coincidiendo con nosotros y Retzius, las describe, no como fibras ascendentes aisladas, sino como plexos complicados. También observa en la porción inicial de las mismas algunas ramillas descendentes retrógradas para los nidos nerviosos (que recubren la porción superior de los somas de Purkinje). Esta particularidad, notada por nosotros y bien observada por Retzius, nos parece representar la reliquia de una disposición embrionaria. En todo caso, falta con frecuencia. (Véase Bielschowsky, en el Handbuch der mikroskop. Anat. de Moellebdorf. Bd. IV, 1928 [Bielschowsky, 1928a,b]). En cambio, Held, siempre a caza de *syncytios*, supone, sin pruebas, una unión mediante neurofibrillas entre las fibras trepadoras y las células de Purkinje: En la figura 7 mostramos el concurso eventual que las trepadoras pueden proporcionar a las cestas de Purkinje.

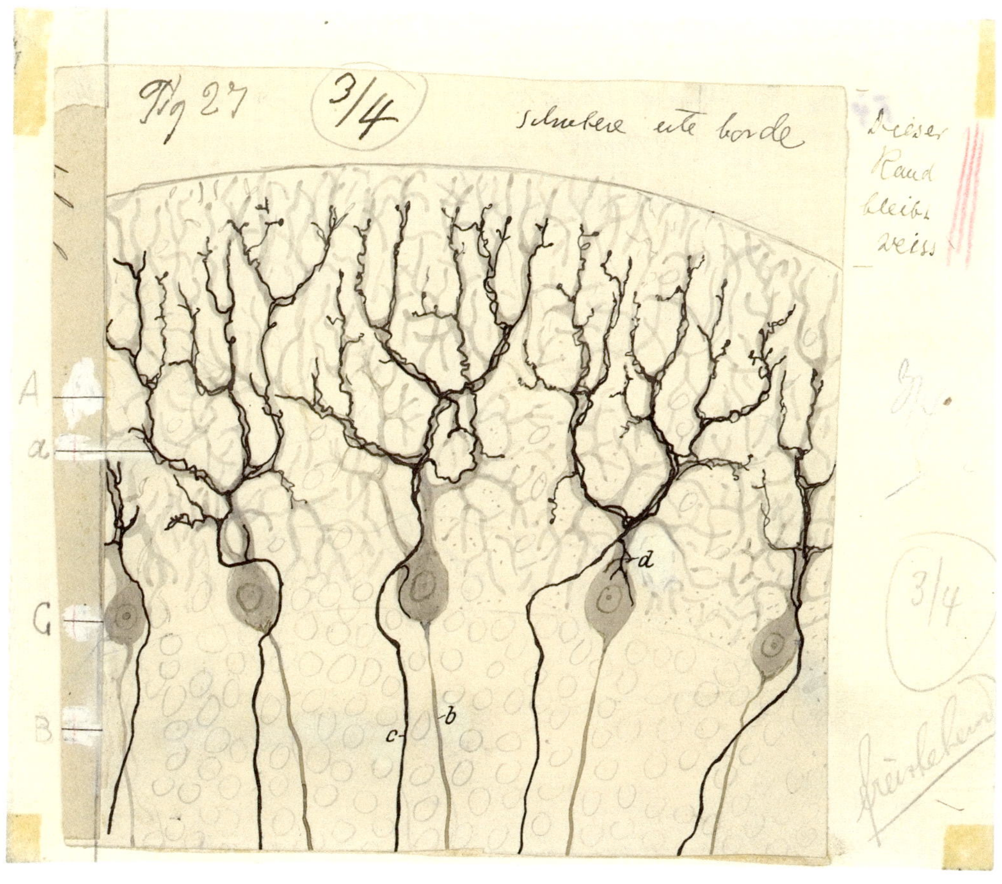

Fig. 34. Trozo de un corte transversal de una circunvolución cerebelosa. *A*, capa molecular; *B*, capa de los granos; *C*, células de Purkinje; *a*, arborización trepadora; *b*, axon de Purkinje; *c*, cilindro-eje llegado de la substancia blanca y ramificado sobre las dendritas de las células de Purkinje. Gato joven. Figura semiesquemática.

de la arborización nerviosa son absolutamente independientes. En ocasiones, cada dendrita va acompañada de dos ramas nerviosas, y no es raro advertir, según aparece en la figura 35 *b*, donde se ha dibujado a gran aumento una porción de la arborización nerviosa, que las proyecciones trepadoras serpentean y hasta trazan revueltas en torno de los apéndices dendríticos, cuyo itinerario costean íntimamente.

Tratándose de una conexión de contacto tan evidente, los retícularistas han solido guardar un silencio prudente. Y es que aquí el contacto se muestra con evidencia absoluta. Los escasísimos autores que han supuesto puentes de comunicación entre el armazón de las dendritas y las hebras trepadoras, o han sufrido una ilusión lamentable, o sido víctimas de subjetivismos deformadores. Nosotros hemos buscado insistentemente estas pretendidas anastómosis, tanto en las mejores preparaciones del método de Bielschowsky como en las obtenidas por las fórmulas más selectivas y enérgicas del nitrato de plata reducido. La decepción ha sido completa. Es más: creemos que, de existir, escaparían, por su tenuidad, al poder resolutivo del [objetivo] 1,30-dos milímetros, de Zeiss.

Fig. 35. Detalles de una porción de la arborización trepadora del cerebro del gato joven. *A*, tallos ascendentes de las células de Purkinje; *a, b*, fibras trepadoras.

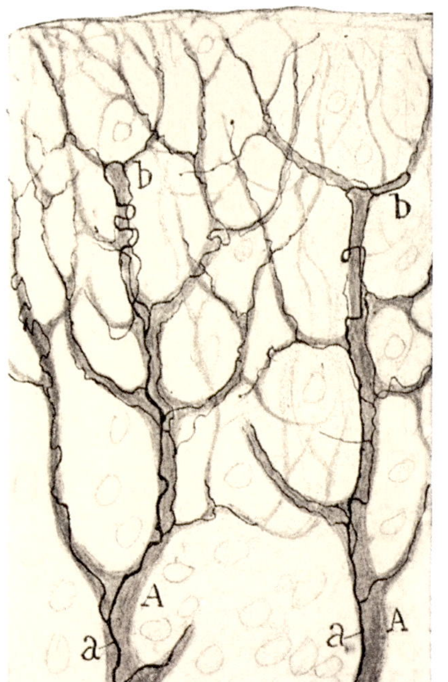

A mayor abundamiento, la anatomía patológica nos revela, según demostramos nosotros, en la degeneración traumática del cerebelo, una destrucción completa de las células de Purkinje, con persistencia más o menos duradera de las fibras trepadoras, y, al contrario, conforme ocurre a veces en algunos procesos patológicos crónicos del cerebelo humano, las trepadoras se destruyen mientras dichas neuronas subsisten. De estos fenómenos tan significativos citaremos algunos ejemplos en la segunda parte de este trabajo.

B. Fibras trepadoras de los ganglios simpáticos y terminaciones en zarzal.– Como variedad de esta modalidad de *sinapsis* dendro-nerviosa, debemos mencionar la establecida entre proyecciones a veces espiroideas de las fibras nerviosas llegadas de la médula (fibras preganglionares) y las largas dendritas de los corpúsculos simpáticos (hombre, perro, solípedos, etc.). Estas fibras, descritas por nosotros hace tiempo[5], han sido muy bien analizadas por Castro[6], en su trabajo clásico sobre la estructura del gran simpático humano, en que estudia la cadena vertebral normal y patológica, amén de otros focos viscerales.

Pero aparte de las *fibras espiroides*, quizá anómalas, de origen medular, es preciso mencionar, sobre todo, gran cantidad de arborizaciones libres de los *rami comunicantes*, que se terminan descomponiéndose en ramúsculos, que después de costear los paquetes o *tractus* dendríticos, se pierden en el seno de los mismos, generando plexos complicadísimos. Es más: consideramos que estas ramificaciones nerviosas sobre haces de dendritas o *matorrales* de las mismas, según la expresión de Castro, representan el modo más común y típico de terminarse las fibras pregangliónicas[7]. Por eso no insistiremos aquí sobre los *nidos pericelulares* y neuronas con apéndices en corona, que algunos autores consideran como patológicas o atípicas (parafitos). Castro se inclina también a este parecer cuando afirma que las células provistas de corona dendrítica se le han presentado rarísima vez en niños y hombres

---

[5] Cajal: «Las células del simpático del hombre adulto». *Travaux du Laboratoire de Rech. biol.* Tomo IV, 1905-1906 [Cajal, 1905b, 1905c].

[6] Castro: «Evolución de los ganglios simpáticos vertebrales y prevertebrales, etc». *Trabajos*, etc. Tomo XX, 1922 [De Castro, 1923]. Merecen también ser leídos: Marinesco (*Revue neurologique.* Vol. 8, 1906) [Marinesco, 1906], Sala, Michailow, Müller, Ramson, Achúcarro, Arcaute, Biondi, Billingstein, Terni, Levi y otros muchos, cuyos trabajos son analizados en la extensa y bien documentada Memoria de Castro.

[7] Véase mi teoría de lo *patológico normal*, desarrollada en algunas de mis monografías, por ejemplo, en mi Tratado de la regeneración y degeneración. Tomo II, 1914, págs. 82 y siguientes [Cajal, 1913, 1914].

jóvenes (nuestro *primer tipo* simpático). En cuanto a los nidos perisomáticos, admite dos categorías: unos *típicos*, íntimamente relacionados con la célula e integrados por arborizaciones de axones preganglіónicos, y otros *atípicos* o patológicos, que representarían ramificaciones en ovillo procedentes de otras neuronas simpáticas. Dada la dificultad de diferenciar estas dos categorías de nidos, nosotros los estimamos, todos o casi todos, como atípicos. Para formular esta opinión, tenemos en cuenta, además de la rareza de los mismos en el estado normal, ya notada por Castro y otros, la circunstancia de ser excepcionales en el gato y conejo adultos y normales, lo mismo en las preparaciones de Ehrlich que en las neurofibrillares. Sólo de un modo esporádico y eventual[8] se han reconocido por Dogiel y nosotros en ganglios absolutamente normales del hombre muerto por accidente. En cambio, su presencia no es rara en el ganglio cervical superior humano y de los grandes mamíferos maduros y seniles.

Pero abandonando esta cuestión episódica, nos importa hacer notar que jamás en nuestras numerosas preparaciones del gran simpático (métodos plasmáticos y neurofibrillares), hemos sorprendido una *fibra preganglionar* típica o atípica en continuación con el retículo de las dendritas o del soma celular. Tampoco Castro ha sido más afortunado. Pero de este tema, así como de las sorprendentes ideas de Stöhr, hablaremos en otra ocasión.

---

[8] La *Degeneración y Regeneración del sistema nervioso.* Tomo II, 1913 [Cajal, 1913, 1914]. Véase, sobre todo: *Degeneration & Regeneration of the Nervous System.* Versión inglesa del Dr. R. May. *Oxford University Press*, 1928 [Cajal, 1928]. Esta versión aparece muy aumentada y mejorada. Desgraciadamente, todos los autores modernos desconocen la edición española de este libro, hace años agotada (Muller, Michailow, Sala, Biondi, Levi, Stöhr, etcétera), atribuyéndome interpretaciones que, si eran posibles en 1905, cuando yo señalé las formas atípicas de los ganglios sensitivos y simpáticos del hombre, se hicieron inaceptables desde que Nageotte, Marinesco y varios autores (nosotros mismos) reprodujimos esas mismas formas anormales en los ganglios sensitivos, injertados y heridos de los animales de laboratorio.

Por lo demás, las espirales, nidos y formas atípicas de las células simpáticas aumentan enormemente en los tabéticos y otros estados patológicos del sistema nervioso, conforme ha observado Castro. Mis primeras descripciones de los ganglios humanos fueron en parte tomadas de enfermos del sistema nervioso.

8. Conexiones axo-dendríticas por engranaje (musgosas, retina de los insectos, etc.)

A. Engranaje entre los granos y las musgosas.

El prototipo de estas articulaciones se nos ofrece en la relación establecida entre las *rosáceas* de las fibras musgosas del cerebelo (*glomérulos cerebelosos*) y la arborización digitiforme de las dendritas de los granos.

Como es notorio desde nuestras investigaciones de 1888[9], obsérvase constantemente la llegada a la corteza gris del cerebelo de ciertas fibras gruesas, ramificadas, caracterizadas por presentar, de trecho en trecho, unas excrecencias tuberosas colorables por los métodos de Golgi, Ehrlich y neurofibrillares. Tales *rosáceas* o excrecencias erizadas de ramas cortas carecen de mielina y se dividen en colaterales y terminales. Las últimas constituyen arborizaciones robustas aun en las preparaciones impregnadas por ciertas fórmulas del método neurofibrillar (figura 5,A).

Cuando se compara la forma de las rosáceas con la configuración del penacho dendrítico de los granos, es imposible desechar la idea de que ambas clases de ramificaciones constituyen una *sinapsis* por engranaje. Los dos factores de la articulación residen en ciertos islotes

---

[9] Cajal: «Estructura de los centros nerviosos de las aves». *Rev. trimestral de Histología normal y patológica*, tomo I, 1888 [Cajal, 1888a].

Idem: «Sur les fibres nerveuses de la couche granuleuse du cervelet, etc». *Intern. Monatschr. f. Anat. u. Physiol.* Bd.VII, 1890 [Cajal, 1890b].

Muchos de los autores que aplicaron el método de Golgi las confirmaron. Citemos a Kölliker, Van Gehuchten, Retzius, Lugaro, Falcone, Athias, etc. Entre los que usaron el método de Ehrlich deben mencionarse: Dogiel, Meyer y nosotros. La técnica neurofibrillar fué usada primeramente por nosotros, Berliner, Bielschowsky y Wolff, etc. Recientemente ha estudiado las musgosas Horne Craigie, que ha hecho, mediante una fórmula especial del nitrato de plata, una exploración comparativa de las mismas (Notes on the morphology of the mossy fibres in some birds and mammals. *Travaux du Laborat.*, etc., tome XXIV, 1926 [Craigie, 1926]. En fin, una investigación minuciosa de los glomérulos cerebelosos y de sus componentes, ha sido emprendida en estos últimos tiempos por nosotros. (Sur les fibres mousseuses et quelques points douteux de l'écorce cérébelleuse. *Libro en honor del prof.* Tanzi, 1926 [Cajal, 1926b], y *Travaux du Laborat* .etc. Tomo 24, Noviembre de 1926 [Cajal, 1926a].

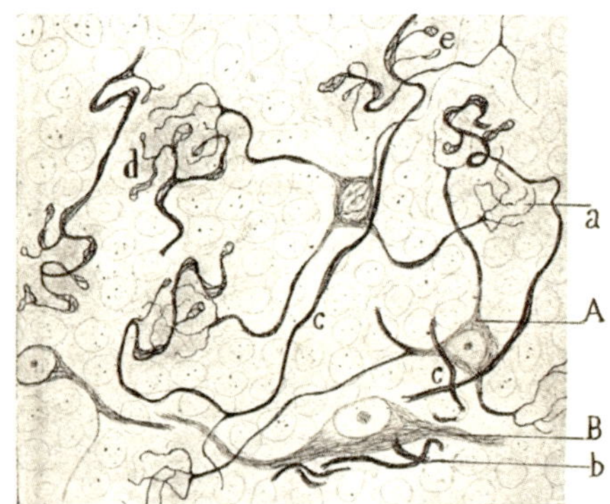

Fig. 36. Granos y fibras musgosas del cerebelo del gato adulto. A, grano; B, célula estrellada o de Golgi; a, ramificación dendrica terminal de los granos; d, arborización final de una fibra musgosa.

especiales de la capa de los granos, característicos por su aspecto pálido y muy granuloso (método de Nissl) y por carecer de núcleos. Las figuras 36 y 37 muestran bien los rasgos más salientes de esta relación axo-dendrítica que, anunciada primeramente por nosotros[10], fué confirmada por Held[11] y otros neurólogos, tales como Hill, Berliner, Bielschowsky y Wolff[12] y Meyer.

Se equivocaría mucho quien supusiera, fundándose en el aspecto de las preparaciones neurofibrillares, que los glomérulos cerebelosos son simples territorios de convergencia y contacto de las neurofribillas de ambos factores del citado engranaje dendro-nervioso. En realidad, la disposición es más compleja. Cada ramificación de los granos (y son varias las que concurren al mismo glomérulo, como son varias, a veces, las rosáceas aferentes) posee una envoltura plasmática relativamente espesa; y por su parte, las rosáceas de las fibras musgosas hállanse también envueltas por recia capa neuroplasmática. Añádase todavía un tercer participante que, según todas las probabilidades, está representado por las últimas ramillas axónicas de las *células grandes estrelladas* de Golgi (capa de los granos). Que los glomérulos poseen una arquitectura de gran complejidad pruébalo la figura 38, obtenida por una fórmula neurofibrillar de gran rendimiento. Obsérvese que aquéllos exhiben

---

[10] Cajal: *Croonian Lecture*. Londres, 1894 [Cajal, 1894b]. *Ídem*: «El azul de metileno en los centros nerviosos». *Rev. trimestral microgr.* Vol. I, 1896 [Cajal, 1896b].

[11] Held: «Beiträge zur Struktur der Nervenzellen, etc. Dritte Abhandlung». *Arch. f. Anat. und Physiol. Anat. Abteilung*, 1897 [Held, 1897a].

[12] Las figuras de musgosas que publican Bielschowsky y Wolff nos parecen demasiado confusas. (Bielschowsky u. Wolff: «Zur Histoiogie der Kleinhirnrinde». *Journ. des Psychol. u. Neurologie* (1904-1905). Tafell II, fig. 16 [Bielschowsky y Wolff, 1904].

un plexo intrincado, cuyas fibras no provienen en su totalidad exclusivamente de las musgosas y de los granos. La figura 37, donde hemos dibujado dos granos, tiene por objeto interpretar los plexos intrincados de la figura 38, *B*[13].

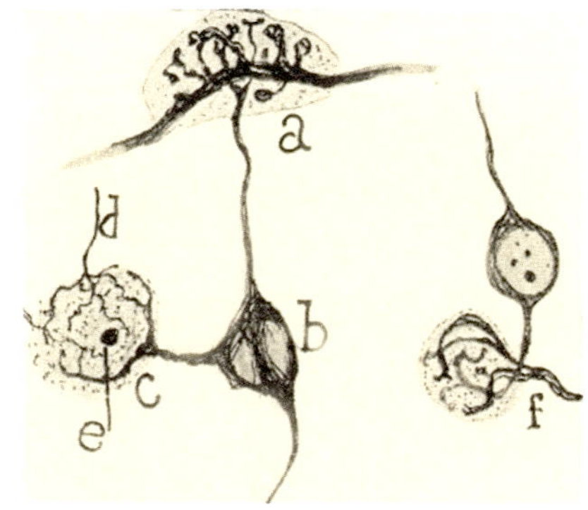

Fig. 37. Algunos ejemplos (*a*) de asociación de dendritas de los granos con proyecciones laterales de musgosas; *b*, penetración y ramificación en el glomérulo; *d*, fibra sutil, procedente, verosímilmente, del axon de las células de Golgi (Figura semiesquemática.)

Para llegar a esta interpretación, es forzoso comparar los efectos de los citados procederes neurofibrillares con los mucho más claros y sencillos de las preparaciones de Ehrlich y del cromato de plata. De este modo elaboraremos, en cierto modo, una imagen combinada y sincrética, capaz de traducir lo mejor posible la realidad objetiva. Y todavía tendríamos que añadir cierta *substancia fundamental pálida* que parece servir de ganga conectiva a todos los factores del laberíntico engranaje[14].

Huelga decir que ni en los cortes teñidos por los métodos plasmáticos, ni en los impregnados por los neurofibrillares, se sorprende claramente una anastómosis. Recordemos además que las neurofibrillas constituyen como el esqueleto de las expansiones, y que los tres mencionados factores de la articulación poseen forros plasmáticos de vario espesor[15]. En cambio, no es raro sorprender en las musgosas

---

[13] Notemos que el aspecto de los glomérulos varía mucho con la fórmula empleada. Compárese la figura 36, obtenida con la fórmula primera, con las logradas mediante los procedimientos de la hidroquinona en cortes (figura 38).

[14] La participación en los glomérulos de la ramificación nerviosa de las *células* de Golgi fué ya observada en preparaciones del método del cromato de plata hace tiempo por nosotros. Su presencia es uno de los más arduos obstáculos con que tropieza el observador para interpretar rectamente las imágenes de los métodos neurofibrillares, que a veces seleccionan solamente las ramillas nerviosas terminales. Véase Cajal, *Histologie du système nerveux de l'homme et des vertébrés*. Tomo II, 1911, pág. 45, figs. 30 y 31 [Cajal, 1909, 1911].

[15] Bielschwsky, que ha chocado con las mismas dificultades que nosotros en la investigación de estos engranajes, no deja de tener razón cuando afirma que no sabe si los factores de la articulación se tocan realmente o si existe entre ellos una

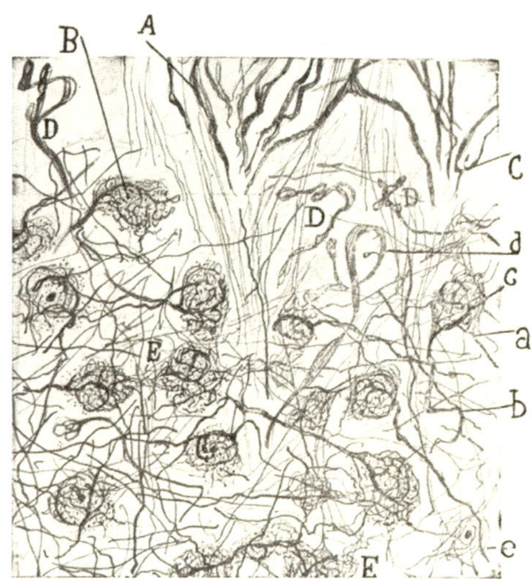

Fig. 38. Glomérulos cerebelosos complicados del conejo de cuatro meses. Reacción obtenida mediante los métodos neurofibrillares en cortes ejecutados con el micrótomo de congelación: *A*, nido de Purkinje; *B*, complejo fibrilar de un glomérulo; *D*, rosáceas terminales sencillas de musgosas.

teñidas por los procederes neurofibrillares ojales o ventanas jamás observables por el método de Golgi. De donde deducimos que estos ojales afectan solamente al esqueleto fibrillar y no al neuroplasma de la arborización. Los ojales son frecuentes en las musgosas patológicas.

B. Conexión axo-dendrítica por engranaje en el asta de ammon.

Este órgano, con la *fascia dentata*, bien explorado primeramente por Golgi[16] con su método del cromato argéntico, nos ofrece una infinidad de disposiciones convincentes de conexión por contacto (por cierto, poco o nada estudiadas desde que nosotros publicamos un trabajo extenso sobre la fina estructura de dichos centros)[17].

No es cosa de enumerar, ni siquiera resumir, estas interesantísimas relaciones. Mi propósito es llamar una vez más la atención sobre un

---

substancia intercalada que se substrae a nuestro análisis (*Loc. cit.*). En realidad existe, como dejamos apuntado, esta substancia, y además las ramificaciones terminales de las células de Golgi.

[16] Golgi: Sulla fina struttura degli orgam del sistema nervoso. Milano, 1886 [Golgi, 1886].

[17] Cajal: Estructura del asta de Ammon. *An. de la Soc. española de Hist. natur.* Tomo XXII, 1893 [Cajal, 1983a]. (Hay una traducción alemana del Prof. Kölliker en *Zeitschr. f. wiss. Zoologie*. Bd. LVI, 1893 [Cajal, 1983b].

caso sumamente curioso de conexión por engranaje. Para mayor claridad, lo representamos esquemáticamente en la figura 39, B, C.

Adviértase cómo los axones finos nacidos de [los granos][1] de la *fascia dentata* se espesan sucesivamente al descender al territorio subyacente del asta de Ammon y emiten numerosas excrecencias, comparables, en principio, a las peculiares de las fibras musgosas *[B]*. Arribadas que son estas neuritas delicadas a la región de las *grandes pirámides* del *asta* de Ammon, entran en contacto íntimo con ciertos apéndices gruesos e irregulares colaterales, surgidos del tallo de estas últimas neuronas, generando, por tanto, una *sinapsis* por ajustado engranaje *(C)*. La neurita de los *granos de la fascia dentata* entra de esta manera en relación transversal con gran número de pirámides, cesando siempre las fibras musgosas en el territorio del tallo radial de éstas, sin abordar jamás la fimbria ni extenderse a la región amónica superior o de las *pequeñas pirámides*. Esta conexión la hemos observado tanto con el método de Golgi como por el de Ehrlich. Los procederes neurofibrillares, que tiñen bien las pirámides y las neuritas de los granos, no seleccionan el doble aparato de engranaje. Quizás esté formado exclusivamente por neuroplasma, amén de la membrana envolvente. Por lo demás, ya en el estudio clásico de Golgi se describe esta corriente de axones nacidos en la *fascia dentata*; pero este sabio los supone, erróneamente, continuados con la substancia blanca de la *fimbria* (D) (figura 39).

C. Conexión por engranaje en los invertebrados.

Encuéntranse en estos grupos de animales, singularmente en los insectos (Cajal y Sánchez) y crustáceos e insectos (Hanström), las más bellas y variadas disposiciones de engranaje entre ramas dendríticas y ramificaciones axónicas. Quien no haya estudiado por el método de Golgi los ganglios de la retina de los himenópteros, no puede tener idea de la enorme cantidad de neuronas integrantes de la retina, ni de la sorprendente variedad y elegancia de sus formas.

[1] N. del E. El texto dice «pequeñas pirámides»

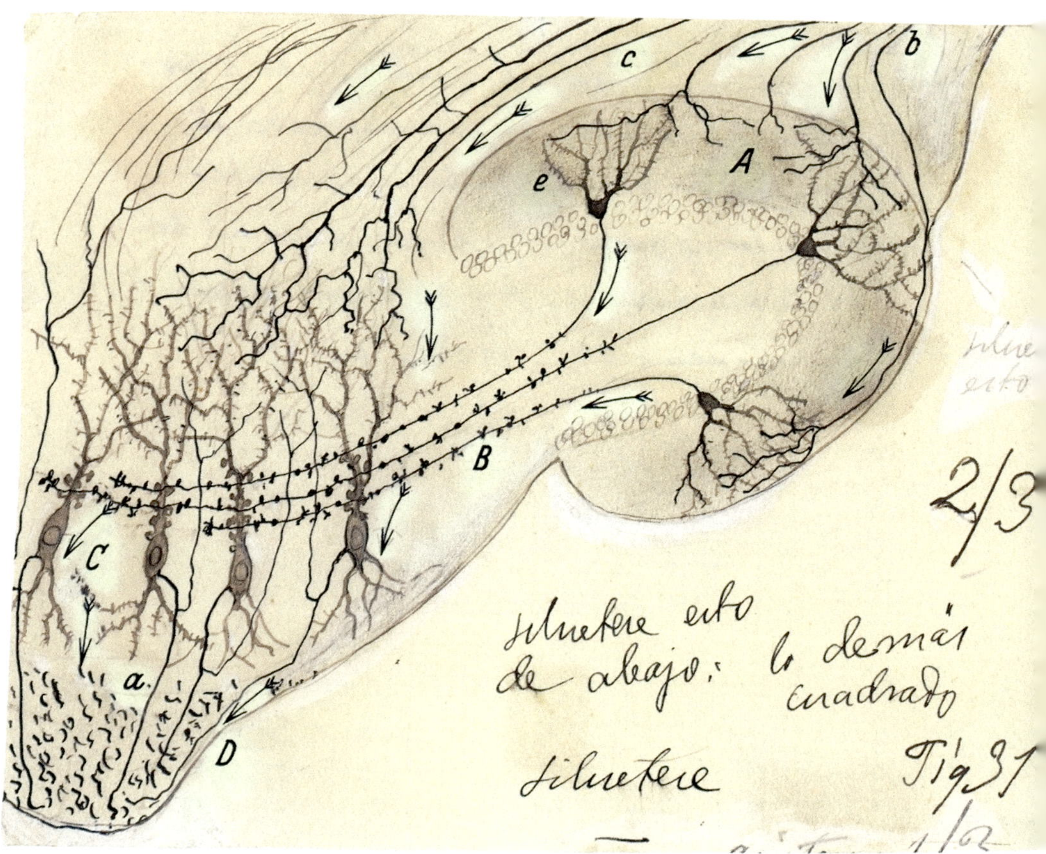

Fig. 39. Esquema encaminado a presentar la conexión establecida entre el axon de los granos de la *fascia dentata* y las gruesas pirámides del asta de Ammon (región inferior de ésta). *A*, capa molecular de la *fascia dentata*; B, axon de los granos; *C*, pirámides grandes; *D*, fimbria; *c*, *b*, fibras aferentes llegadas de los centros olfativos secundarios; *a*, axon. Las flechas señalan la dirección de las corrientes.

Parece que en el sistema nervioso de los insectos, particularmente de los muscidos e himenópteros, ha querido la Naturaleza mostrarnos cómo de un mínimo de masa se puede organizar un máximo de fina y sutil estructura, perfectamente compatible con las manifestaciones más altas del instinto y de los reflejos defensivos.

Por de contado, la suma delicadeza de la aludida textura es tal que sólo es dable explorarla con los mejores objetivos de inmersión apocromáticos (1,30 y 1,40 de Zeiss).

Innumerables son los casos admirables que podríamos aducir de contactos íntimos y de engranajes complicados[18]. Dada la índole de este folleto, nos reduciremos a mencionar exclusivamente la conexión existente en el foco profundo de la retina *(retina intermediaria e interna)*, entre determinadas células homólogas respectivamente de los *bastoncitos* y de las *bipolares de los vertebrados* y los corpúsculos correspondientes a las neuronas ganglionares. En la figura 40 mostramos un pequeño trozo de la retina de la abeja. [Y en la 44, una disposición típica de la retina de la mosca azul][J].

Dicha reproducción es parcial (figura 40), porque de presentar el conjunto. hubiéramos necesitado ejecutar, no uno, sino varios dibujos de enormes dimensiones[19]. Adviértase en *B* la conexión por engranaje del cabo inferior de los bastoncitos con la primera neurona *monopolar* (correspondiente a las *bipolares*

---

[18] El que desee penetrar algo en este laberinto inextricable, lea el libro-memoria escrito por nosotros y Sánchez, intitulado Contribución al conocimiento de los centros nerviosos de los insectos. *Trabajos del Lab.*, etc. Tomo XIII, 1915. Con 85 grabados [Cajal y Sánchez, 1915]. Aunque menos ricas en detalles, será también de provecho el estudio de la Memoria demasiado sucinta de Kenyon (The brain of the bee. *Journal of comparative Neurology*, 1896) [Kenyon, 1896] y la más extensa y documentada sobre las larvas de *Aeshna* (azul de metileno), de Zavarzin, Histologische Stucdien über Insekten. *Zeitschr. f. wissensch. Zoologie*. Bd. 97, 1811-1814 [Zavarzin, 1911]. En fin, citemos el interesante libro de Hanström sobre el sistema nervioso de los articulados, basado en el examen de un rico y variado material [Hanström, 1926].

[J] *N. del E.* En la versión en inglés, este texto se corrige y se cambia por «En la figura 41 se muestra una organización típica de la retina en la misma abeja.»

[19] Estas numerosas y extensas láminas hállanse en el citado trabajo de Sánchez y nuestro [Cajal y Sánchez, 1915].

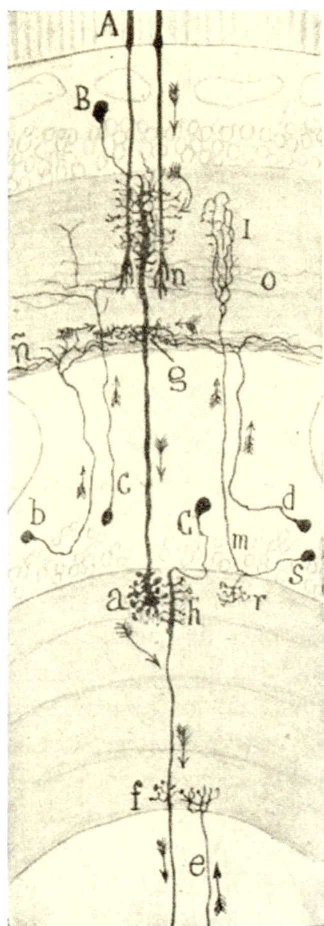

Fig. 40. Esquema de la marcha de las corrientes al través de la retina de un insecto (abeja). *A*, bastoncitos; *B*, monopolar; *n*, penacho terminal de los bastones; *C*, célula ganglionar; *a*, *h*, articulación entre el penacho de la neurona monopolar gigante y las ramas colaterales de una gangliónica; *f*, *g*, dendritas basales destinadas a recibir impulsos de centrífugas; *e*, fibra centrífuga larga.

de los vertebrados), y en *a* y *h*, el engranaje de las ramas nerviosas terminales de ésta con las colaterales dendríticas de la tercera neurona monopolar (correspondiente a las *ganglionares* de los vertebrados). La disposición es algo diferente en los *muscidos* y otros insectos. Detalle notable de las neuronas visuales de estos artropodos: el soma y porción fina inicial de las neuronas no intervienen en la conducción. Y otra particularidad sorprendente para quien se haya ocupado exclusivamente de las neuronas de los vertebrados: cada expansión única de la célula nerviosa posee dos o más segmentos, cada uno de ellos destinado a relacionarse con sistemas de axones diferentes. Algunos de estos segmentos sucesivos, erizados de ramas colaterales o terminales, se conexionan con fibras centrífugas, de que la retina de los insectos contiene caudal formidable.

En los *cefalópodos*, conforme demostramos v. Lenhossék[20] y nosotros[21], obsérvanse también engranajes por ramitos transversales. Juzgo improcedente detenernos en examinar los numerosos ejemplos de engranajes que aparecen en 1a retina de la sepia, calamar, etc.

---

[20] V. Lenhossék: «Untersuchungen am Sehlappen der Cephalopoden». *Arch. f. mikrosk. Anat.* Bd. XLVII, 1896 [von Lenhossék, 1896].

[21] Cajal: «Contribución al conocimiento de la retina y centros ópticos de los cefalópodos». *Trabajos*, etc. Tomo XV, 1917 [Cajal, 1917].

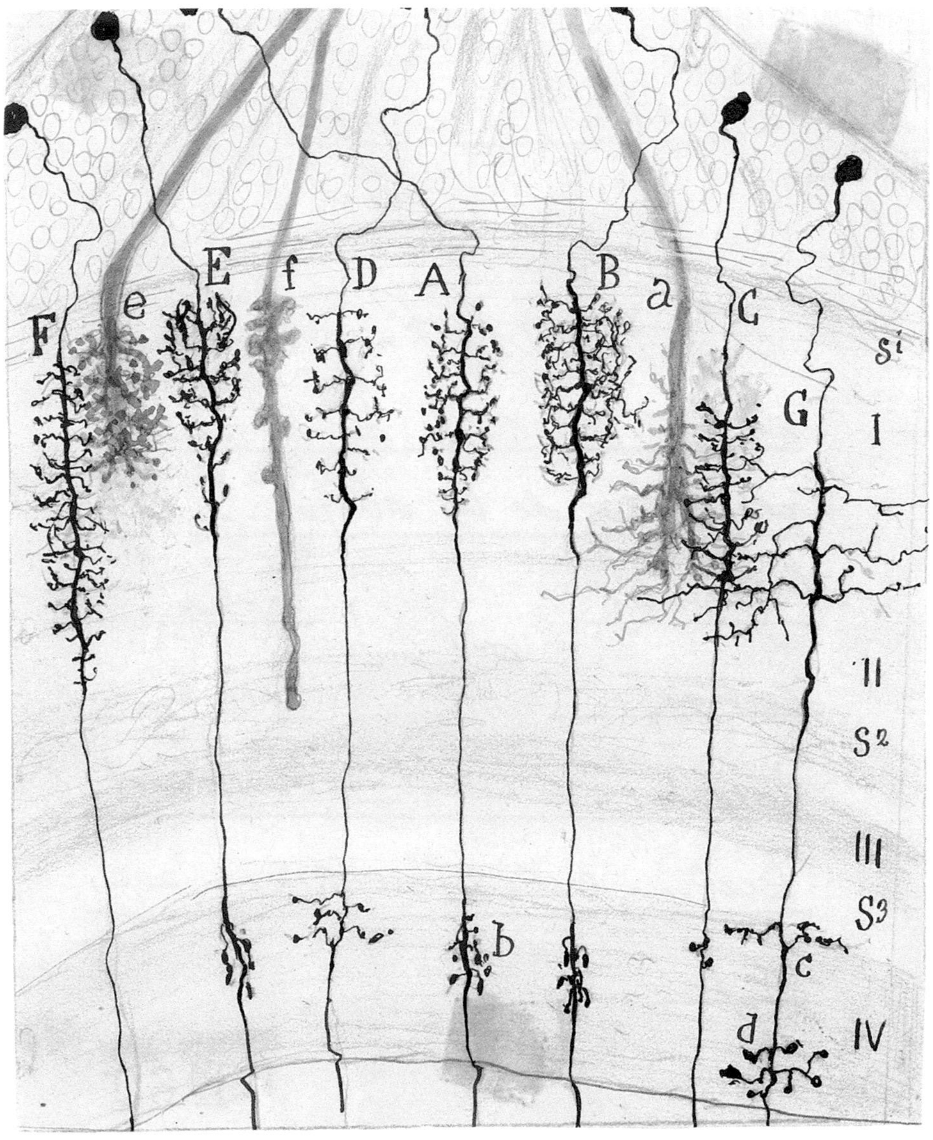

Fig. 41. Terminaciones por engranaje en la retina de la abeja (retina profunda). *a*, terminación de un bastoncito largo; *e*, terminación de un bastoncito corto; *B, A, E*, arborización colateral de un corpúsculo de la retina intermediaria (homólogo de la neurona bipolar de los vertebrados).

08 9. Conexiones axo-dendríticas cruciales de gran longitud. Capa molecular del cerebelo, ganglio interpeduncular

Por parte de las células [de Purkinje], las características de tales sinapsis son el aplanamiento, más o menos perfecto, del ramaje dendrítico, y con relación a las hebras terminales, su enorme longitud, aspecto liso, ausencia casi total de ramificaciones secundarias y terminación libre a enorme distancia de su origen. [...] El aspecto general de la sinapsis es de una originalidad desconcertante y merece ser especialmente recordada.

A. Conexiones cruciales en el cerebelo. Relación mediante arborizaciones planas y paralelas.

Harto conocida hoy esta especie de relaciones interneuronales señaladas hace muchos años por nosotros (1889 a 1890) y confirmadas por numerosos sabios (Kölliker, van Gehuchten, Retzius, etc.). Por esto seremos parcos al recordarlas, remitiendo al lector al esquema adjunto.

Por parte de las células, las características de tales sinapsis son el aplanamiento, más o menos perfecto, del ramaje dendrítico, y con relación a las *hebras terminales*, su enorme longitud, aspecto liso, ausencia casi total de ramificaciones secundarias y terminación libre a enorme distancia de su origen. Mielina no contienen, aunque ciertos sabios la hayan supuesto, confundiendo dichas fibrillas con otra clase de

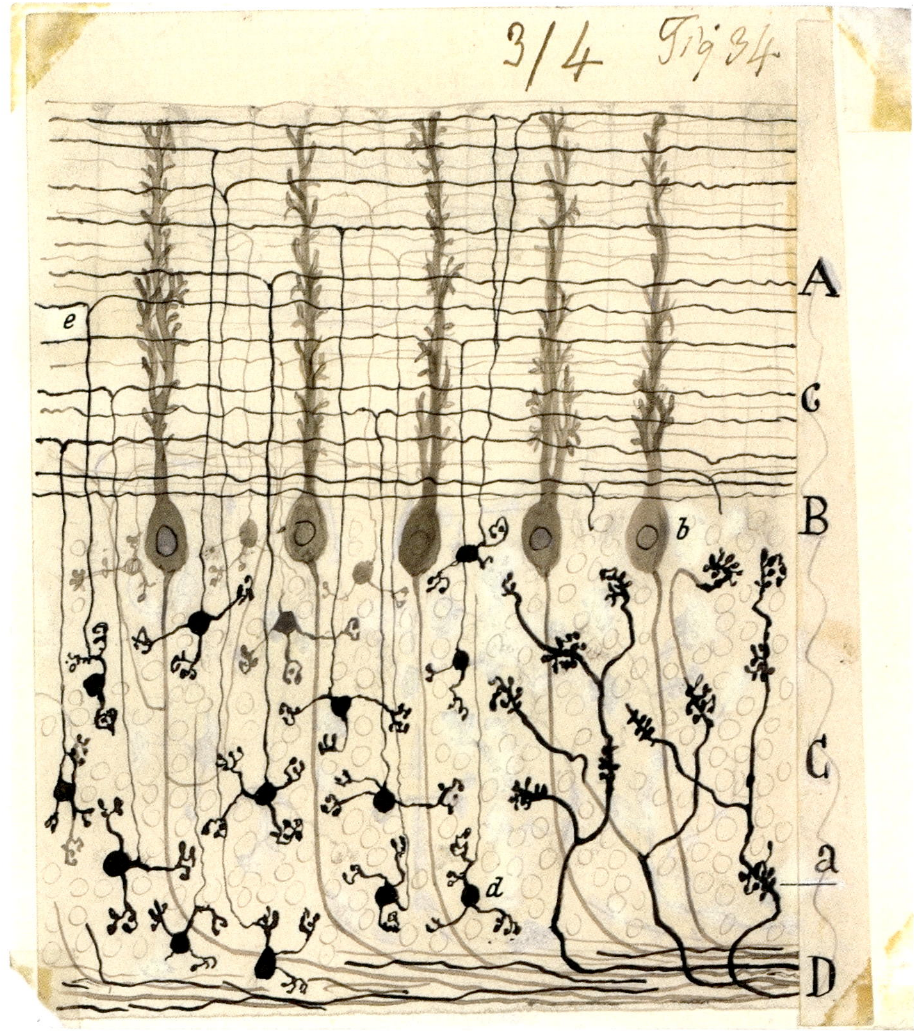

Fig. 42. Corte longitudinal de una circunvolución cerebelosa. *A*, capa molecular; *B*, capa de las células de Purkinje; *C*, capa de los granos; *D*, substancia blanca; *a*, rosáceas de las fibras musgosas; *b*, soma de las células de Purkinje; *c* , fibrillas paralelas; *d*, granos con su axon ascendente; *e*, división de este axon. (Figura semiesquemática.)

ramificaciones nerviosas. El aspecto general de la sinapsis es de una originalidad desconcertante y merece ser especialmente recordada.

Aquí brilla por su ausencia toda conexión individual recíproca, puesto que la *fibra paralela* toca, cruzándolos en ángulo recto, los [contornos ásperos][K] de miles de dendritas de Purkinje, dispuestas en serie, y a su vez, cada neurona de Purkinje contrae relaciones con incontable número de *fibras paralelas* y, por consiguiente, con los granos de que proceden (véase la figura 42,A).

Las fibras paralelas del cerebelo se tiñen bien con el método de Golgi, que permite determinar claramente su origen y relaciones; son sensibles también, sobre todo las situadas en capas inferiores del *estrato molecular*, a ciertas fórmulas del nitrato de plata reducido[1].

Por desgracia, esta reacción neurofibrillar no permite, como la del cromato de plata, precisar bien el modo de sinapsis, ni siquiera el origen de las fibras paralelas, cuya porción inicial no selecciona la plata coloidal.

En fin, recordemos de pasada otro caso típico de conexión crucial múltiple: la existente en el *ganglio interpeduncular*, entre la terminación del *fascículo de* Meynert y ciertas células no tan aplanadas como las de Purkinje del cerebelo. Recientemente esta conexión, vista por nosotros en 1894, ha sido comprobada por Calderón (1928)[2] en preparaciones ejecutadas por el método de Cox, tomadas del ratón adulto.

B. Conexión axo-dendrítica mediante plexos planos y paralelos

Este modo de relación se encuentra en muchos órganos nerviosos, pero se ofrece muy especialmente en la retina de los vertebrados.

[K] *N. del E.* Cajal se refiere al aspecto que las espinas dan a las dendritas.

[1] Todas las fórmulas a la hidroquinona (fijación en formol y cortes) impregnan en masa las fibrillas paralelas de la mitad o tercio profundo de la capa molecular. Lo mismo ocurre, aunque con menos constancia, con el proceder de colaaboración en bloque y con el método de Bielschowsky, en ocasiones.

[2] L. Calderón: «Sur la structure du ganglion interpédonculaire». *Travaux du Lab. de Rech. biol.* Tomo XXV. 1927-1928 [Calderón, 1927-1928].

Citemos dos ejemplos típicos, que aparecen en la figura 43.

a) *Contacto entre los conos y los penachos externos de las células bipolares.*– Como aparece en la figura 43 *D*, la prolongación inferior de los conos acaba en la *zona plexiforme externa*, mediante una arborización aplanada de moderada extensión. Y por debajo de ella se expande y entrelaza otra ramificación aplastada de las *células bipolares de cono*. Y esta disposición se repite en el cabo inferior de estas mismas bipolares, descompuesto en un ramaje plano que entra en conexión con otro ramaje laminar de las dendritas de las células ganglionares. En las aves y reptiles (44 A) se sorprenden dos o más planos de contacto horizontal entre las citadas neuronas, a causa de que cada factor de la articulación posee dos o más ramificaciones colaterales, surgidas en ángulo recto o casi recto, de las prolongaciones descendentes de las bipolares y de las proyecciones ascendentes, a veces muy numerosas, de las gangliónicas.

b) El segundo ejemplo (figura 44 R, d) está representado por el contacto del *penacho descendente terminal de las amacrinas*, de una parte, y el *ascendente* de ciertas células ganglionares complejas, de otra. Esta sinapsis ocurre en diversos planos de la zona *plexiforme interna*. Huelga decir que ni por el método de Golgi ni por el de Ehrlich, se descubren con claridad anastómosis entre ambas clases de ramajes en contacto. Las esporádicas que Dogiel, Renaut y otros supusieron, se explican por los precipitados accidentales del azul de metileno depositados entre algunas ramas próximas de los elementos susodichos. Pero un estudio cuidadoso y perseverante de estas pretendidas uniones por continuidad, mediante el cromato de plata y el método de Ehrlich, nos convencieron de que tales anastómosis son artefactos[3]. Tampoco en la retina embrionaria (embrión de pollo) aparecen disposiciones de continuidad.

---

[3] Véase Cajal: «Nouvelles contributions à l'étude histologique de la rétine et à la question des anastomoses, etc.». *Journal de l'Anatomie et de la Physiologie*. 1896. (Avec 4 planches.) [Cajal, 1986a].

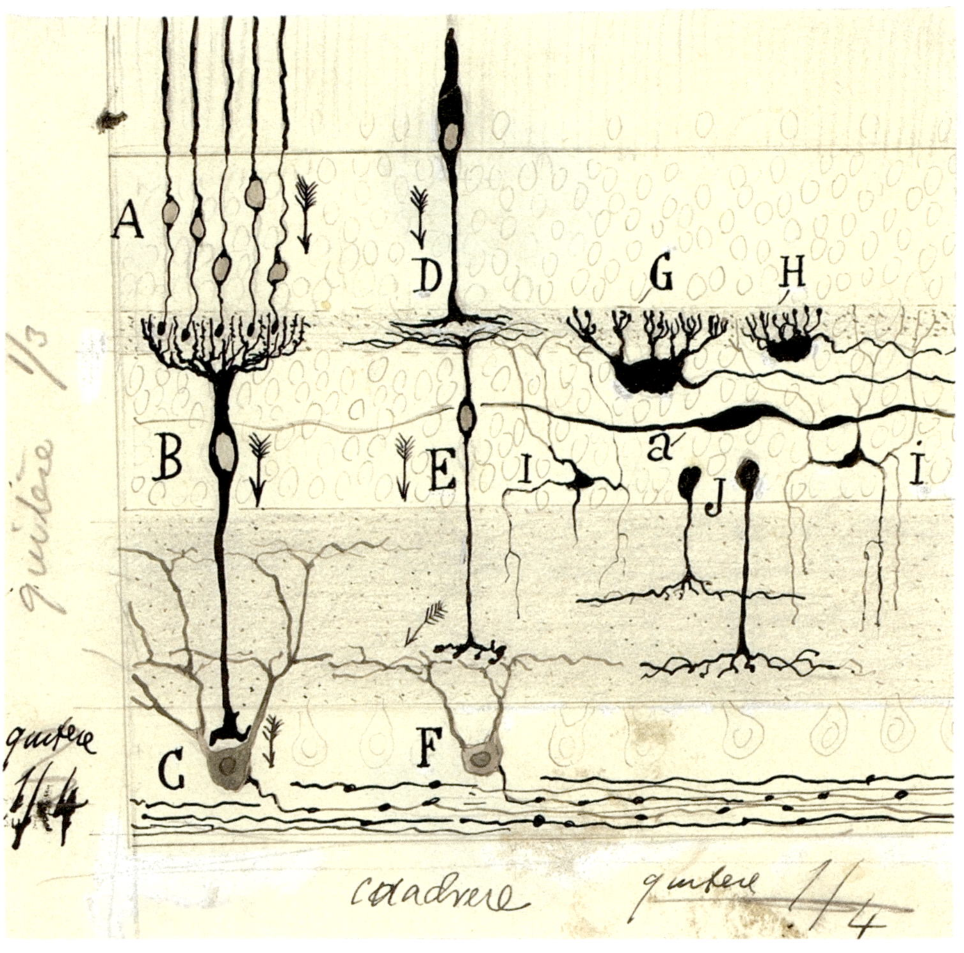

Fig. 43. Corte de la retina de una perca. Figura semiesquemática destinada a mostrar los principales resultados de mis investigaciones. *A, B, C*, cauces específicos de la impresión recogida por los bastoncitos; *D, E, F*, cauces de la excitación recolectada por los conos; *G, H*, morfología de las células horizontales; *a, i*, elementos especiales de la retina de los peces.

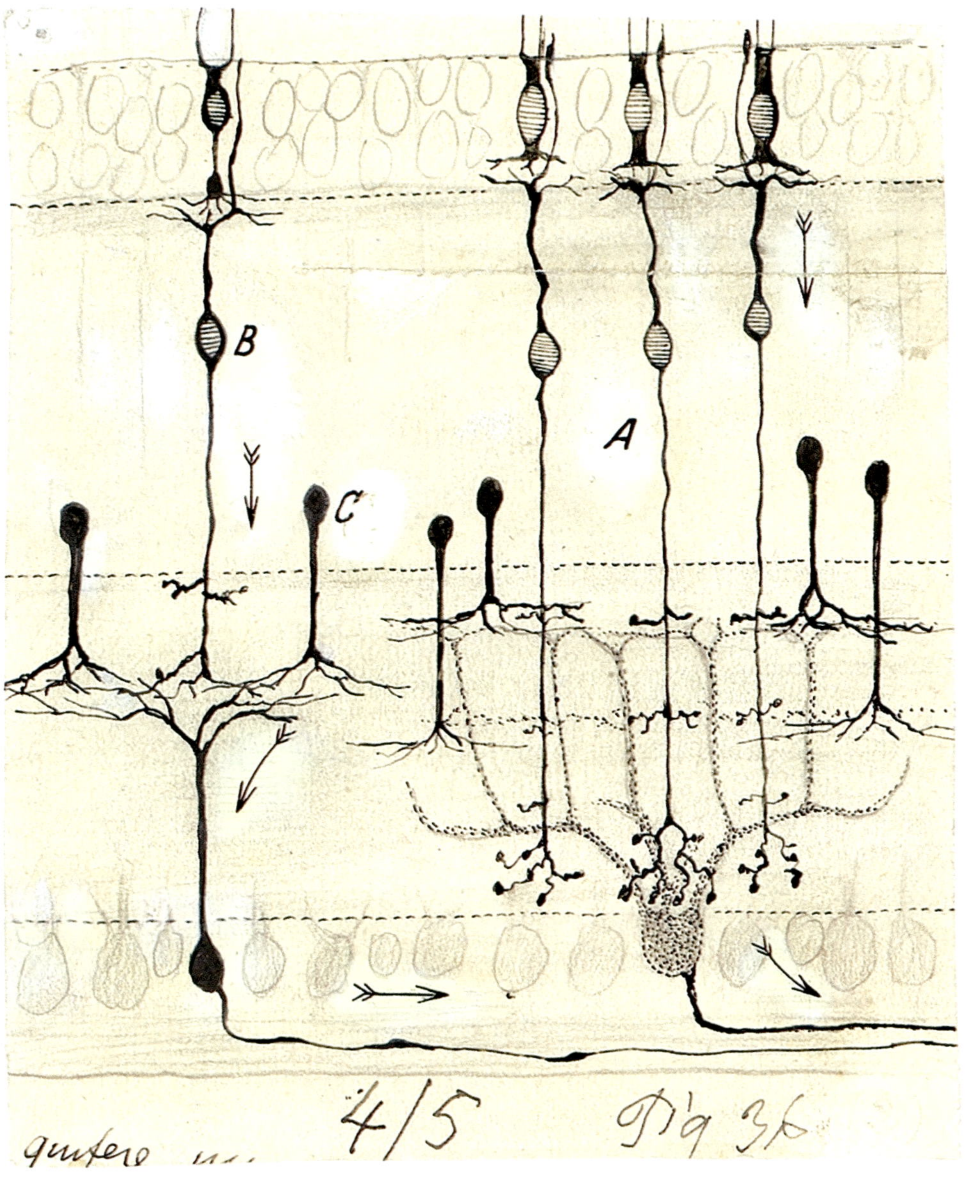

Fig. 44. Esquema donde se muestran las conexiones entre las diversas neuronas de la retina de las aves y la marcha del impulso nervioso. *A*, células bipolares, terminadas sobre el soma de las gangliónicas; *B*, células bipolares cortas adscriptas a la corriente de los conos.

09 10. Terminaciones sobre pléyades celulares circunscritas. Conexiones en el tálamo. Conexiones complicadas en la corteza cerebral

Hoy por hoy, lo poco que sabemos de los tipos de articulación nervioso-neuronal en la corteza cerebral, confirma en principio las disposiciones de conexión de las demás provincias encefálicas.

A. Arborizaciones terminales en el tálamo.

Aquí nos limitaremos a mencionar no más dos ejemplos típicos pertenecientes al tálamo. Casos semejantes se observan en algunos ganglios del bulbo raquídeo, cerebro medio, etc. Su estudio exige la consulta de nuestra extensa obra sobre el sistema nervioso.

a) *Terminaciones sensitivas.*– Residen en el *ganglio lateral* del tálamo, abarcando un área casi esferoidal, donde los axones constitutivos de la *vía sensitiva o lemnisco interno* se descomponen en ramajes tupidos, independientes, dentro de los cuales yacen los somas y proyecciones dendríticas de las células generadoras de la vía sensitiva superior o *tálamo-cortical*. Como se advierte en la figura 45, perteneciente a un

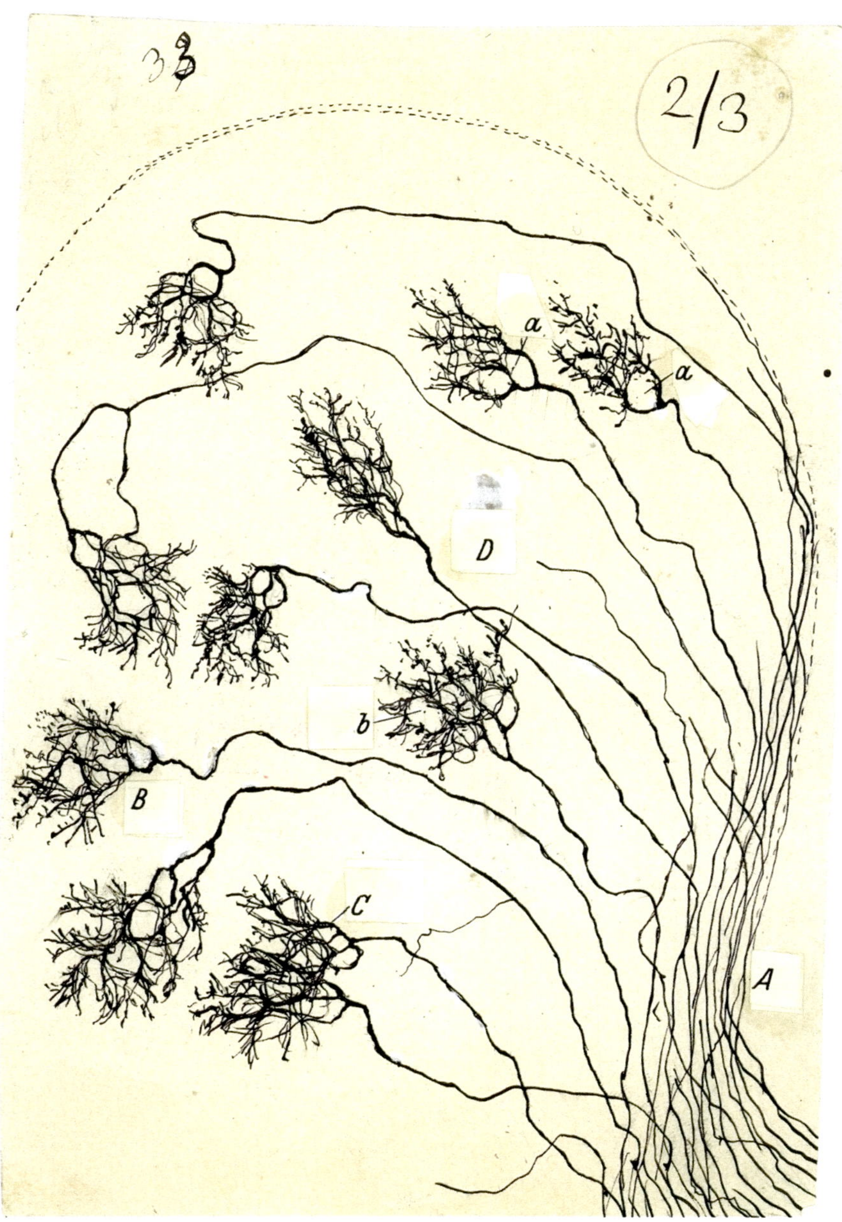

Fig. 45. Porción del núcleo lateral del tálamo donde terminan las fibras sensitivas. Obj. C. de Zeiss. Ratón de veinticuatro días. Método de Golgi doble. *A*, vía sensitiva; *B*, arborización terminal de una fibra; *C*, dos fibras que mezclan sus ramificaciones; *a*, *b*, huecos de la arborización destinados a células. (Sección sagital.)

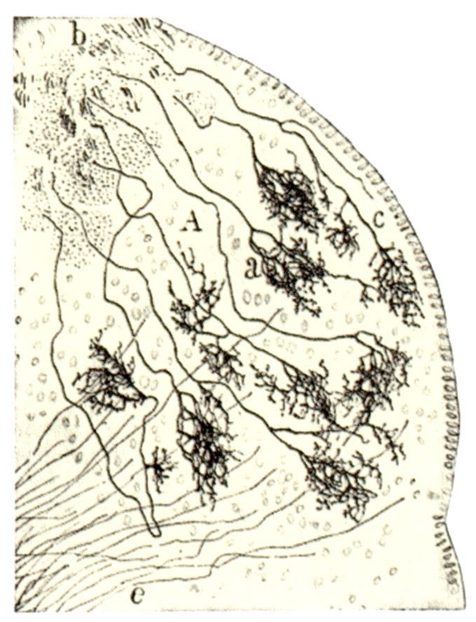

Fig. 46. Arborizaciones libres (*c*) repartidas por el foco interno (*A*) del ganglio de la habénula y llegadas de la vía olfativa designada *estría medular* (*b*).

ratón de veinticuatro días, la arborización nerviosa final, bien limitada y de aspecto varicoso, representa la ramificación de una sola neurita del *lemnisco interno*. Si dispusiéramos de más espacio describiríamos también la llegada del cerebro de ciertos axones centrífugos, al parecer terminados mediante arborizaciones libres en cada pléyade celular.

Estos nidos no poseen *Endfüssen* de Held. Pero con ciertas fórmulas del nitrato de plata reducido hemos logrado impregnar la arborización, aunque sólo imperfectamente, porque las últimas finas ramillas escapan siempre a la reacción neurofibrillar.

b) *Terminaciones en el ganglio de la habénula*.– El segundo ejemplo, perteneciente también al *tálamo*, está representado por el *ganglio de la habénula*, que se supone dependiente de la esfera olfativa. Las fibras gruesas aferentes pertenecen al sistema de la *estría medular*. Según se advierte en la figura 46, perteneciente al conejo de veinte días, cada ramificación, muy densa, reserva espacios claros para tres o más corpúsculos de la *porción interna del ganglio de la habénula*. Las neuronas que recogen la excitación olfativa, poseen características morfológicas notables. Casi todas están provistas de un penacho tupido, semejante a un zarzal, y del soma diminuto emana un fino axon descendente incorporado al *fascículo* de Meynert.

c) *Cuerpo geniculado externo*.– Interesantes son también las *arborizaciones visuales en el foco geniculado externo*, descritas primeramente por P. Ramón (1890 a 1891), nosotros (1894) y Tello (1904), donde se observa que cada fibra procedente de la retina se conexiona

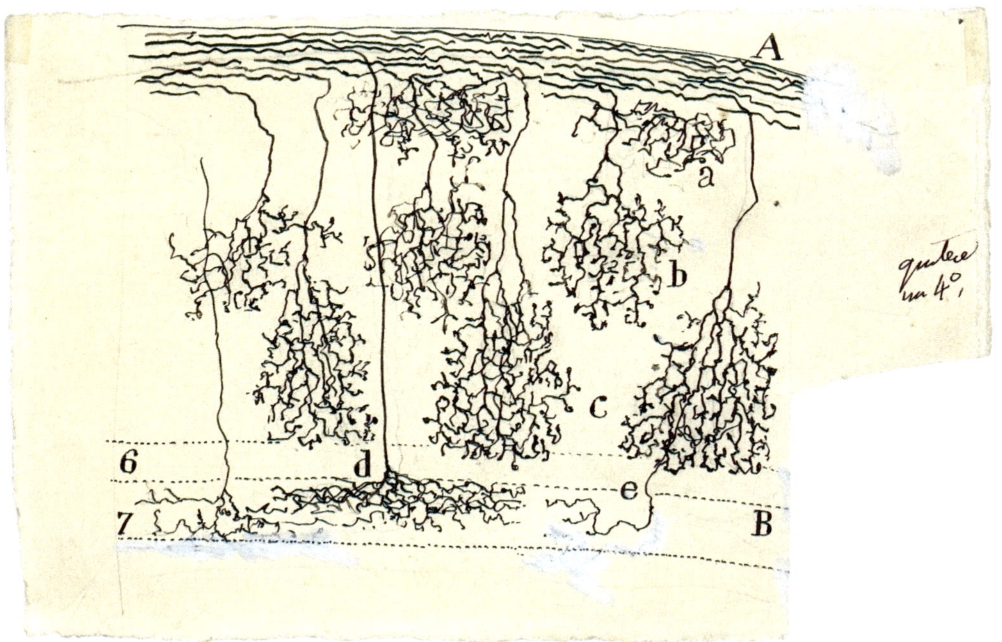

Fig. 46 bis. Diversos pisos de arborizaciones ópticas en la corteza gris del *lóbulo óptico* de un pájaro. *A*, fibras llegadas de la retina; *a, b, c*, sus arborizaciones libres.

mediante nidos múltiples, con pléyades lineales de neuronas. Si el espacio no escaseara, referiríamos también las ramificaciones finales de las fibras visuales en el *lóbulo óptico* de los peces y reptiles, magistralmente descritas por P. Ramón (1890), así como las correspondientes de las aves, que fueron investigadas primeramente por nosotros (1889)[1], después por van Gehuchten y otros sabios. Aquí, como en los mamíferos, las arborizaciones son difusas, abarcando cada una un territorio especial, donde yacen las dendritas de numerosas neuronas fusiformes (figura 46 bis).

B. Terminaciones complicadas en la corteza cerebral de los mamíferos.

Sobre este problema, el más arduo y difícil que nos ofrece la fina anatomía de los centros nerviosos, han trabajado numerosos

[1] Cajal: «Sur la fine structure du lobe optique der oiseaux, etc.». *Journ. intern. d'Anat. et de Physiol.* Tomo VIII, 1891 [Cajal, 1891a].

autores, entre los cuales merece la primacía Golgi (1885), que se sirvió de su famoso método del cromato de plata[2]. Siguiéronle varios de sus discípulos, entre ellos Mondino (1886), Martinotti (1890), Veratti (1897), Lugaro (1893) y otros varios. Fuera de Italia, aplicamos la reacción negra y confirmamos muchos hallazgos de la escuela de Pavía, Kölliker (1890), Cajal (1890, 1891, 1896, etc.), Retzius (1891, 1894), van Gehuchten, P. Ramón, K. Schaffer (1897), etc. Prescindimos aquí de la descripción relativa a la fina estructura de las neuronas (grumos de Nissl, neurofibrillas, mielina, etc.), estudiadas con métodos que, por no teñir las terminaciones centrales, no pueden arrojar ninguna luz sobre el tema de las conexiones intercelulares.

Hemos aludido ya a la enorme dificultad que opone la trama de la substancia gris al esclarecimiento de las sinapsis interneuronales. Esta dificultad, que no ha escapado a la atención de ningún neurólogo, estriba en que, a diferencia del bulbo raquídeo, tálamo, cerebelo, bulbo olfatorio, retina, etc., donde las arborizaciones nerviosas están localizadas en territorios o capas especiales, conexionándose con pléyades circunscritas de neuronas, en el cerebro (y también en el *cuerpo geniculado externo*) excluída el *Asta de Ammon*), las ramificaciones nerviosas colaterales y terminales alcanzan una difusión y longitud extraordinaria y gran variedad de direcciones. El conjunto de una impregnación completa con el método de Golgi es comparable a un fieltro negro, con espacios claros, correspondientes a elementos gliales o nerviosos no teñidos.

---

[2] Sulla fina anatomia degli organi centrali del sistema nervoso. Milano, 1885 [Golgi, 1886]. En España, la reacción negra fué aplicada asiduamente por mi hermano, P. Ramón, en los vertebrados inferiores (1890-96); por Tello (1904), a las terminaciones en el ganglio *geniculado externo* del gato; por Calleja, a la *región olfativa frontal* del cerebro humano (1893); por Lorente de Nó, a la porción posterior del cerebro del ratón (1923-1924), Villaverde (1924) y Estable (1924) han examinado, respectivamente, las regiones corticales superiores del conejo y de los batracios. Un repertorio bibliográfico detallado hubiese exigido muchas páginas. A quien interese documentarse debe, para los trabajos antiguos, recurrir a Golgi, Mondino, Veratti, Cajal y Kölliker, V. Gehuchten, etc. (obras o folletos extensos), y para los modernos, a las monografías de Nissl, Bethe, Held, Cajal (1921) [Cajal, 1921b], Lorente de Nó, etc.

Tocante a los métodos neurofibrillares, tan expresivos en los fetos y animales muy jóvenes, nos decepcionan en los mamíferos adultos o casi adultos, porque tiñen con frecuencia simultáneamente todas las fibras meduladas y ameduladas, amén de las dendritas, a que se añade la obligación inexcusable, dada la tupidez del plexo intersticial, de ejecutar cortes finos en los cuales, a más o menos distancia, los conductores aparecen mutilados. La figura 47 dará idea de la densidad excepcional de tal urdimbre.

Tampoco nos aprovecha el método de Ehrlich, porque el azul de metileno no tiñe de ordinario sino las neuronas grandes de axon corto (soma y dendritas), respetando [el axon], que sólo en casos muy excepcionales (*células grandes fusiformes* de la primera capa cerebral) hemos conseguido teñir[3].

Quedamos, pues, reducidos al método de Golgi y similares (el de Cox, por ejemplo). Sólo la coloración negra, la cual gracias a su propiedad de fijarse, a veces, en unas pocas neuronas o fibras aisladas que destacan vigorosamente sobre fondo claro e incoloro, nos proporciona imágenes correctas y expresivas, aunque a menudo incompletas[4], del comportamiento terminal de algunos axones y colaterales. Pero estas revelaciones, a las que hemos consagrado muchos años de trabajo incesante[5], sólo se obtienen en los animales jóvenes o en los roedores pequeños de veinte a treinta días. Con todo eso, en el niño de uno a dos meses cabe recolectar algunos datos valiosos.

Suponiendo que las disposiciones encontradas en el niño y animales jóvenes no sufran grandes transformaciones en el adulto (lo que parece poco probable), enumeraremos aquí algunas sinapsis escogidas en muchos cientos de cortes gruesos bien impregnados,

---

[3] Cajal: «Las células de cilindro-eje corto de la capa molecular del cerebro». *Rev. trim. microgr.* Tomo II, 1897 [Cajal, 1897].

[4] Si fueran completas resultarían tan densas y complejas que se substraerían en absoluto al análisis.

[5] Cajal; «Studien über die Hirnrinde des Menschen». Leipzig, 1900 [Cajal, 1900]. Ebenda: «Sur la structure de l'écorce cérébrale de quelques mammifères». *La Cellule.* Tomo VII, 1891 [Cajal, 1981b].

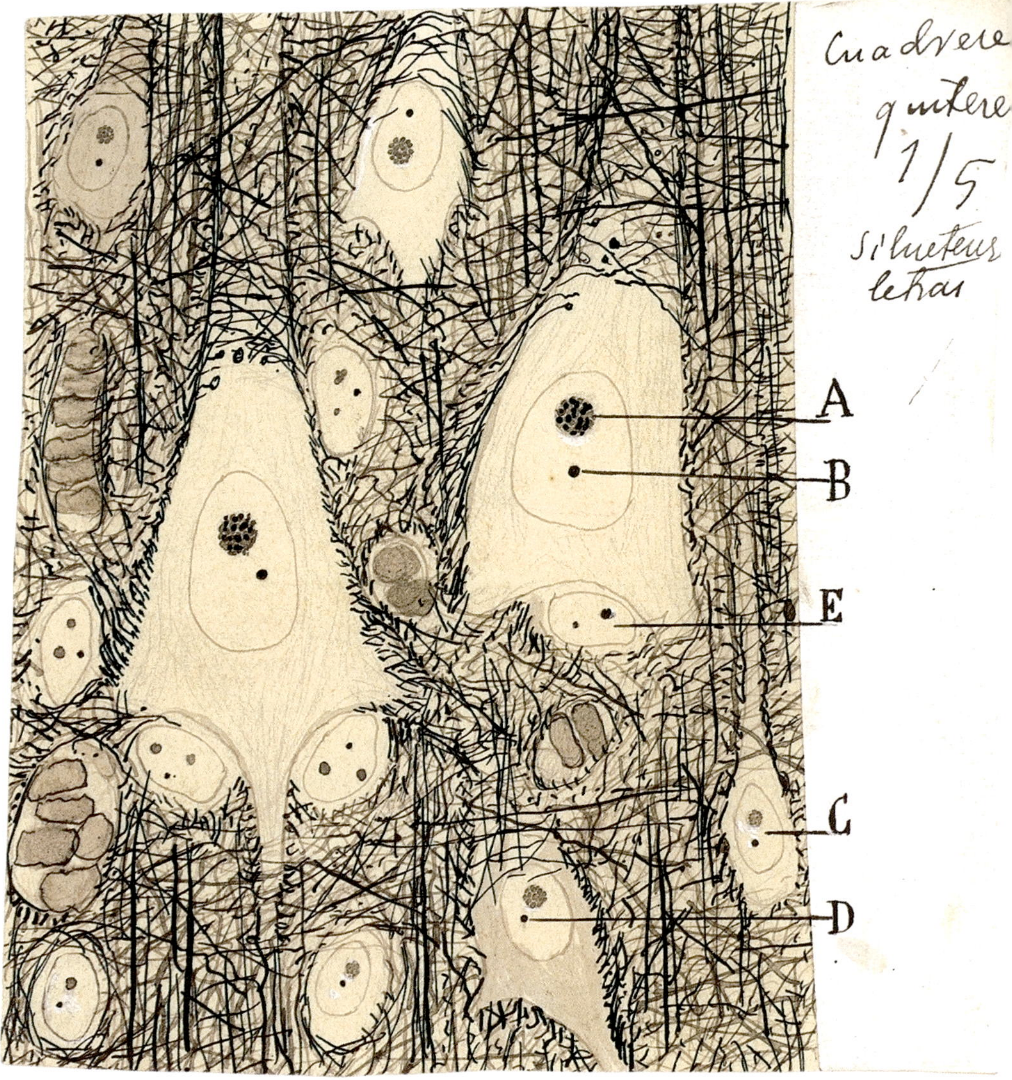

Fig. 47. Plexos terminales situados entorno de las pirámides. Corteza cerebral del perro adulto: *A*, nucleolo de una pirámide gigante; *B*, cuerpo accesorio, *E*, corpúsculo neuróglico basal.

pertenecientes a casi todas las regiones del cerebro, por diversos observadores (Cajal, Retzius, Martinotti, van Gehuchten, Calleja, K. Schaffer, Lorente de Nó, etc.). He aquí las conexiones que nos parecen más constantes y menos dudosas:

a) *Sinapsis entre plexos nerviosos difusos de gran complejidad y los somas y tallos [dendríticos] de las pirámides cerebrales.*– En este plexo de origen múltiple intervienen de preferencia las colaterales nerviosas; es decir, las emanadas de la porción intragris [del axon de la] piramidal[6]. Claro es que en él participan también las ramificaciones nerviosas de muchas células de axon corto, y quizás proyecciones finales de fibras callosas y de conductores de asociación.

A este plexo inextricable aludíamos especialmente al lamentar las dificultades insuperables del análisis de las sinapsis corticales. En la suposición verosímil de que sus componentes principales sean colaterales y dendritas, presentamos en el esquema de la figura 48 la marcha y conexión probable de tales conductores. Nótese cómo dichas colaterales cruzan y entran en contacto transversal u oblicuo con gran número de tallos de dendritas, apoyándose quizás en las espinas que revisten, como un vello, las superficies protoplásmicas. Verosímilmente contraen también relación con los somas. Por de contado (y éste es un grave inconveniente de servirse de animales jóvenes, cuyas colaterales nerviosas no han segregado aún su forro medular), semejante sinapsis sólo puede ser efectiva entre las neuronas y la porción terminal amedulada, todavía enigmática en el adulto, de las mencionadas colaterales. Por esta causa en un ratón o conejo de quince días resulta imposible distinguir el segmento terminal amedulado y ramificado de la porción que será envuelta ulteriormente por la vaina medular [Figura 48 bis][L] En cuanto a los cabos finales de dichas fibras, todo cuanto se diga no pasa de conjeturas

[6] Véase mi discurso de la *Croonian lecture*, donde se trata de establecer, bien que hipotéticamente, la relación de las colaterales de las pirámides con los tallos y somas de otras pirámides. («La fine structure des centres nerveux». *Proceedings of the Roy. Soc. of London*. March, 1894.) [Cajal, 1984b].

[L] *N. del E.* La referencia a la Fig. 48 bis ha sido añadida por el editor.

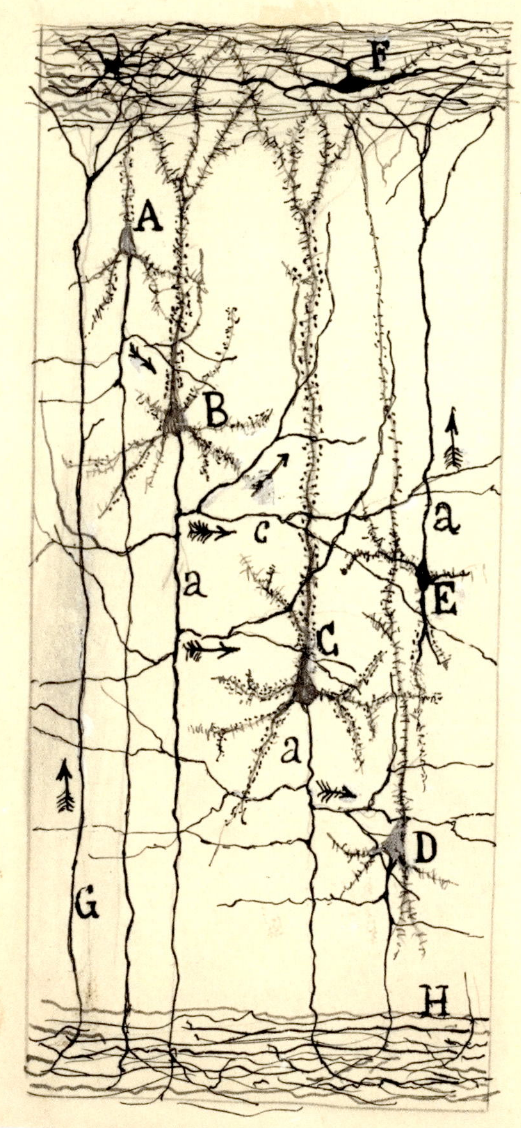

Fig. 48. [*A*] Pequeña pirámide: *B* y *C*, mediana y gigante pirámide, respectivamente; *a*, axones; *c*, colaterales nerviosas que parecen cruzar y tocar a las dendritas y tallos de las pirámides; *H*, substancia blanca; *F*, células especiales de la primera capa cerebral; *G*, fibra llegada de la substancia blanca. Las flechas marcan la dirección supuesta de la corriente nerviosa.

más o menos probables. Acaso algunas de aquéllas terminan sobre somas o dendritas situados a gran distancia, mediante varicosidades. Pero semejante disposición, que hemos reproducido alguna vez, es tan excepcional que nos deja casi siempre en la duda de si estamos en presencia de un accidente de impregnacion o de un hecho real y constante. En cuanto al animal adulto, el método de Golgi fracasa casi siempre en lo tocante a mostrar el trayecto de las más finas colaterales. Lo mismo ocurre con el de Cox.

El problema de las conexiones axo-dendríticas cerebrales sería más accesible si pudieran confirmarse las recientes aserciones de Held, quien en un moderno folleto[7], después de considerar las espinas colaterales como legítimos *Endfüssen*, implantados sobre dendritas[8], llega a describir unas redes intersticiales que pondrían

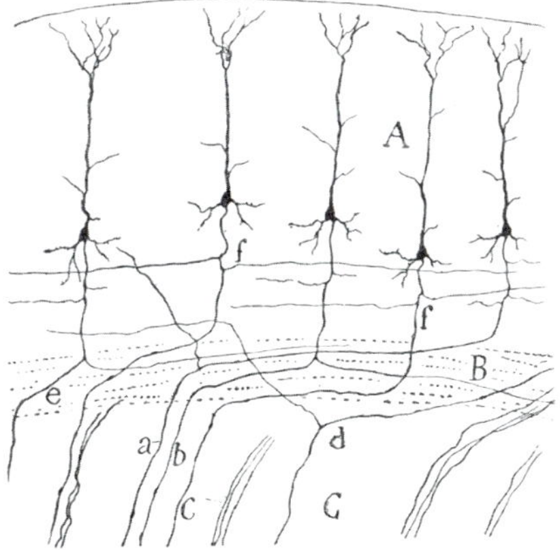

Fig. 48 bis. Representación esquemática de la longitud enorme de las colaterales cerebrales en el ratón de quince días. *A*, corteza; *B*, substancia blanca; *C*, cuerpo estriado; *f*, largas colaterales nerviosas. Nótese que algunas colaterales largas (*e*) se convierten, llegadas a la substancia blanca, en fibras de asociación.

[7] Held: Die Lehre von den Neuronen und von Neurencytium und ihr heutiger Stand. *Fortschritte der naturwissenschaftl. Forschung*. N. F. Heft. 8. 1929 [Held, 1929].

[8] Held atribuye a Golgi el descubrimiento de las espinas colaterales de las dendritas. Tengo por seguro que debió verlas en sus primeras preparaciones; pero probablemente las consideró, según conjeturó más tarde Kölliker, como un precipitado del cromato argéntico. Sea de ello lo que quiera, Golgi no las describe en sus trabajos antiguos. (Hemos leído todos los tomos de su obra *Opera omnia*, así como sus primeras comunicaciones. Véase, por ejemplo, el trabajo de 1883, publicado en *Archives ital. de Biologie*, tomo III, donde no describe ni dibuja espinas ni aun en las células de Purkinje [Golgi, 1883]. Tampoco Forel las nombra ni dibuja en su comunicación de *Arch. f. Psychiatrie*, etc. Bd. 18, 1887, fundada sobre todo en los métodos de las degeneraciones y el de Gudden) [Forel, 1887]. Volviendo a Golgi, la primera vez que las menciona y

en comunicación las pirámides entre sí y con las fibras nerviosas terminales. Confesamos que nuestra credulidad, no obstante la gran admiración que nos inspira la perspicacia de Held, no llega hasta el punto de aceptar tan singular hipótesis. Sin vanagloria podemos considerarnos en este caso como un testigo de mayor excepción, puesto que hemos dedicado más de treinta años a aplicar al cerebro y a otros centros nerviosos el método de Golgi, con una perseverancia que podrá ser igualada, pero dificilmente superada. Pues bien; jamás hemos visto estas anastómosis entre las espinas y las fibras nerviosas, no obstante haber consagrado a ellas particular atención desde 1888. Recordemos de pasada que las espinas fueron hace tiempo también consideradas por Bethe como punto de partida de su *syncytio* intersticial[9].

Yo bien sé que en ciencia sólo suele encontrarse lo que se busca tenazmente; pero cuando lo que no se busca constituye una disposición frecuente y aparece con toda evidencia, acaba por despertar la atención más distraída o preocupada por otros problemas. Tampoco han tenido la fortuna de sorprender las redes axodendríticas de Held, Golgi y sus discípulos, ni Retzius, Kölliker, van Gehuchten, P. Ramón, Calleja, Martinotti, Sala, K. Schaffer, Demoor, etc.;

---

dibuja es en su discurso del premio Nobel, Diciembre de 1906 [Golgi, 1929]; pero sin darles importancia alguna ni atribuirse su descubrimiento. En cambio, nosotros las describimos y figuramos en 1888 (cerebelo) y 1891 (cerebro), sin contar con que en 1896 les consagramos una monografía especial, tiñéndolas tanto por el método de Golgi como por cierta modificación del de Ehrlich. (Cajal: Las espinas colaterales de las células del cerebro teñidas por el azul de metileno. *Rev. trim. microgr.* Tomo I, pág. 151, 1896 [Cajal, 1896c]) [Figura 49][M]. Estos ensayos nuestros desvanecieron toda incertidumbre acerca de la preexistencia de tales apéndices. Se comprende, pues, que algunos autores, Demoor, Odier, Stephanowska, Manouelian, etc., les concedieran algún papel en las actividades neuronales y supusieran sin pruebas bien convincentes que mediante su retracción y turgescencia serían capaces de provocar los fenómenos del sueño, vigilia, narcosis, etc. No nos explicamos, pues, cómo Held atribuye su *Spitzenbesatz* a Golgi y hasta a Deiters, cuyo método de disociación jamás revela con claridad semejantes apéndices. En cambio Meyer las confirmó en 1897 con el azul de metileno.

[M] *N. del E.* La referencia a la Fig. 49 ha sido añadida por el editor.

[9] Véase la figura 26 del libro de Bethe: *Allgeineine Anat. u. Physiol. des. Nervensystems*, 1903 [Bethe, 1903].

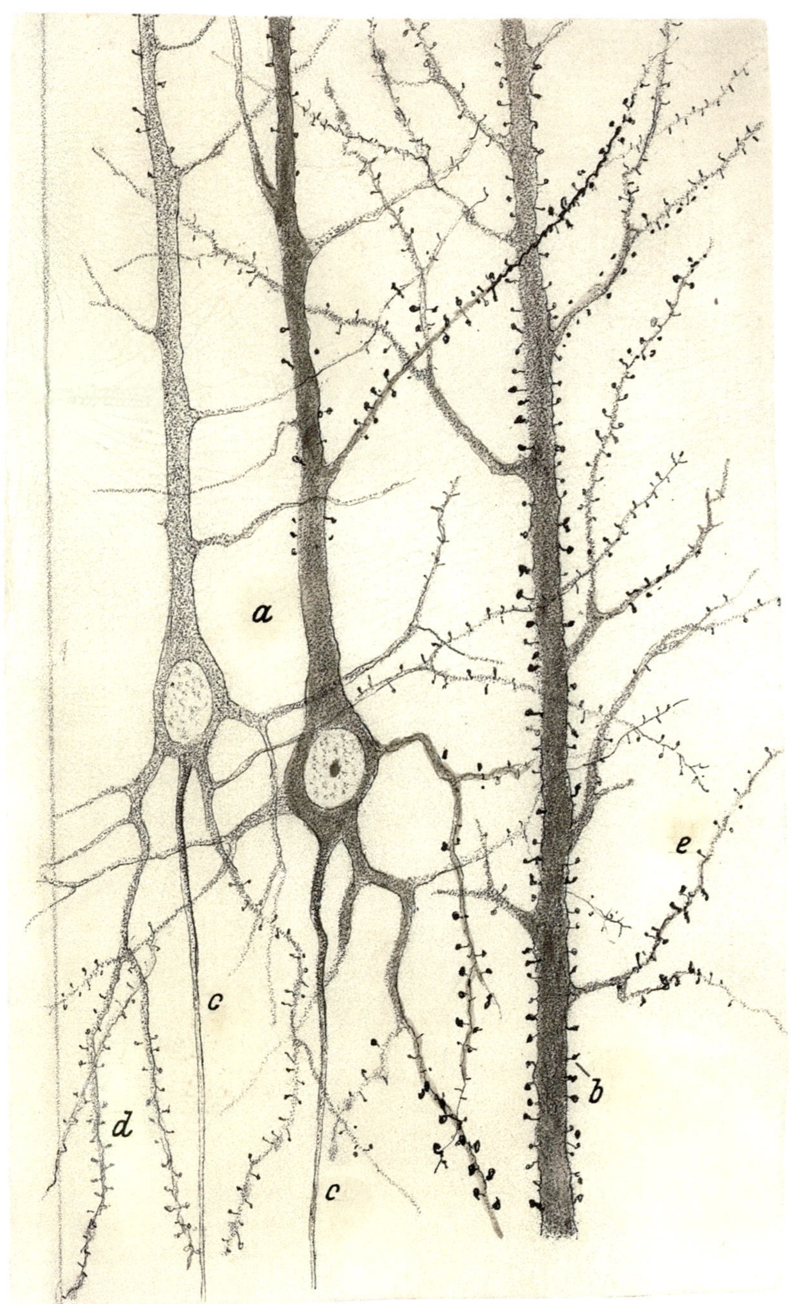

Fig. 49. Pirámides cerebrales del gato casi adulto, teñidas por una variante del método de Ehrlich al azul de metileno: *b, e, d*, espinas de las dendritas.

en fin, cuantos antigua o modernamente han explorado el cerebro, ya sea por medio del cromato de plata, ya sea por el método de Cox[10]. Pero no basta negar un supuesto equivocado, sino que debe procurarse explicar la causa del error. Yo creo que Held ha tomado por redes nerviosas interdendríticas las fusiones accidentales, por depósito del cromato de plata, producidas en algún caso entre las espinas de células contiguas y las fibras de paso (acaso colaterales ameduladas). De todas suertes, tal accidente es excepcional.

Aparte estas observaciones negativas, existe un argumento general de mucha fuerza contra la citada hipótesis de Held (quien por cierto no ha convencido a Bielschowsky). Aludo a la absoluta incolorabilidad por los métodos neurofibrillares de las espinas de las dendritas de las pirámides cerebrales y de las células de Purkinje. Y, sin embargo, tíñense frecuentemente las más finas ramillas nerviosas en que se resuelven las colaterales de las pirámides del cerebro. ¿Cómo vamos a identificar el arranque de una espina, indiferente a la plata coloidal y carente de espesamiento basilar, con los legítimos *Endfüssen*, no sólo impregnables por dicho reactivo, sino constituidos por una red o un anillo interior?[11].

Para ilustrar algo más este tema, del cual nos hemos ocupado ya varías veces, mostramos en la figura 50 algunos dibujos tomados de tallos de pirámides cerebrales adultas o jóvenes. En *A* presentamos el tallo de una pirámide de la región visual del conejo casi adulto. Nótense cuán cortas son las espinas y cómo empiezan delgadas y acaban por un bulbo final. Son pocas las bifurcadas. En *C* copiamos un tallo de las pirámides del gato de un mes. Confírmase la disposición mos-

---

[10] Lorente de Nó ha ejecutado miles de cortes por el método de Cox y de Golgi, en el ratón, mono, conejo y otros mamíferos, sin acertar a sorprender el *syncytium* cerebral de Held. Véase su Memoria, rica en detalles, acerca de las dendritas y colaterales. *Travaux*, etc. Études sur le cerveau postérieur. Tome XXIV, 1926 [Lorente de Nó, 1926].

[11] Por cierto que Held, en una de sus figuras, que reproduce una dendrita teñida con su método de los neurosomas, da a la base de las espinas un espesor enorme, en contradicción con la finura del de las legítimas espinas, arranque que dibuja según preparaciones del cromato de plata. Para apreciar esta singular contradicción, reveladora de que sus diseños de la espinas corresponden a cosas diferentes, compárense los grabados 2 y 3, que ilustran la última, tantas veces citada, monografía del neurólogo de Leipzig.

Fig. 50. Tipos de espinas colaterales de pirámides cerebrales. *A*, conejo; *B*, niño de dos meses; *C*, espinas del gato (región visual) de un mes; *D*, trozo de una dendrita medular del gato en una fase anterior a la formación de los *Endfüssen*.

trada en *A*; las espinas aparecen un poco más largas y con frecuencia incurvadas. En *B* hemos dibujado otro tallo del niño de dos meses (pirámide de la región visual). Llama la atención, no sólo la mayor longitud de los apéndices, sino la frecuencia con que se dividen y los cambios de dirección de sus ramillas secundarias. Como término de comparación hemos dibujado en *D* una dendrita de una célula motriz de la médula [espinal] (gato de un mes). Adviértase que la superficie está erizada de proyecciones irregulares y rara vez acabadas mediante bulbos. Es casi seguro que esta disposición es transitoria. En fin, dibujamos también algunas colaterales nerviosas cruciales u oblicuas (cerebro), sin que sea dable apreciar su fusión con las espinas.

b) *Terminaciones de fibras exógenas, llegadas del tálamo.* (Corteza sensorial.)– En las muy completas impregnaciones, las ramificaciones finales de tales conductores se encuentran de preferencia en la capa de los granos (corteza visual, corteza acústica, etc.), donde generan un plexo sumamente denso y difuso. En la figura 51, tomada de mis antiguas preparaciones, puede apreciarse la complicación inextricable de este plexo, dentro del cual destacan los granos y otros somas celulares, como espacios claros. Lorente de Nó ha visto plexos semejantes en el cerebro posterior del ratón.

c) *Terminaciones de las neuronas de axon corto.*– En ciertas regiones cerebrales, se encuentran corpúsculos de axon corto, cuyo [axon] se descompone en una porción de ramas, cada una de las cuales constituye un nido para las pirámides u otros tipos neuronales[12] (figura 52).

Donde habitan los corpúsculos de axon corto más típicos, demostrativos y fáciles de estudiar es en el *Asta de Ammon* y *fascia dentata*. Allí, en la vecindad de los somas (granos y pirámides), hemos conseguido impregnar ciertas células estrelladas o piramidales de axon horizontal, del cual emanan multitud de hebras varicosas terminales que tocan íntimamente el cuerpo de los granos (*fascia*

[12] En cambio son infinitas las neuronas de axon corto, que forman arborizaciones nerviosas difusas y de gran extensión.

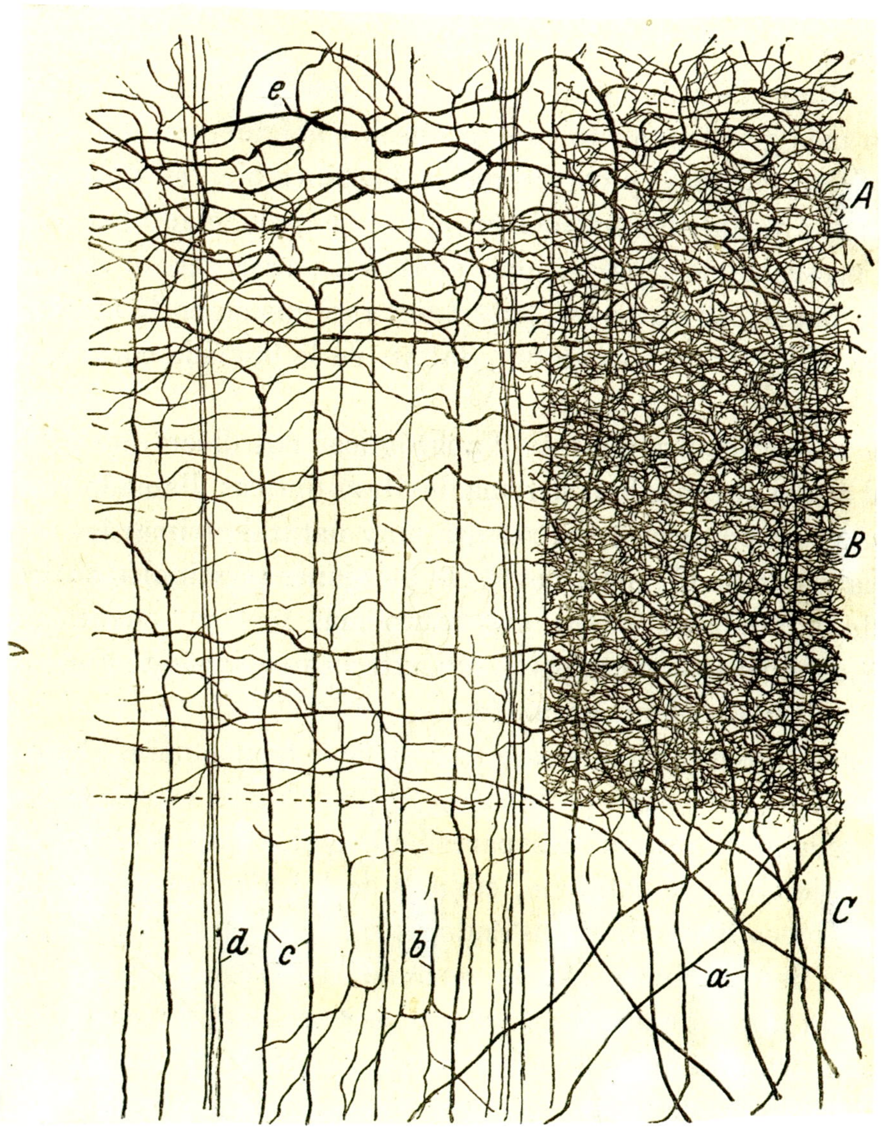

Fig. 51. Plexos nerviosos de las zonas cuarta y quinta de la corteza visual del niño de veinte días. *A*, zona cuarta; *B*, zona quinta; *C*, zona sexta; *a*, fibras ópticas; *b*, axones de células de la capa sexta; *c*, axones ascendentes de corpúsculos piramidales de la capa octava; *d*, haces de axones de pirámides medianas y pequeñas; *e*, arcos de fibras ópticas con colaterales ascendentes.

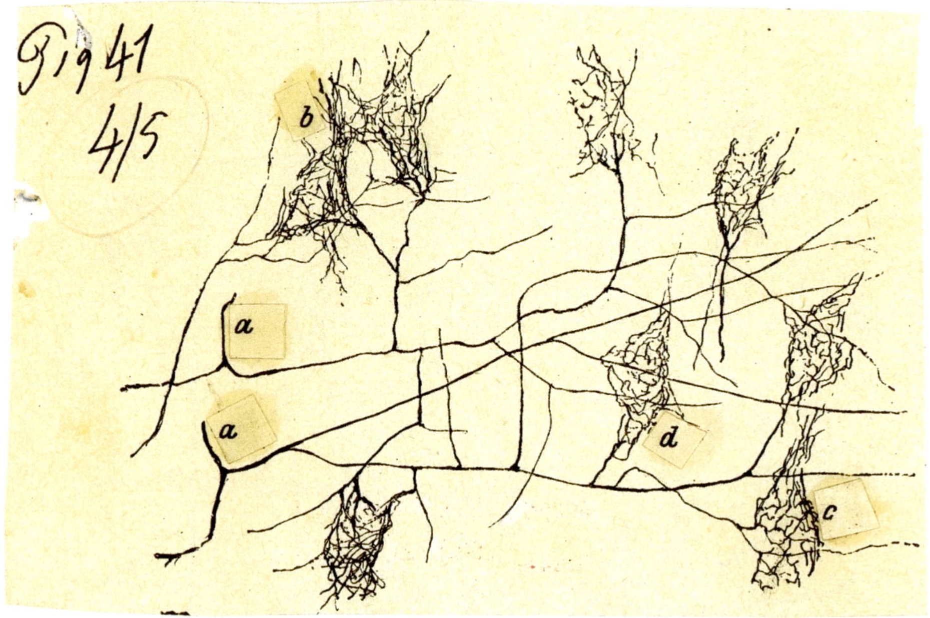

Fig. 52. Arborizaciones pericelulares de la corteza motriz del niño de veinticinco días; *a*, axones divididos en largas ramas horizontales; *b, c, d*, cestas pericelulares.

dentata) o el de las pirámides (asta de Ammon). Donde mejor se tiñen estos nidos nerviosos, que recuerdan algo los del cerebelo (aunque con más pobreza de fibras terminales), es en el conejo de quince a treinta días (método de Golgi y de Cox). La figura aneja a estas páginas (un poco esquematizada) nos dispensan de entrar en pormenores enojosos, que podrá adquirir quien lo desee en nuestro libro de conjunto, tantas veces citado, o en nuestro antiguo trabajo sobre el *asta de Ammon*[13]. (Véase figura 53 *a, P)*.

d) *Terminaciones de los axones de las neuronas de Martinotti y similares*.– Las arborizaciones nerviosas generadas por tales [axones] abarcan áreas extensas de la primera zona. Sin perjuicio de suministrar colaterales para diversas capas corticales, el contingente principal de las arborizaciones nerviosas se dilata en la capa primera, tangencialmente, recorriendo sus ramas enormes distancias. En algunos casos hemos sorprendido condensaciones de los ramúsculos terminales en nidos situados en torno de las células de axon corto de la capa molecular (sobre todo sobre las *Cajal'schen Zellen* de Retzius).

La misma disposición de arborizaciones difusas ofrecen los axones ascendentes emanados de células profundas de la corteza y los descendentes (que no llegan a la substancia blanca) descritos recientemente por Lorente de Nó. De todos modos, el problema de las conexiones de los factores nerviosos de este estrato, es todavía muy obscuro. A ello contribuye también el gran número de axones llegados tanto de la substancia blanca como de diversas zonas corticales. Entre ellos se cuentan quizás fibras de asociación y callosas.

En resumen: hoy por hoy, lo poco que sabemos de los tipos de articulación nervioso-neuronal en la corteza cerebral, confirma en principio las disposiciones de conexión de las demás provincias encefálicas.

---

[13] Cajal: «Estructura del *asta de Ammon* y *Fascia dentata*». *Anales de la Sociedad Española de Historia Natural.* Tomo XXII, 1893 [Cajal, 1893a].

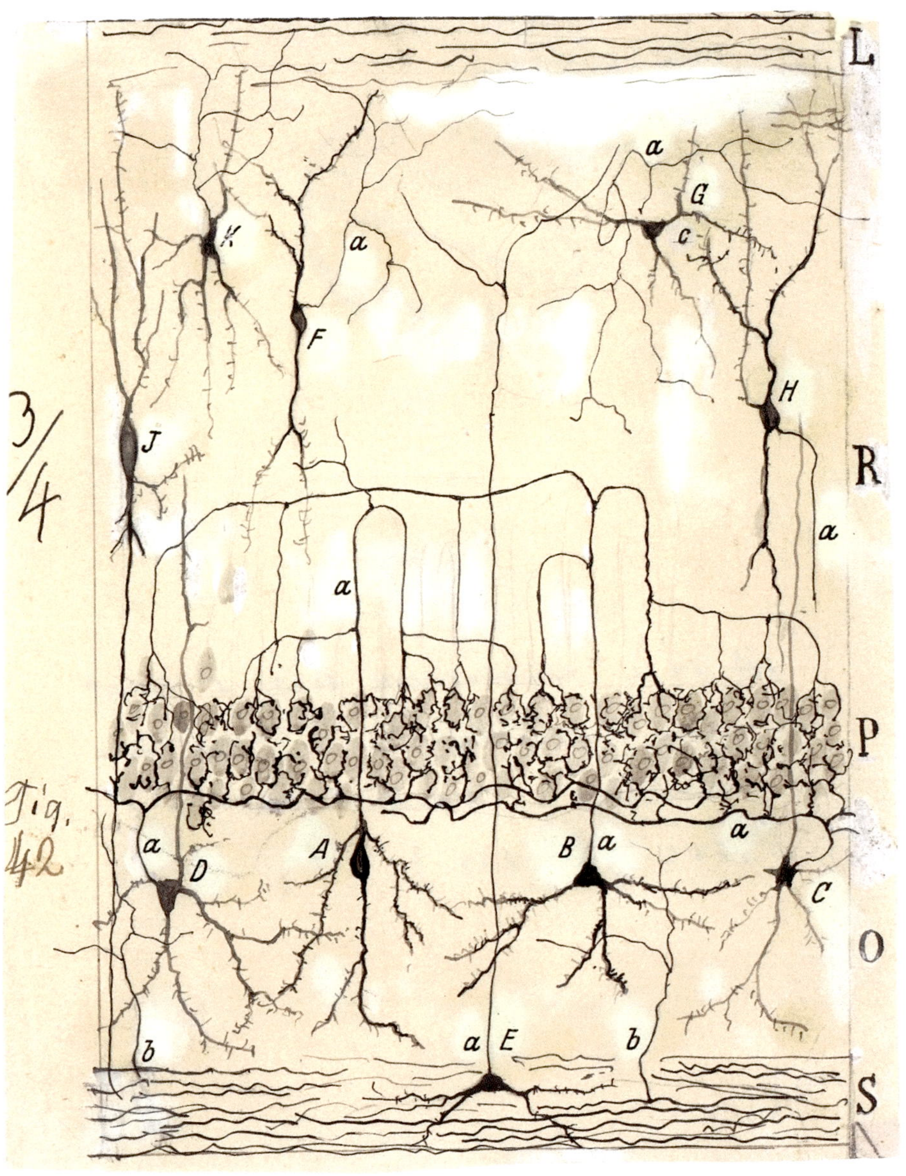

Fig. 53. Asta de Ammon, del conejo. *A, B*, neuronas cuyo axon ascendente se descompone en ramas arciformes productoras de nidos envolventes de los cuerpos de las grandes pirámides (*P*).

De todos modos, el esclarecimiento del modo de conexión de los innumerables [axones] endógenos y exógenos, colaterales y terminales, brotadas de las fibras *talámicas*, de las *callosas* y de *asociación*, constituye problema inabordable actualmente. En él pondrán a prueba su sagacidad y paciencia muchas generaciones de futuros neurólogos.

10 11. Reparos aparentes a la doctrina neuronal, basados en el estudio reciente de las terminaciones nerviosas motrices y sensitivas

No negamos la realidad objetiva del retículo periterminal [...], sino su naturaleza estrictamente nerviosa y su continuación evidente con las neurofibrillas [...], que podría pertenecer exclusivamente a la célula inervada y representar un sistema intermediario destinado a transmitir el impulso nervioso a los corpúsculos receptores (placas motrices) o colectores (aparatos de Grandry).

A) Terminaciones motrices y red periterminal de Boeke.– Recientemente[1], y en un dominio tan explorado como la *placa motriz*, donde se han aplicado con resultados casi completamente concordantes, el método de Gonheim, los procedederes del oro (Loewit, Ranvier, Golgi, Ruffini, Cajal, etc.), ha señalado Boeke, valiéndose del método de Bielschowsky, modificado, un esqueleto muy fino y pálido, que comprendería todo el territorio nucleado de la placa motriz. Este retículo sólo se presentaría eventualmente,

---

[1] Boeke: *Anat. Anz.* Bd. 35. 1910 [Boeke, 1909]. Véase, sobre todo, su trabajo: «Beiträge zur Kenntnis der motorischen Nervenendigungen». *Intern. Monatschr. f. Anat. H. Physiol.* Bd. 28. 1911 [Boeke, 1911]. Consúltense también las comunicaciones de Aoyagi (1912) [Aoyagi, 1913] y la de Boeke y Dusser de Barenne (1919) [Boeke and Dusser de Barenne, 1919], discípulos del sabio holandés.

contrastando por su delicadeza y escasa apetencia por los procederes neurofibrillares de las ramas genuinamente nerviosas de la placa motriz. Lo más interesante de este hallazgo sería el hecho de que, por un lado, esta red pálida y sutilísima se anastomosaría con las ramas terminales de la conocida arborización nerviosa, y por la periferia entraría en continuación con las rayas obscuras [del musculo] estriado[2].

En la figura 54 reproducimos un grabado de Boeke, que da idea de su concepción de la estructura de la placa. A fuerza de probaturas hemos conseguido, con una fórmula especial, sorprender en la lengua del conejo una disposición reticular que recuerda bastante la Netzwerk de Boeke[3], aunque se muestra más espesa.

De estas observaciones hemos llegado a la conclusión de que, aparte los núcleos, la placa motriz encierra dos estructuras esenciales: las ramificaciones subsarcolemáticas de las fibras nerviosas y una red pálida descubierta por Boeke (*red periterminal*); pero semejante retículo, más o menos granuloso en nuestros preparados (figura 55), no parece enlazarse con la arborización nerviosa. En cambio, creemos probable que se continúe con las bandas obscuras del [músculo] estriado, según mostramos en la figura 55. Con todo, resulta difícil fijar con certeza con qué bandas entra en comunicación.

---

[2] La red de Boeke es un fenómeno raro, tanto que en la mayoría de las figuras aportadas por el sabio holandés no aparece. Por eso se ven en la Memoria fundamental de Boeke arborizaciones motrices, iguales o casi iguales a las dibujadas hace tiempo por nosotros (Tello y otros muchos). Véase, por ejemplo, las arborizaciones motrices de las láminas 17, 18 y 19. Sólo en dos o tres figuras de la lámina 20 aparece una red pálida adventicia fuera de la arborización (*Intern. Monatschr. f. Anat. u. Physiol.* Bd. 28. 1911 [Boeke,1911]). En ulteriores Memorias de Boeke la red periterminal abunda más; por ejemplo, en: Die Beziehungen der Nervensystem und Bindegewebselemente and Tastzellen, die periterminale Netzwerk der motorische und sensibeln Nervenendigungen, etc.. *Zeitsch. f. mik. Anatomische Forschung.* IV. Bd. 1926 [Boeke, 1926a]. También se consultarán con fruto los trabajos de Heringa (*Untersuchungen ueber den Bau und die Entwicklung der periph. Nervensystem.* Amsterdam, 1920 [Heringa, 1921]), y el del japonés Iwanga (Studien ueber die motorischen Nervenendigungen. *Mittheil u. allg. Pathol. u. pathol. Anat.* Senday. (Japón). Bd. II. 1925 [Iwanaga, 1925a, b]), y otros muchos.

[3] Cajal: «Quelques remarques sur les plaques motrices de la langue des mammifères». *Trav. du Lab. de Rech. biol.* Tomo XXIII, 1925 [Cajal, 1925].

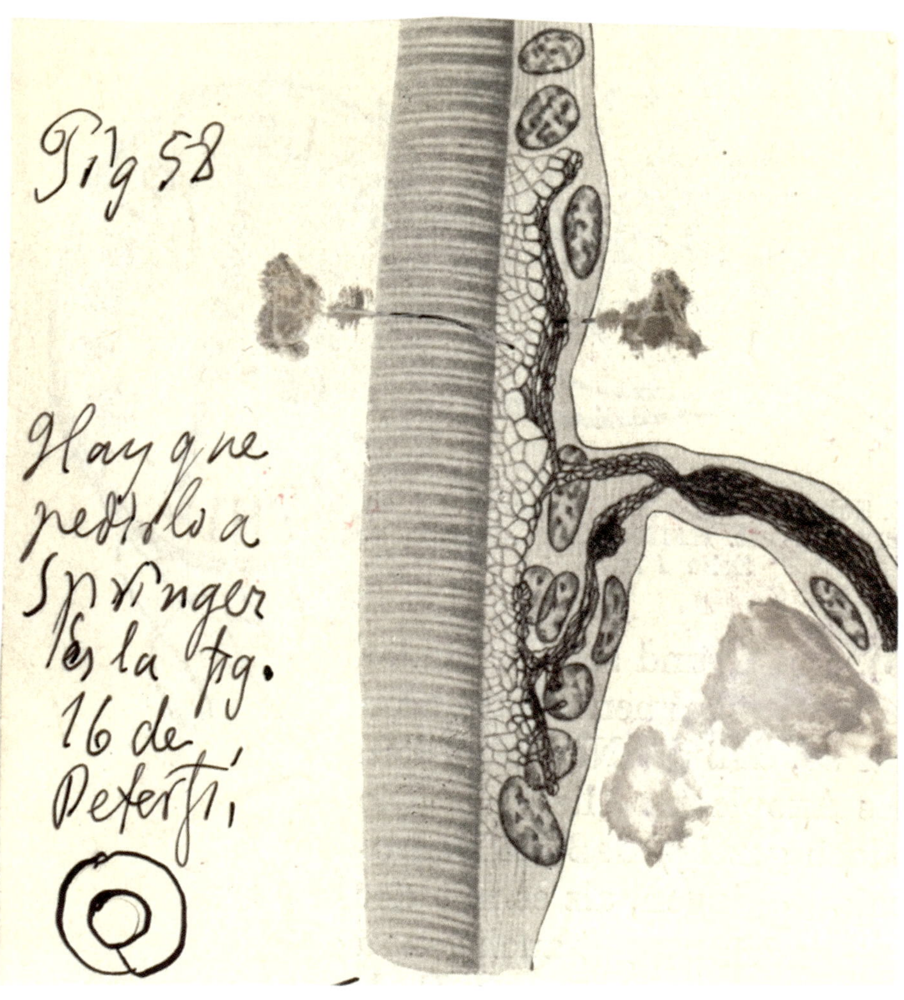

Fig. 54. Placa motriz vista de perfil (según Boeke).

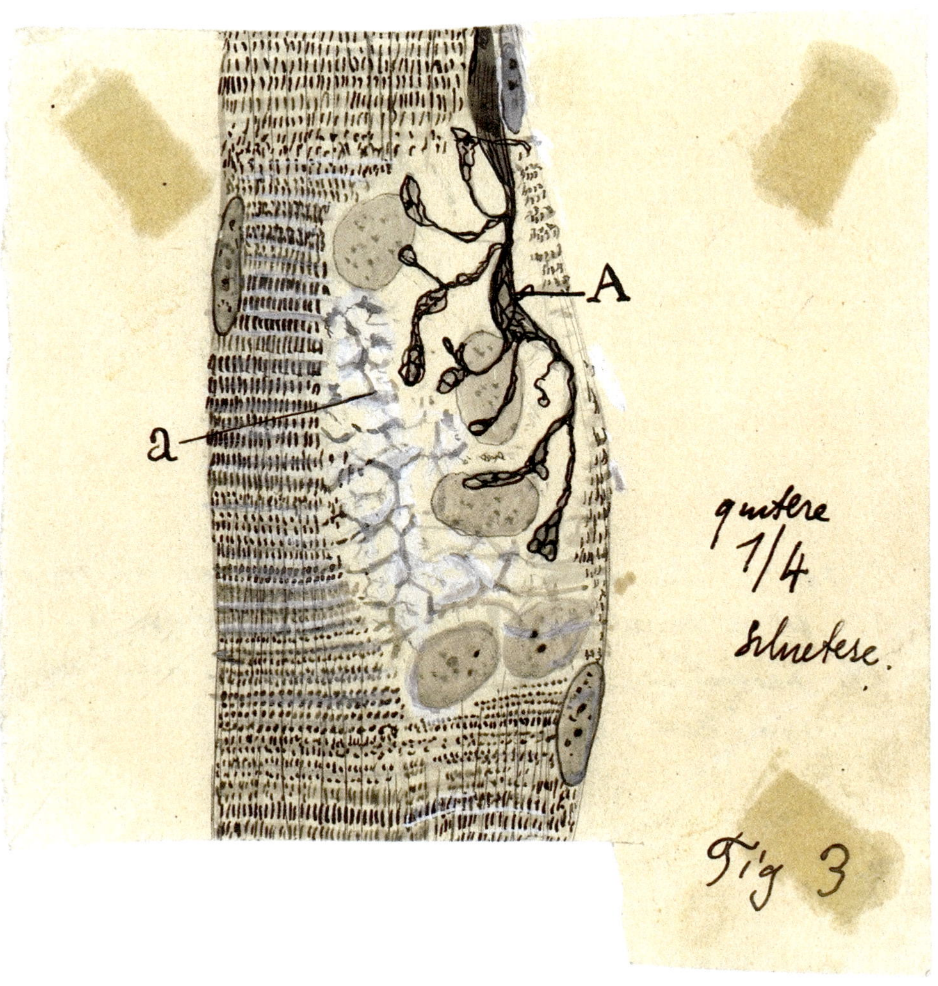

Fig. 55. Lengua del conejo. Placa vista casi de perfil. *A*, espesamiento de un axon aferente; *a*, red periterminal de Boeke.

En suma, y para no insistir sobre un tema que hemos tratado en una Memoria especial, damos por verosímil que la placa, al modo de otros muchos tipos celulares —epitelios (Heidenhain), células conectivas (Tello), corpúsculos del epéndimo (Serra, Cajal), células cancerosas (Del Río Hortega), corpúsculos neuróglicos de la substancia gris, etc.—, posee una textura reticular propia, resto del armazón embrionario, a cuyas expensas se diferenció la materia estriada. No rechazamos en absoluto la idea de que este armazón placular venga a ser un anillo intermediario entre la substancia contráctil y las neurofibrillas y neuroplasma de la ramificación terminal.

Sobre la constitución neurofibrillar de las ramificaciones nerviosas de la placa séanos lícito recordar un antecedente ignorado de los sabios. Ya en 1904 la demostramos nosotros[4] y confirmaron Tello[5] y otros sabios. La escuela de Bielschowsky, bastante después, trabajando con el óxido de plata amoniacal, las presentó también con evidencia.

Terminaciones acintadas o membraniformes.– ¿Pero todas las placas motrices descritas por Boeke pertenecen al mismo tipo? Nos parece dudoso. Existen también, junto con las arborizaciones motrices ordinarias, con o sin red periterminal, otras terminaciones, relativamente raras, que hemos sorprendido en el ratón, gato y conejo jóvenes, y, en general, en animales en curso de evolución. Trátase, no de una legítima ramificación, sino de expansiones finales mediante cintas anchas, delgadas, con red fina bien aparente, a la manera de tul o velo delicado. Acaso pertenezcan a este tipo las terminaciones mostradas por Boeke (figuras 19, 20 y 21 del trabajo de 1911 de este sabio)[6]; quizás se refiera a ellas Iwanga, cuando afirma que la Netzwerk pudiera representar la porción marginal

---

[4] Cajal: «Contribución al estudio de la estructura de las placas motrices». *Trabajos*, etc. Tomo III, 1904 [Cajal, 1904b].

[5] Tello: «Terminaciones nerviosas en los músculos estriados». *Trabajos*, etcétera. Tomo IV, 1905-906 [Tello, 1905].

[6] Boeke: *Loc. cit. Zeitschift*, etc. Bd. IV. 1926 [Boeke, 1926a].

no consolidada de las ramas nerviosas, tardíamente diferenciadas. Como sucede a menudo que la expansión membraniforme muestra solamente enérgicamente teñidas las neurofibrillas axiales continuadas con la neurita, puede caerse en la ilusión de tomar aquélla por red difusa periterminal. Pero esta ilusión se desvanece observando que la cinta exhibe fronteras bien acusadas dentro de la placa. Para demostrar la aptitud que poseen los conos de crecimiento cuando topan con un obstáculo para desarrollar elegantes y sutilísimos velos, recordaremos las figuras de nuestro trabajo sobre la Regeneración y la representativa de una membrana nerviosa que rodea un curpúsculo adiposo[7].

Por lo demás, y volviendo a las redes periterminales de Boeke, de las placas ordinarias y adultas, recientes autores han expuesto dudas sobre el carácter neurofibrillar de semejantes redes pálidas. Entre ellos Castro[8], que ha examinado las preparaciones de la escuela de Boeke, y el Dr. Wilkinson[9], Profesor de Adelaida (Australia), el cual

---

[7] Cajal: «Démonstration photographique de quelques phenomènes de la régéneration des nerfs». *Trav.* etc. Tomo XX IV, 1926 [Cajal, 1926c].

[8] F. de Castro: «Technique pour la coloration du système nerveux, quand il est pour vu de ses étuis osseux, etc. ». *Travaux. du Laboral.*, etc. Tomo 23, 1925 [de Castro, 1925]. Este autor escribe: «A notre mode de voir, cette continuation des neurofibrilles periterminales n'existent plus dans les terminaisons motrices et sensitives. Ce qui arrive c'est qu'il y a une adaptation intime de surfaces, sans matière ou ciment d'union, entre le protoplasme de l'élément innervé et celui de la terminaison nerveuse. Dans ces conditions, on a facilement l'impression d'une parfaite continuité des trabécules neurofibrillaires les plus fines gisant dans le neuroplasme avec les petits filaments argentophiles disposées dans le sarcoplasme ou dans le protoplasma des corpuscules sensitifs», etc.

[9] H. J. Wilkinson: *The innervation of Striated Muscle Adelaida* (Australia), 1929 [Wilkinson, 1929]. Es muy significativo que, según este autor, las redes periterminales, lejos de ser estables, como las neurofibrillas, se desvanezcan hasta desaparecer. Para este sabio la verdadera terminación nerviosa de la placa está representada por la arborización neurofibrillar ordinaria, teñida intensamente, única cosa permanente, cuyo colorido y aspecto son completamente diferentes de la red de Boeke. En consecuencia, duda que las redes periterminales sean conductoras. Nótese, pues, que este sabio, sin conocer mi trabajo ni el de Castro, coincide en principio con nuestras conclusiones, pero defendiendo opiniones todavía más radicales y severas contra la concepción del neurólogo holandés. Es curioso el aserto categórico de que la red periterminal, visible sobre todo gracias a la hematoxilina, desaparece rápidamente.

no sólo ha estudiado las preparaciones de Boeke y de Agduhr, sino que ha trabajado con estos sabios. Este investigador afirma que no ha visto claramente dichas redes periterminales. Para el autor australiano se trata de una especie de tabiques separatorios de vacuolas intraplaculares, que simulan un retículo pálido. Su existencia es muy inconstante. Tampoco Tello y sus discípulos han logrado con el método de Gross y de Bielschowsky percibirlo claramente.

B. Terminaciones en las fibras lisas.– Otro de los argumentos de hecho esgrimidos contra la teoría neuronal es la terminación descrita y figurada por Boeke en el interior de las fibras musculares lisas. Esta terminación se efectuaría mediante hebras penetrantes, coloreables por el método de Bielschowsky y acabadas por un fino botón libre. Las figuras de Boeke han sido reproducidas por Held (1929) y otros varios autores, entre ellos por Ph. Stöhr (1928). El *citado* botón unas veces acabaría en pleno protoplasma y otras dentro del núcleo (Boeke). Terminaciones algo semejantes se han señalado hasta en el interior de las células epiteliales.

Suponiendo que dichas neurofibrillas penetrantes sean ciertas y no constituyan apariencias falaces de fibrillas exteriores íntimamente adheridas a la membrana celular, el hecho no es incompatible con la doctrina neuronal. Desde hace muchos años conocemos todos un antecedente auténtico: la arborización intracelular yacente en la placa motriz y situada por debajo del sarcolema. Los ejemplos aducidos por Boeke serían, en principio, casos semejantes. Nosotros mismos, hace cerca de cuarenta años, describimos en preparaciones de Golgi terminaciones glandulares intraepiteliales[10],

---

Una discusión interesante entre Boeke y Wilkinson, a propósito de la constitución de la placa motriz, puede leerse en *Zeitschr. f. mik. Anat. Forchung*. 23. Bd. 1931. En este mismo tomo se halla el trabajo de Heringa sobre el retículo periterminal de Boeke, con algunas sugestiones interesantes sobre la estructura del *sarcoplasma*. (*Das Boeke periterminale Netzwerk der quergestreiften Muskelfasern*, etc., pág. 505.)

[10] Cajal y Sala: «Terminaciones de los nervios y tubos glandulares en el páncreas, etc.». Barcelona, 1891 [Cajal y Sala, 1891].

ya mencionadas por Pflüger. Sin embargo, más adelante, nos convencimos de que las fibras que creíamos intraprotoplásmicas residen en el cemento intercelular[11]. Pero –repetimos– la penetración intraprotoplásmica de una neurofibrilla claramente diversa por su aspecto y colorido del armazón celular no constituye argumento contra la doctrina neuronal, porque falta la fusión de ambos factores, que conservan su individualidad.

Parecido juicio ha expuesto antes que nosotros F. de Castro: «Aun admitiendo –dice– la invasión del protoplasma de las fibras lisas, conforme pretende Boeke (1915-26), Stöhr (1926), Lawrentjew (1926), y para ciertas células epiteliales (Boeke y Heringa, 1920), no es menos cierto que la fibra terminal y el protoplasma inervado continúan siendo independientes, puesto que no se confunden los citoplasmas; por tanto, se mantiene la unidad nerviosa..., la pequeña maza o anillo terminal posee siempre, además de la neurofibrilla, un tenue forro neuroplasmático. Nos encontramos, pues, en realidad, en presencia de dos sistemas independientes íntimamente relacionados.» Tales reflexiones fueron formuladas por Castro, por haber sorprendido o creído sorprender neurofibrillas terminadas mediante botones en las células de la médula ósea en trance de osificación. Véase: [F. de Castro] «Quelques observations sur l'intervention du système nerveux autonome dans l'ossification, etc.». *Travaux du Lab. de Rech. biol.* Tome XXVI, - 1929.

C. La red periterminal de Boeke en los aparatos sensitivos[12].– Firme en su propósito de buscar sus redes periterminales en los diversos tipos de aparatos sensitivos periféricos, Boeke ha

---

[11] Cajal: Véase, con relación a las terminaciones en las fibras lisas, mi antigua Memoria, «Los ganglios y plexos nerviosos del intestino de los mamíferos, etcétera». Noviembre, 1893. (Con 13 grabados.) [Cajal, 1893c].

[12] Boeke: «Die Beziehungen der Nervenfasern zu den Bindegewebselementen und Tastzellen». *Zeitschr. f. mikrosk. -anat. Forsch.* Bd. IV. 1926 [Boeke, 1926a]. Véase también: «Noch einmal das periterminale Netzwerk, etc. ». *Zeitschr. f. mikrosk.-anat. Forsch.* Bd. VII. 1926 [Boeke, 1926b]. Por lo demás, una red de hebras finas en las células de los corpúsculos de Grandry, fué ya vista por Nowik, que no afirmó la con-

logrado también encontrarlas en los corpúsculos de Grandry del pato y hasta en ciertos epitelios estratificados.

En la **figura 56** reproducimos un dibujo de Boeke relativo a los discos nerviosos específicos de los corpúsculos de Grandry-Merkel del pato. En la figura de la derecha aparecen las neurofibrillas del disco visto de frente, y en la de la izquierda, este mismo disco examinado de perfil y colocado entre los dos elementos de sostén. Aunque con poca claridad, vislúmbrase la continuidad entre el armazón de las células de sostén y las neurofibrillas del disco nervioso. El descubrimiento del sabio holandés ha sido acogido con fruición por Held, que reproduce con morosa delectación las figuras de aquél.

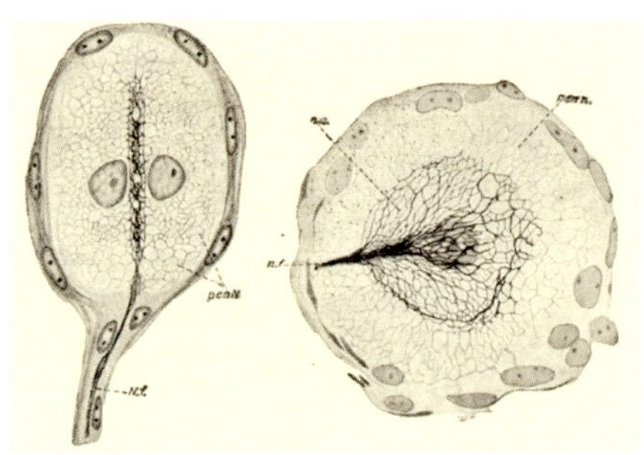

Fig. 56. Terminaciones nerviosas en los órganos de Grandry del pato. A la derecha aparece un corte paralelo a la placa; a la izquierda, una sección normal (según Boeke).

A guisa de indicio de la interdependencia del disco nervioso y de los *corpúsculos de sostén*, afirma Lawrentjew que tales corpúsculos degeneran cuando es seccionado el nervio trigémino[13]. En su sentir, el condrioma de las susodichas células sufriría un procesó precoz de dislocación y destrucción muy característico. Semejante señal carece, a nuestro juicio, de valor decisivo. Roto el lazo funcional entre elementos asociados a una misma función, es lógico que sobrevengan fenómenos degenerativos. Recordemos a este propósito las rápidas metamorfosis de las *células* de Schwann, del cabo periférico de los nervios seccionados. En este caso, la degeneración

tinuidad con la trama del disco terminal. Véase: «Zur frage von dem Bau des Tastzellen in den Grandry'schen Koerperchen». *Anat. Anz*: Bd. XXXVI. 1910 [Nowik, 1910].

13 Lawrentjew: «Ueber das Chondriom der Grandry'schen Körperchen». *Zeitschr. f. mikrosk.-anat. Forsch.* Bd.VI. 1926 [Lawrentjew, 1926].

podría explicarse, en principio, por la desdiferenciación de dichas células que, en estado normal, deben de recibir de los centros tróficos algún excitante dinámico indispensable para mantener su estructura específica.

La red protoplasma periterminal de los corpúsculos de Grandry ha sido objeto también de experimentos anatomo-patológicos. Prescindiendo de otros más antiguos, citemos los de Boeke[14], que después de interrumpir la inervación de dichos corpúsculos, ha sorprendido la penetración de los retoños en el disco nervioso y la regeneración de la red periterminal. Hay que reconocer que las figuras 26 y 27 (correspondientes a los cuarenta y dos días de la sección nerviosa), donde aparece dentro de la regeneración de la *Netzwerk* periterminal a las células de sostén, son muy impresionantes.

En cambio, las experiencias anatomo-patológicas practicadas en nuestro laboratorio no autorizan la tesis de Boeke. Las recientes investigaciones de Martínez Pérez[15], que ha estudiado la regeneración de los corpúsculos de Grandry y de Herbst, previa sección de la rama orbitaria del trigémino, parecen contradecir la naturaleza nerviosa de dicha red periterminal. Esta regeneración es muy tardía, comenzando a los seis meses de la operación y terminándose a los nueve. Remitimos al lector al interesante trabajo de este aventajado discípulo de Tello. Aquí nos importa solamente recoger el hecho de que las neurofibrillas regeneradas e invasoras del antiguo disco degenerado no rebasan, según dicho autor, los límites del disco ni asaltan, por tanto, el protoplasma de las células de sostén[16].

---

14 Boeke: *Loc. cit. Zeitschr.*, etc. Bd. IV. 1926 [Boeke, 1926a].

15 Martínez Pérez: «Sur quelques faits intéressants touchant la régénération experimentale dans les corpuscules de Herbst et de Grardry». *Trav. du Lab. de Rech, biol*, Tomo 28. 1932 [Martínez-Pérez, 1932-1933].

16 Consideramos todavía *sub judice* el problema de la regeneración de la red periterminal. Este asunto exige nuevos y más reiterados experimentos, usando para examinar las lesiones los métodos de la plata reducida, así como las fórmulas de Gross y Bielschowsky.

D. Recientes observaciones nuestras sobre los corpúsculos de Grandry y Herbst.– Recordando el buen éxito logrado hace años aplicando al tema, después de Dogiel[17], la primera fórmula del nitrato de plata reducido, hemos intentado impregnar los citados corpúsculos táctiles. El fijador usado se compone de nitrato de plata al 3 ó 4 por 100, adicionado de 15 a 25 cent. cúb. de alcohol. También nos hemos servido con éxito de la fijación en hidrato de cloral, con subsiguiente tratamiento por el alcohol amoníacal. Los resultados obtenidos coinciden, en principio, con los del método de Bielschowsky y sus variantes.

En las figuras 57 A y B, izquierda y derecha respectivamente, mostramos dos corpúsculos de Grandry vistos de frente e intensamente teñidos.

Nótese que ninguna neurofibrilla traspasa la frontera del disco nervioso. Pero acaso los cortes paralelos a la placa no sean los más a propósito para reconocer la pretendida red periterminal, situada en las células de sostén. Por eso hemos examinado también cortes longitudinales anteroposteriores.

Como puede verse en la figura 58 *a*, el resultado ha sido el mismo. Del disco cortado de través, y cuyas neurofibrillas aparecen bien impregnadas, no parte ninguna hebra destinada a las células de apoyo. En la figura 58 *d*, mostramos un corpúsculo de Grandry-Merkel, bien teñido, donde se aprecia la existencia del conocido aparato nervioso pericapsular extraño al axon generador del disco terminal (Dogiel y su escuela).

---

[17] Dogiel: *Anat. Anz.* Bd.· 25. 1904 [Dogiel, 1904]. En este trabajo demuestra Dogiel por primera vez las neurofibrillas de los órganos de Grandry y Herbst. Véase también su trabajo fundamental efectuado con el método de Ehrlich. «Die Nervenendigungen in den Tastkoerperchen, etc.». *Arch. f. Anat., & Physiol. Anat . Abt.*, 1891 [Dogiel, 1891], y las investigaciones de Szymonowicz: *Arch. f. mikrosk.-Anatomie.* Bd. 48. 1896 [Szymonowicz, 1897]. Yo mismo exploré los corpúsculos de Grandry con el nitrato de plata, aunque sin insistir sobre el tema, que creí agotado por Dogiel. (Véase: *Histologie du système nerveux.* Tome I, pág. 476, fig. 121 [Cajal,1909, 1911]). En realidad, casi todo cuanto sabemos tocante al armazón neurofibrillar del disco tactil, al histólogo ruso lo debemos.

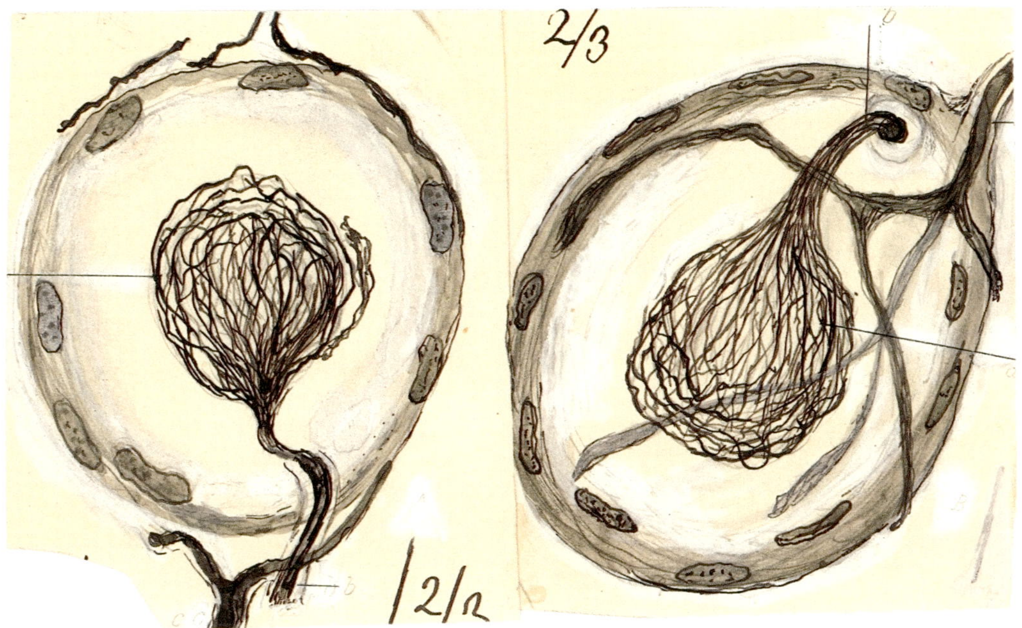

Fig. 57. Estructura del disco nervioso del corpúsculo de Grandry-Merkel. En la figura de la derecha aparece además una arborización terminada, al parecer, entre las cápsulas y ya conocida y descrita por la escuela rusa de Dogiel: *a*, red neurofibrillar del disco; d, fibra destinada a la cápsula. [En la Figura 2B del Estudio Introductorio se presenta este dibujo publicado en *¿Neuronismo o reticularismo?*, con sus rótulos correspondientes].

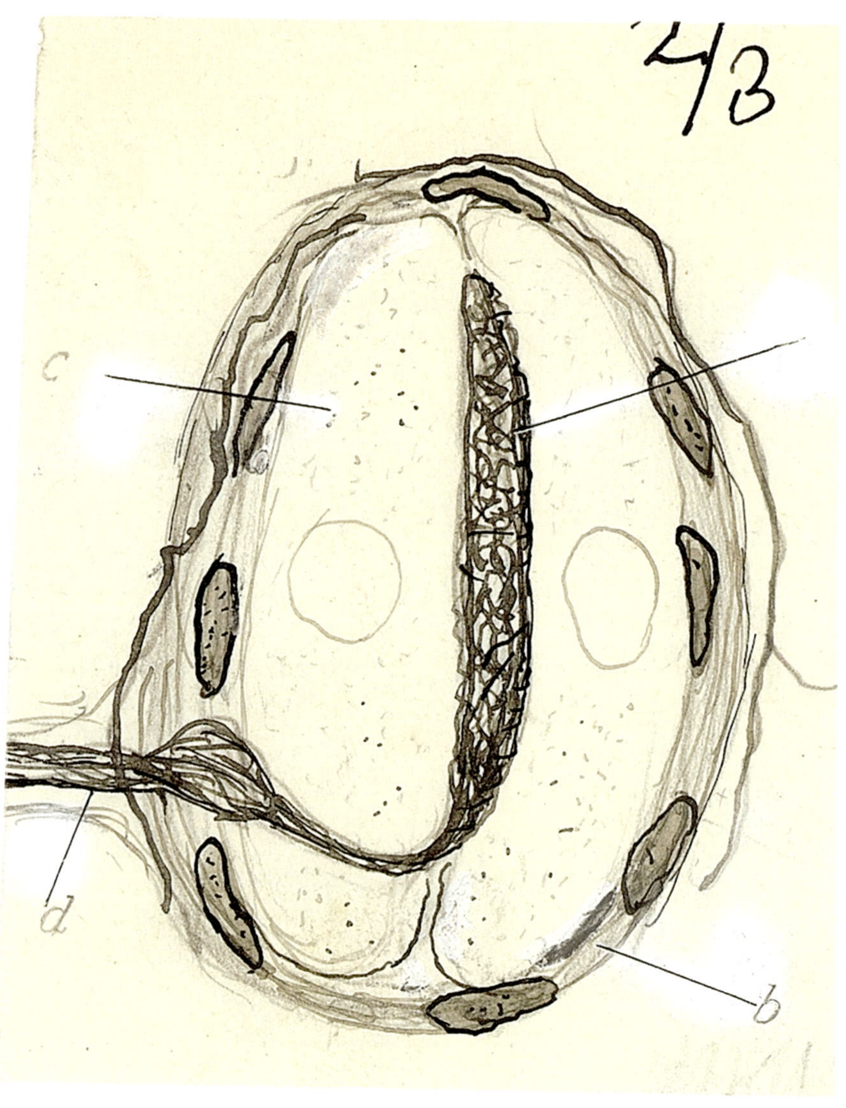

Fig. 58. Organo de Grandry. Cortado de través. [En la Figura 2C del Estudio Introductorio se presenta este dibujo publicado en *¿Neuronismo o reticularismo?*, con sus rótulos correspondientes].

Los *corpúsculos* de Herbst o pequeños aparatos de Pacini del pico del pato no han merecido un análisis tan ahincado y controvertido en estos últimos años como los aparatos de Grandry. Aunque el tema se aparta algo del problema que nos ocupa, diremos algo de ellos, ya que se han mostrado en nuestras recientes preparaciones intensamente· impregnados.

Nótese en la figura 59, en el bulbo terminal de la fibra nerviosa, una red neurofibrillar libre, formada principalmente por asas, algunas de las cuales sobresalen del espesamiento axónico terminal. El interés de esta observación estriba, a mi entender, en la total ausencia de fibrillas penetrantes en el cilindro granuloso central, no obstante la energía y finura de la impregnación.

Los aparatos de Herbst han ganado actualidad e importancia teórica gracias al trabajo reciente de Martínez Pérez, más atrás citado. Este autor ha estudiado la regeneración traumática de dichos aparatos. Y ha probado que la regeneración iniciada a los dos meses y medio alcanza su auge a los once. Pero lo más curioso y significativo de estos experimentos consiste en que el tallo nervioso central es reemplazado por un plexo complicado de ramas libres, que crecen como a ciegas en el espesor de la masa granulosa central, sin acabar de modelarse en una maza final.

Otro dato de interés aportado por Martínez y adverso para los secuaces de la teoría del *entubamiento* (*Leitzellen*, de Held), entre los cuales se cuenta Boeke, es que todas estas ramas finales nuevas marchan libremente, sin cauces preestablecidos, doctrina que venimos sosteniendo hace más de veinticinco años. La aparición de las *Leitzellen*, tanto en la regeneración de los nervios como en la génesis de los mismos en el embrión, constituye un fenómeno tardío y jamás inicial[18].

Permítasenos una observación de carácter general. Choca, desde luego, al examinar las figuras de las monografías de Boeke, el enorme

[18] Véase nuestro libro, desgraciadamente poco conocido, sobre la degeneración y regeneración del sistema nervioso [Cajal, 1913, 1914].

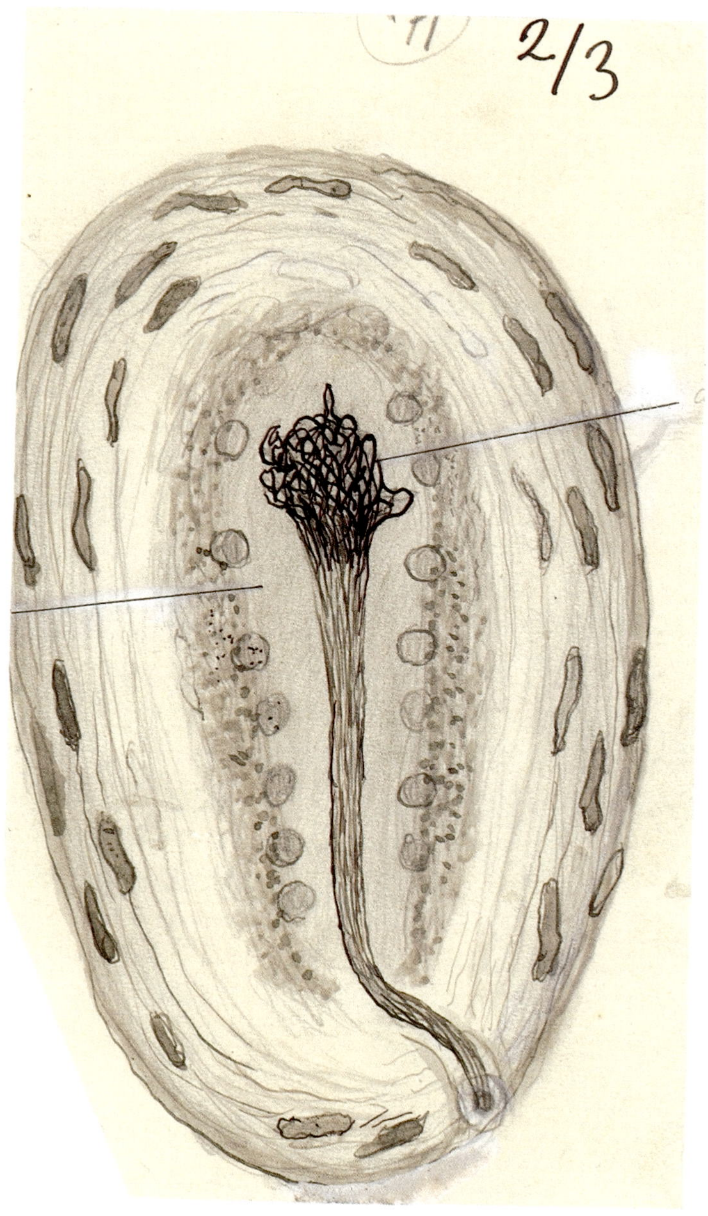

Fig. 59. Corpúsculo de Erbst del pico del pato adulto (método del nitrato de plata reducido; fijación en nitrato-alcohol). *a*, plexo neurofibrillar complicado del bulbo terminal del axon; *b*, protoplasma pálido de las células de sostén exentas de neurofibrillas. [En la Figura 2D del Estudio Introductorio se presenta este dibujo publicado en *¿Neuronismo o reticularismo?*, con sus rótulos correspondientes].

contraste existente entre la intensidad del teñido de las redes neurofibrillares del disco nervioso (y también de la placa motriz) y las periterminales, tan pálidas que apenas se perciben. Y todavía sorprende más que en los preparados de Boeke no se aprecien o se vislumbren apenas esas fronteras plasmáticas rigurosas que en todo órgano terminal periférico separan el contorno de las ramas ameduladas finales y las tramas circundantes; fronteras que no dejan de verse jamás en los preparados del oro (método de Loewit, por ejemplo), en los de Dogiel con el método de Ehrlich y en las reveladas por el nitrato de plata (compárense las figuras de Boeke con las nuestras, las de Tello y las de los cultivadores del proceder de Bielschwsky). Semejante incertidumbre acerca de las relaciones del retículo periterminal y el neuroplasma constituye un grave inconveniente de la técnica preferentemente empleada por Boeke.

En conclusión: No negamos la realidad objetiva del *retículo periterminal*, según dejamos consignado más atrás, sino su naturaleza estrictamente nerviosa y su continuación evidente con las neurofibrillas. Todo lo cual en nada menoscaba la importancia fisiológica de la *Netzwerk* periterminal, que podría pertenecer exclusivamente a la célula inervada y representar un sistema intermediario destinado a transmitir el impulso nervioso a los corpúsculos receptores (placas motrices) o colectores (aparatos de Grandry). Y este impulso nervioso podría recogerla tanto del neuroplasma como de las neurofibrillas, cuya misión conductriz exclusiva juzgamos todavía hipotética[19].

---

[19] Véase, entre otros trabajos, «Las células estrelladas de la capa molecular del cerebelo y algunos hechos contrarios a la función exclusivamente conductriz de las neurofibrillas». *Trab. del Lab. de Inv. biol.*, etc. Tomo IV, 1905 [Cajal, 1905a]. Ebenda: «Das Neurofibrillennetz der Retina». *Int. Monatschr f. Anat. u. Physiol*. Bd. 21. 1904 [Cajal, 1904c]. (En la retina todo un sistema importantísimo de células conductrices (las bipolares) carecen de neurofibrillas visibles, mientras que éstas abundan extraordinariamente en las neuronas horizontales, cuya colaboración en la transmisión del impulso nervioso es bastante dudosa, etc.)

II

12. Concepción novísima de Held sobre la textura de la substancia gris

Todavía podría concebirse esa *Grundnetz* [retículo de Held] si se estimara como un factor no nervioso, es decir, desprovisto de poder conductor; pero considerarlo como un puente intermediario capaz de transmitir difusamente la energía específica de las neuronas, continuándose además con las expansiones neuróglicas, es un concepto casi metafísico [...]. Como la mayoría de las especulaciones sincréticas, choca con los inconvenientes y contradicciones de las doctrinas conciliadas, y por satisfacer a casi todos, no convencen a nadie o a muy pocos.

Entre los autores que han rechazado más enérgicamente la doctrina neuronal, debemos mencionar a Held[1]. Sabido es su antiguo concepto de la estructura de la substancia gris: Todas las terminaciones libres pericelulares halladas durante cuarenta y cinco años de porfiadas pesquisas en los centros nerviosos, enviarían al retículo intracelular neurofibrillas continuadas con éste. Y además, en el espesor de la substancia gris habitaría un syncytio, formado por fibrillas nerviosas aferentes fusionadas con las dendritas mediante los consabidos *Endfüssen*. Buena parte de estas hipótesis han sido compartidas desde hace muchos años por Holmgren, Wolff y Stöhr.

[1] Held: «Die Lehre von den Neuronen und vom Neurencytium und ihr heutiger Stand». *Fortschritte der naturweissenschaftl. Forsrh; Neue Folge*, H. 8. 1929 [Held, 1929].

Pero la actitud antineuronista de Held se ha acentuado mucho con las ideas expuestas en su último trabajo. Son tales, que desconciertan a cuantos hemos usado preferentemente métodos selectivos enérgicos y precisos y hemos consagrado muchísimos años a la resolución del problema de las conexiones interneuronales.

El punto de partida ideológico del neurólogo de Leipzig es la creencia de que los métodos de impregnación metálica (el de Golgi, Cox, el nitrato de plata reducido; el de Bielschowsky y similares, etc.) no tiñen sino parte de las estructuras nerviosas, escapando de ordinario a su acción selectiva el factor esencial de la substancia gris, sobre todo al nivel de las capas moleculares. Se trata de un *syncytio protoplásmico difuso* que, desde varios aspectos, recuerda el descrito por Gerlach, Apáthy, Nissl y Bethe, pero con importantes novedades.

Held cita como paradigma de su nuevo concepto la capa molecular del cerebelo. En ella señala tres cosas: una red pálida, fundamental, que no se teñiría sino por los métodos aselectivos (algo semejante a las redes descritas en la época de Gerlach). Este retículo (*Grundnetz*) es de naturaleza protoplásmica y debe considerarse

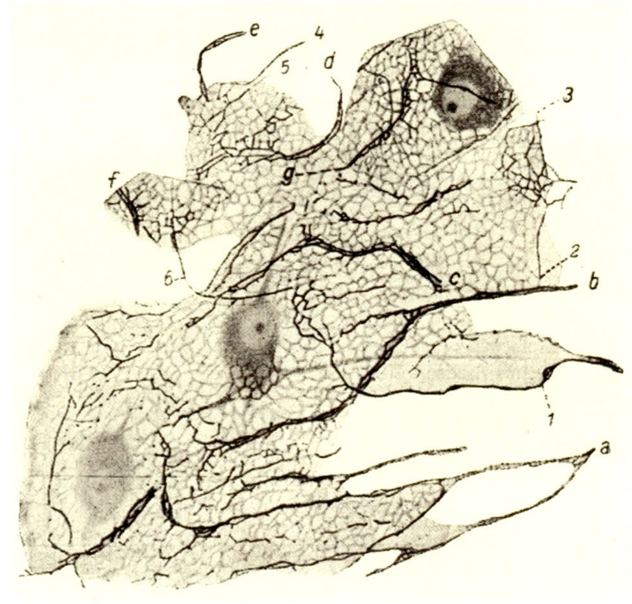

Fig. 60. Un trozo de la capa molecular del cerebelo, según Held. En ella se ven dendritas de Purkinje, cuyas neurofibrillas se pierden en un retículo intersticial pálido. *b*, dendritas de Purkinje; 1, 2, 3, neuritas; *c*, neurofibrillas desembocando en la Grundnetz. (Método de Bielschowsky).

como un factor estructural nuevo. En la citada *Grundnetz* entran las neurofibrillas nacidas no sólo de las puntas, sino las brotadas en los lados de las dendritas. En cuanto a las neuritas, participarían también en la formación de dicho retículo fundamental, que se continuaría también con la red pericelular de Golgi. Este *syncytium* existiría tanto en el cerebro como en el cerebelo, extendiéndose hasta la substancia blanca, donde ya lo describió Bethe; pero se localizaría sobre todo, como dejamos dicho, en las zonas moleculares.

No habría, pues, verdaderas terminaciones neurofibrillares en los centros. Pero lo más sorprendente de la doctrina de Held es que hace intervenir la neuroglia (el *syncytium* neurológico[N] de Hardesty, Fieandt y otros), la cual se fusionaría con el retículo fundamental. Así queda destruída la tesis de la independencia de las células nerviosas y neuróglicas, defendida desde la época de Deiters, Ranvier, Max Schültze y Golgi, que todos habíamos aceptado al parecer con una ingenuidad encantadora.

Por desgracia, las figuras y descripciones de Held no son convincentes, como declara Bielschowsky. Así ocurre con los grabados 18 y 19, que representan trozos de la capa molecular del cerebelo (figura 60), donde aparecen unas pocas dendritas teñidas intensamente con un método argéntico y enlazadas mediante el retículo fundamental. En él desemboca tal cual neurita (figura 60,[1a, 2a, 6a], etc.), cuya procedencia ignoramos. Es de pensar que las escasísimas neuritas dibujadas pertenezcan a las células de cesta. En cuanto a la riquísima arborización de las neuronas de Purkinje, de las fibras nerviosas transversales, de los axones trepadores, etc., brillan por su ausencia. Tampoco se advierten, entre los representantes de la glia, las fibras radiadas (células de horquilla bien dibujada por Golgi y por cuantos después de él trabajamos por sus métodos) ni los corpúsculos neuróglicos de Fañanás, colorables por el oro y confirmados por Somoza, y ni, en fin, otros numerosos factores integrantes de la citada capa molecular (corpúsculos de Río-Hortega, etc.).

[N] *N. del E.* Neuroglial en la versión en inglés.

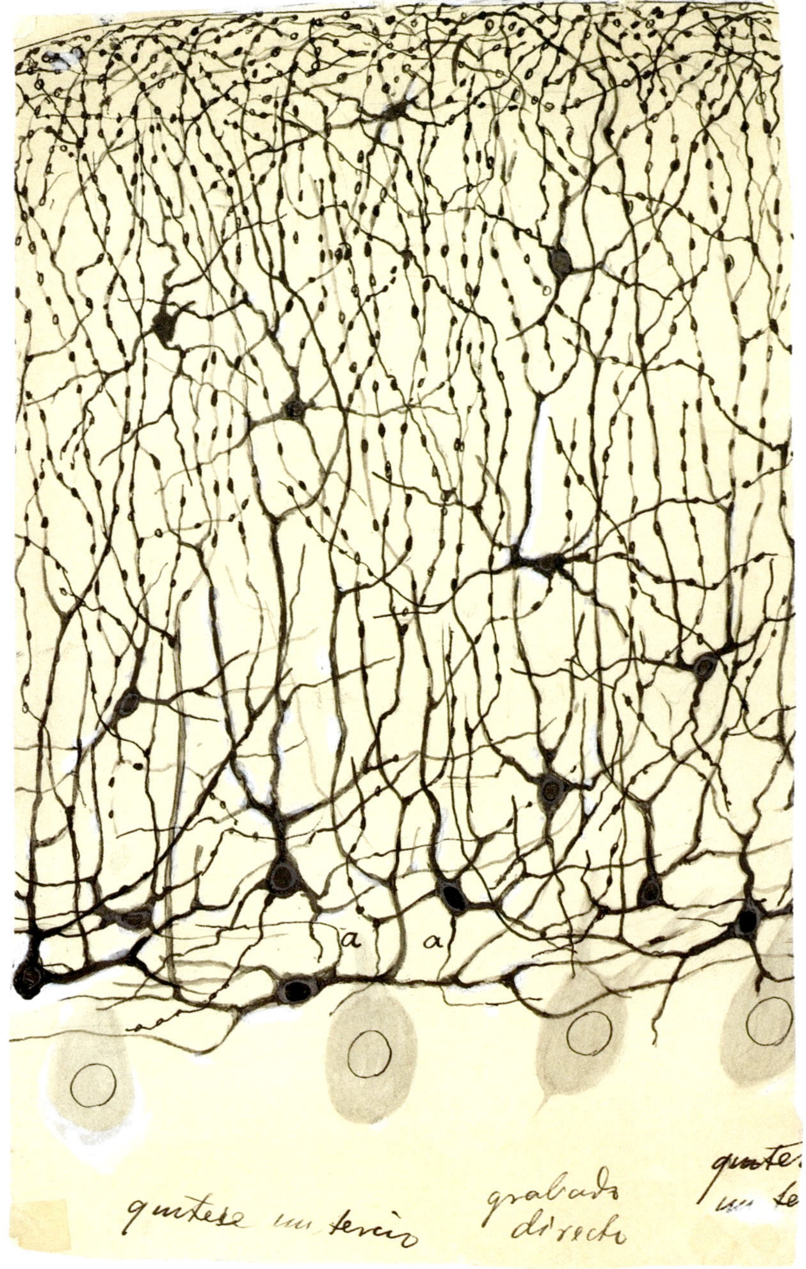

Fig. 61. Ramaje dendrítico de las células de cesta, teñidas por el método de Ehrlich. Capa molecular del gato.

Como prueba de la enorme complicación de la capa molecular del cerebelo, presentamos en la figura 61 el ramaje dendrítico de las células de cesta, teñidas por el método de Ehrlich. Y para completar esta impresión de complejidad rogamos al lector que consulte nuestras monografías del cerebelo, y en su defecto, las figuras 34, 35 y 62 de esta Memoria.

Se adivina que para poder presentar de un modo claro la *Grundnetz*, Held ha hecho caso omiso de casi todas las estructuras nerviosas y gliales del cerebelo. Todavía antaño, con relación al cerebro y médula [spinal], cabía defender las hipótesis reticularistas (época de Gerlach y Deiters). Pero después de aparecer el método de Golgi, el de Weigert y las impregnaciones metálicas de Bielschowsky y de las escuelas italiana y española, etc., la admisión adicional de un retículo de función nerviosa e intersticial y continuo (aunque se disfrace con la designación equívoca de red *protoplasmática*), refractario a los métodos intensamente selectivos de la glia y de las fibras nerviosas, nos parece, además de un extraño anacronismo, una hipótesis aventuradísima e inaceptable. Todavía podría concebirse esa *Grundnetz* si se estimara como un factor no nervioso, es decir, desprovisto de poder conductor; pero considerarlo como un puente intermediario capaz de transmitir difusamente la energía específica de las neuronas, continuándose además con las expansiones neuróglicas, es un concepto casi metafísico, que rebasa con mucho toda nuestra capacidad de creencia. Como la mayoría de las especulaciones sincréticas, choca con los inconvenientes y contradicciones de las doctrinas conciliadas, y por satisfacer a casi todos, no convencen a nadie o a muy pocos.

Con todo el respeto debido a un sabio como Held, que durante su juventud, aplicando los métodos comunes, sus procederes propios, y sobre todo los argénticos, enriqueció la neurología con importantes hallazgos, séannos permitidas algunas reflexiones críticas.

1.ª En la hipótesis de Held late una preocupación laudable, aunque muy peligrosa, ya compartida por Nissl, la de rellenar a todo trance con nuevas estructuras nerviosas las zonas claras o moleculares de la substancia gris. Esta obsesión analítica de rellenar con disposiciones sencillas y esquemáticas las tierras ignotas de la corteza cerebelosa y cerebral la hemos padecido nosotros también, pero hace cincuenta años, cuando teñíamos los cortes con el carmín y la hematoxilina, es decir, cuando no conocíamos aún la maravillosa capacidad analítica de los métodos de Golgi y Ehrlich. Mas ahora que los procederes argénticos han resuelto en plexos las capas moleculares, nos preocupa precisamente un pensamiento contrario. Rellena, gracias al cromato de plata, por incontables arborizaciones nerviosas ameduladas y por infinitas ramificaciones dendríticas, amén de un número incanculable de fibras y células gliales, la citada *terra ignota*, nos preguntamos: ¿Dónde puede alojarse un factor estructural nuevo, tan difuso y rico, cuando parece agotado el espacio disponible en las capas moleculares para alojar las estructuras neuróglicas y nerviosas conocidas (zonas plexiformes de la retina, del cerebro y cerebelo, substancia de Rolando, etc.)? Y no es que nosotros neguemos en principio la existencia de un algo intercelular; pero lo concebimos como una substancia líquida o semilíquida, capaz de coagularse por los reactivos y de simular, cuando se usan métodos aselectivos, algo así como un sistema de tenuísimos alvéolos. Pero como este sistema no se tiñe ni por el método de Golgi ni por los métodos neurofibrilares, nos inclinamos a pensar que carece de naturaleza nerviosa.

2.ª Held parece olvidar o no dar la debida importancia a los artefactos de los fijadores. Siempre que se usan el alcohol, el formol, etc., y otras fórmulas de fijación y se colora con las anilinas, las hematoxilinas o el carmín, aparecen dos fenómenos importantes: la formación de vacuolas intersticiales de varia amplitud y, sobre todo, la aproximación y como fusión en cordones o tabiques de las expansiones nerviosas y neuróglicas. Trátase verosímilmente de una aglutinación que parece ausente, aunque no falta nunca, en las preparaciones de los métodos metálicos; pero que se disimula porque las estructuras nerviosas y neuróglicas, fusionadas en los citados tabiques, resaltan vigorosamente, dejando todo lo demás incoloro y como si no existiera. Imágenes semejantes han observado otros autores, singularmente Achúcarro[2], que ha llegado a ver con el formol-urano una red intersticial pálida, que no se parece gran cosa a las descritas por Handesty, Held, Fieandt, Alzheimer, y lo que es más grave, no continuada ni con el retículo pericelular de Golgi ni con las expansiones de las células neuróglicas; razones que inclinan a estimarla como artificial.

3.ª Que, lejos de dar los métodos de impregnación metálica imágenes incompletas, son infinitamente más ricos en revelaciones que los otros, sin excluir los neurofibrillares. Sin embargo, ninguno constituye todavía el ideal. A pesar de todo, y pese a sus limitaciones, la plata coloidal, además de haber aportado importantes datos sobre la estructura de la substancia gris, ha servido para confirmar en buena parte las revelaciones incompletas del cromato de plata.

4.ª Notemos que en la figura esquemática de Held [Fig. 60] no se representan las dendritas secundarias y terciarias de la arborización de

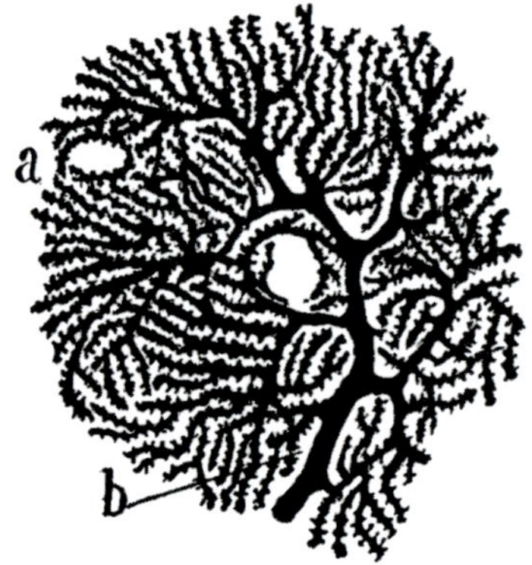

Fig. 62. Ramas fi nales terciarias de una célula de Purkinje humana: *a*, hueco para capilares; *b*, últimas ramillas copiadas con la posible exactitud. (Método de Golgi.)

---

[2] Achúcarro: «Notas sobre la estructura y funciones de la neuroglia, etc.». Tomo XI, 1913, Figura 3 [Achúcarro, 1913]. Véase Cajal: «Studien über die Hirnrinde des Menschen». Traducción del Doctor J. Bressler, J. Ambrosius Barth. Leipzig 1900 [Cajal, 1900]. En este trabajo se verán las zonas moleculares, singularmente la primera capa del cerebro, constituída por triple plexo apretadísimo de ramificaciones nerviosas, dendríticas y apéndices neuróglicos. Lo mismo ocurre en la zona molecular del cerebelo, donde confluyen, además del densísimo sistema de las fibras paralelas, las dendritas de Purkinje, las fibras trepadoras, los axones de los corpúsculos de cesta y el ramaje frondosísimo de las dendritas de éstos (véase la figura 61). Y aún hay que agregar las fibras radiadas y sus escrecencias colaterales, la microglia y las células de Fañanás.

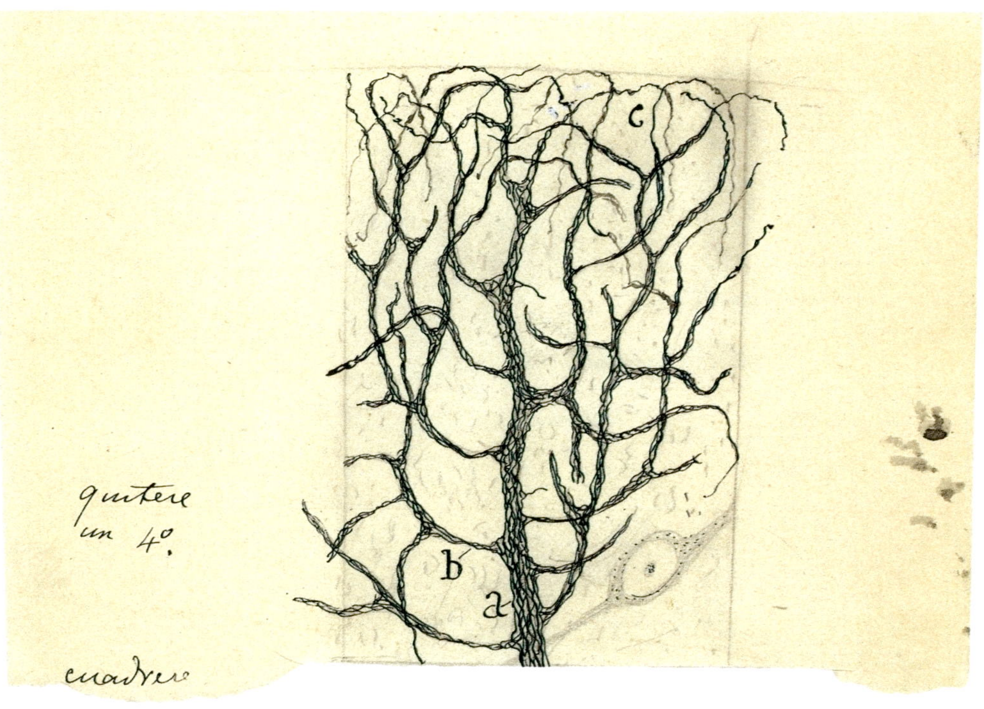

Fig. 63. Neurofibrillas de un trozo del ramaje dendrítico de Purkinje del hombre: *a*, tallo primario; *b*, rama secundaria; *c*, ramillas terciarias. La mayoría de éstas queda todavía sin impregnar. (Nitrato de plata reducido)

Purkinje, de que damos fiel trasunto en la figura 62. En realidad, a Held sólo se le han mostrado por el proceder de Bielschowsky, si hemos de atenernos al esquema mencionado, las neurofibrillas de las gruesas ramas primarias, de cuyo contorno brotarían, a modo de surtidores, sutiles hebras perdidas en la *Grundnetz* o red de fondo.

Nosotros poseemos, aparte preparaciones de Golgi muy expresivas, impregnaciones neurofibrillares del ramaje de Purkinje del hombre (1907), mucho más completas que las de Held (figura [63]). Ahora bien, es imposible observar esa dispersión neurofibrillar en el seno de esa *Grundnetz*, de que nos habla el histólogo de Leipzig. Tampoco aparece el menor vestigio de dicho pálido retículo. Verdad es que hubimos de emplear como fijador no el formol, sino el alcohol de 97°, que posee la ventaja de fijar bastante bien y no menoscabar las apetencias de las neurofibrillas hacia la plata coloidal.

5.ª El citado retículo protoplásmico intersticial de Held carece de afinidad hacia la plata coloidal de Bielschowsky, así como hacia el cromato de plata y el azul de metileno (método de Ehrlich). Tales propiedades negativas no son, pues, favorables a la admisión de su función nerviosa.

6.ª Tampoco son plenamente convincentes las figuras de Held relativas a la continuidad de la *Grundnetz* y las neurofibrillas de las neuritas. Al examinar atentamente la figura 17 [Fig. 60] de dicho sabio recíbese más bien la impresión de que las tales neurofibrillas emergentes, al penetrar en el dominio de la red protoplásmica (*Grundnetz*), no se fusionan con ella, sino que se superponen, destacando notablemente por su intensa impregnación[3].

7.ª La concepción de Held crea dificultades insuperables a la doctrina de las localizaciones fisiológicas y a toda plausible interpretación de la propagación del impulso nervioso al través de la substancia gris. Toda tentativa de fijar el sentido de las corrientes resultaría también empresa inaccesible.

8.ª No menos embarazo produce el concepto syncytial de la substancia gris (Fieantdt, Hardesty, Held, etc.) y su continuación con la *Grundnetz*.

Además de descartar la idea tan generalmente admitida (y probada por métodos de enérgica selección, e incluso por el de la disociación, empleado por Deiters y Ranvier) de la autonomía anatómica de la glia, sería preciso todavía, dadas sus supuestas relaciones con la *Grundnetz*, atribuirle algún papel importante en el proceso de la actividad nerviosa.

---

[3] Consideramos verosímil que las neurofibrillas desprendidas al parecer de los tallos dendríticos, según Held (figura 60), no marchan libres por la red de fondo, sino que se hallan dentro del neuroplasma no teñido de ramas secundarias del ramaje de Purkinje. En nuestros preparados tales hebras aparecen siempre envueltas en una materia transparente, pero bien limitada.

Por todas estas razones y otras muchas que callamos para evitar enfadosas prolijidades, juzgamos inaceptable la novísima concepción de Held acerca de la fina estructura de la substancia gris. Sírvanle de excusa la gallardía y audacia del empeño y el deseo plausible y simpático, en principio, de conciliar los hechos e hipótesis contradictorios de Nissl, Bethe, Fieandt y otros ilustres maestros de la neurología alemana, sin olvidar a Boeke, cuyas *redes ultraterminales* recuerdan bastante la problemática *Grundnetz* del cerebro y cerebelo.

SEGUNDA PARTE

12 La unidad neurogenética como prueba de la doctrina neuronal. Crecimiento libre de los axones en los cultivos histológicos. Error del pretendido entubamiento inicial en la marcha de los axones del embrión. Crecimiento libre de las fibras neoformadas en la cicatriz de los nervios seccionados

Todo nervio seccionado regenera sus axones mediante los brotes del cabo central, los cuales cruzan la cicatriz, asaltan el cabo periférico y llegan, como ha probado Tello, hasta las terminaciones periféricas, sensitivas y musculares. Arribadas a su destino, atraídas sin duda por alguna substancia (o influencia física hoy desconocida), surgida en los núcleos del aparato terminal, modélase nuevamente la arborización motriz destruída. [...] Para la justificación de la doctrina neuronal debemos recoger el hecho, casi unánimemente comprobado por todos los investigadores modernos, de que entre los retoños brotados del cabo central no se observa jamás una anastomosis.

A. Unidad neurogenétlca de las neuronas y axones

Conforme presumió His y demostramos nosotros, Lenhossek y Retzius, con observaciones incontestables, toda neurona es el resultado de la evolución de una *célula germinal* del primitivo *tubo medular*, pasando por las fases de: a, *corpúsculo bipolar*, b, *neuroblasto* de His, corpúsculo piriforme provisto de un axon corto acabado por un cono de crecimiento (Cajal, Lenhossék, etc.); c, pequeña neurona con dendritas rudimentarias, y, en fin, d, célula estrellada provista de dos clases de proyecciones diferenciadas y ramificadas; la *neurita* o axon y las *dendritas*, ambas libremente acabadas. Este ciclo neurogenético se extiende a todas las células nerviosas, con algunas variantes especialmente localizadas en el cerebelo, ganglios raquídeos y retina[1].

Por fortuna, sobre este punto, el dictamen de cuantos modernamente han investigado la evolución de la neurona es concordante, incluyendo al mismo Held, tan caviloso y descontentadizo. Al lector a quien interese la neurogénesis y desee más amplia información, aconsejamos la consulta de las monografías fundamentales de His y las modernas. de Held, Harrison, Lugaro, Tello, Marinesco, Agduhr, etc., basadas las más en la aplicación de los métodos neurofibrillares. En este artículo, de índole sintética, sólo debemos aludir a las opiniones relacionadas con la doctrina neuronal. Las figuras 64 y 65 muestran algunos momentos típicos del desarrollo de las células de la médula espinal.

Notemos desde luego que, una vez abandonada por los neurogenistas la teoría catenaria de la evolución y regeneración de los axones, las disidencias giran solamente en torno de cuestiones secundarias.

A primera vista podría suponerse que entre Held y nosotros existen capitales diferencias de apreciación. Y, sin embargo, casi todo se reduce a una cuestión cronológica. Por ejemplo, Held admite, con His, v. Lenhossék, Kölliker, Retzius, Lugaro, Harrison, Tello, Levi, etcétera, la unidad e independencia de las neuronas embrionarias, y sostiene igualmente como nosotros[2], que la neurita

---

[1] Una colección de nuestras monografías neurogénicas ha sido publicada recientemente en un volumen, bajo el título de Études sur la neurogenèse de quelqes vertebrés. Madrid, 1929 [Cajal, 1929]. Las investigaciones de Held, aparecidas en diversas épocas, están desarrolladas e ilustradas profusamente en su clásico libro *Die Entwicklung des Nervengewebes*. 1909. Leipzig [Held, 1909].

[2] Cajal: «Genèse des fibres nerveuses de l'embryon, etc.». *Trabajos*. Tomo IV. 1906 [Cajal, 1906]. *Idem*: *Estudios sobre la degeneración y regeneración del sistema nervioso*, 2 vols. 1912-14 [Cajal, 1913, 1914]. Hay una versión inglesa más completa, hecha por el Dr. May: *Degeneration and Regeneration of the Nervous System*, 2 vols. Oxford. University

primordial se termina mediante un *cono de crecimiento*, y, en fin, que los cilindros-ejes constitutivos de los nervios jóvenes son la continuación ininterrumpida de dichas neuritas. Nosotros compartimos este dictamen, y sólo diferimos en este detalle: A nuestro juicio, las *fibras exploradoras* emergidas del tubo medular y nacidas de los neuroblastos caminarían al principio, es decir, cuando son pocas y aisladas, por los intersticios del mesodermo; mientras que más adelante, una vez congregadas en hacecillos laxos, constitutivos de las raíces rudimentarias, aparecerían estuches celulares de origen enigmático (los *lemmoblastos* de v. Lenhossék, las *Leitzellen* y *plasmodermas* de Held).

En sentir del neurólogo de Leipzig, inmediatamente después que los conos de crecimiento emergen de la médula se insinuarían en el espesor de ciertas células (*Leitzellen*), que les servirían como de tutores. Gracias a ellas crecerían y alcanzarían su destino. Notemos que si la interpretación de Held fuera exacta, ello no afectaría substancialmente a la doctrina neuronal, puesto que el protoplasma de tales corpúsculos adventicios no se continúa con las neurofibrillas ni posiblemente con el neuroplasmas de los axones embrionarios.

Nosotros admitiríamos de buen grado la tesis de Held si los siguientes hechos no le restaran verosimilitud:

1º. El axon explorador o recién salido de la médula espinal puede crecer libremente por los intersticios mesodérmicos; pero más a menudo se apoya, durante su éxodo hacia la periferia, en los fibroblastos embrionarios, sobre los cuales resbala en virtud de un fenómeno de estereotropismo, bien estudiado por Loeb y Harrison, y que nosotros hemos confirmado infinidad de veces, tanto en el embrión como en los retoños nerviosos de las cicatrices (regeneración de los nervios seccionados). Dada esta curiosa y

---

Press. London, 1928 [Cajal, 1928]. Los trabajos de Tello, poco conocidos, han aparecido en *Travaux du Laboratoire*, etc. Merece aquí particular mención el titulado «Les différenciations neuronales dans l'embrion du poulet pendant les premiers jours de l'incubation». *Travaux*, etc. Tome XXI. 1923 [Tello, 1923].

bien conocida propiedad y las formas variables de las *Leitzellen* y los *Plasmodesmas*, no es sorprendente que en un corte transversal o longitudinal de las raíces incipientes pueda tomarse una neurita libre, pero íntimamente superpuesta a los citados elementos, más o menos acanalados o anfractuosos, como situada en el espesor de los mismos. En la figura 65, *A*, *D*, podrán verse los conos de crecimiento de estas neuritas primitivas insinuarse entre los corpúsculos mesodérmicos, pero sin penetrar en su interior.

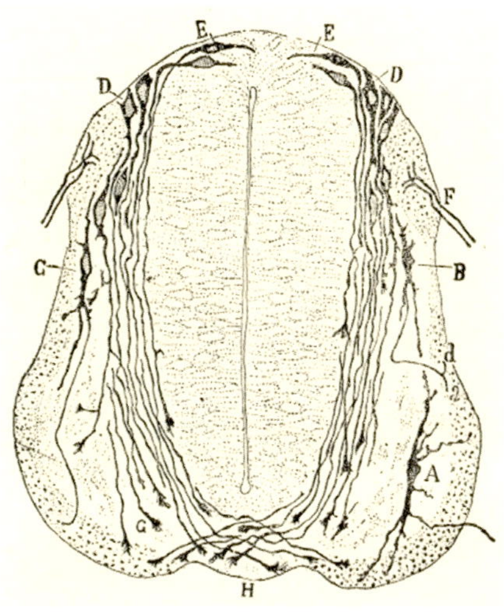

Fig. 64. Médula espinal del embrión de pollo de cuatro días. *A*, neurona motriz; *c*, conos de crecimiento que marchan en dirección del rafe (método de Golgi).

2º. Los experimentos de cultivo de la escuela de Harrison, confirmados por Burrow (1910), Levi (1911), Marinesco y entre nosotros por Sanz, demuestran la aptitud de los conos de las fibras embrionarias para crecer libremente a través de plasmas artificiales, sin perjuicio de aplicarse sobre filamentos de fibrina, células mesodérmicas proliferadas o sobre otras fibras nerviosas (nuestro *estereotropismo recíproco*), lo que, como ha mostrado bien Levi, produce a veces la apariencia de anastomosis *interneuronales*[3]. La

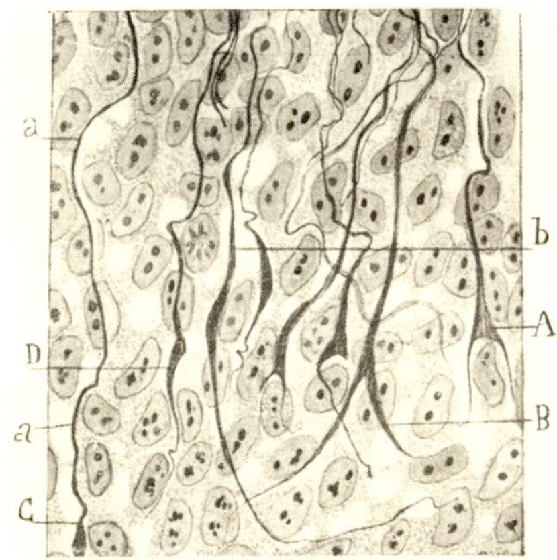

Fig. 65. Conos de crecimiento llegados al tejido mesodérmico perimedular. *A, B, D*, nótese cómo marchan libremente entre las células. Teñido de fondo por la hematoxilina.

[3] No obstante, Levi, en algunas preparaciones de cultivos nerviosos inveterados, admite anastomosis entre axones de diferentes neuronas (véanse las figuras 549 y 550 de su *Trattato di Istologia* (1927) [Levi, 1927]. Suponiendo que el sabio italiano no haya tomado por anastomosis íntimas yuxtaposiciones de fibras (*estereotropismo recíproco*), no hay que olvidar que la transplantación de los fragmentos medulares a medios artificiales

figura 66 *a*, muestra los conos de crecimiento del lóbulo óptico de un embrión de pollo marchar en medio del plasma de la sangre de este animal sin apoyarse en células mesodérmicas.

3º. Conos de crecimiento libre semejantes han sido vistos por nosotros, en el epéndimo u otras cavidades orgánicas abundantes en plasma (Cajal, Lorente de Nó, Tschernjackiwsky (1928), etc.

4º. Parece poco probable, según hizo notar Lugaro, que las fibras nerviosas primordiales sean incapaces de marchar libremente en el mesoderno, cuando sabemos que durante el desarrollo de los centros crecen en éstos con grandísima rapidez, al través de la trama gris embrionaria, se reunen con otros axones y forman vías nerviosas y nervios robustos, sin el concurso de ninguna célula orientadora.

5º. En fin, estimamos inverosímil, *a priori*, que los conos exploradores, de consistencia blanda como parecen probarlo sus flexiones y retrocesos al chocar primero con la basal o con las primeras avanzadas del *mesodermo* perimedular, sean capaces de perforar series de *Leitzelle*n o células mesodérmicas, no canaliculadas y probablemente tan blandas y viscosas como aquéllos. Pero no insistamos más sobre este punto, tratado ya por nosotros *in extenso* en libros y monografías anteriores. Aquí nos limitaremos a hacer notar que la hipótesis del entubamiento de Held (desarrollo embrionario) deja intacto el problema de la orientación. En realidad, desplaza la dificultad sin resolverla. De aceptar esta concepción resultaría que las *Leitzellen* se dispondrían de antemano en el *mesodermo*, por una especie de milagro, en cadenas orientadoras. Semejante explicación (que exhala un tufillo de finalismo y hasta de predestinación incompatibles con el espíritu de la filosofía natural moderna) es mucho más difícil de concebir que la regulación automática de la marcha libre de los

crea condiciones anormales de crecimiento y evolución, capaces de perturbar las tendencias de los retoños. El mismo Levi abunda en este parecer, afirmando que es harto discutible que los hechos observados en los cultivos artificiales puedan aplicarse sin reservas a la neurogénesis normal. Notemos que el mismo Levi, neuronista convertido, ha confirmado la influencia del estereotropismo de Loeb y Harrison, tan evidente en la cicatriz de la regeneración precoz de los nervios seccionados.

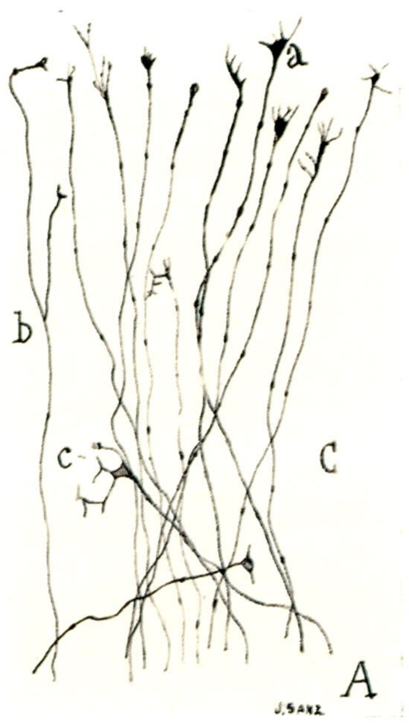

Fig. 66. Lóbulo óptico del embrión de pollo de ocho días (*A*). Se mantuvo en un medio artificial veinticuatro horas a 39°. Impregnación por el método de Bielschowsky: *C*, plasma o terreno de cultivo; *a*, nuestros conos de crecimiento; *b*, bifurcación de un axon. (Preparación y dibujo de Sanz.)

conos, en virtud de la acción de materias quimiotácticas o de fenómenos eléctricos (hipótesis de Sfrasser y similares)[4].

Más gravedad tendrían, a título de reparos a la doctrina neuronal, las anastomosis neurofibrillares intercelulares señaladas en el ganglio de Gaserio del pato por Held y los puentes y fusiones descritos por Bielschowsky (1928) en los ganglios humanos (embrión de 1,6 centímetros), si estas disposiciones fueran constantes y pudieran comprobarse fácilmente. Por desgracia, tamañas anastómosis recuerdan las descritas hace tiempo en la médula espinal por los antiguos autores (recordemos a Fragnito, Joris, Sedwigk, etc., que trabajaron con métodos especiales); deben ser tan excepcionales que en varios centenares de preparaciones ejecutadas por nosotros y Tello en los embriones de ratón, de pollo y de varios pájaros, etc., jamás las hemos podido sorprender con claridad. Es cierto que en varios casos, sobre todo cuando se emplea como fijador la piridina pura[5], algunos corpúsculos sensitivos se tocan y forman como masas compactas; pero jamás se reconoce en ellos una imagen bien evidente de continuidad neurofibrillar. En suma, estos fenómenos de fusión nos parecen artefactos resultantes de la acción alterante de los fijadores. (Digamos

[4] Cajal: «Nouvelles observations sur les neuroblastes, etc.». *Anat. Anzeiger.* XXXII. Bd. 1908 [Cajal, 1908c]. Idem: *Loc. cit.* La degeneración y regeneración, etcétera. Tomo I. 1913 [Cajal, 1913, 1914].

[5] Tello, nosotros y Castro usamos casi siempre la piridina al 50 por 100 de agua y llevamos las piezas, previo lavado, al alcohol de 96°. Fijando con alcohol amoniacal no se presentan jamás las susodichas fusiones.

de pasada que no existe ningún fijador perfecto.) Aun siendo ciertas, ¿qué representarían tales disposiciones esporádicas y efímeras al lado de miles y miles de corpúsculos sensitivos que exhiben claramente su independencia en preparaciones irreprochables, intensamente teñidas y durante todas las fases de su evolución? Pero además, tales supuestas anastomosis faltan en absoluto en el adulto.

B. La teoría de la autoregeneración y del entubamiento en la restauración de los nervios seccionados.

Hoy han perdido ya toda su virtualidad polémica los argumentos sacados de la regeneración nerviosa. Ello no es de sorprender. La *autoregeneración*, es decir, el proceso de la generación discontinua de los axones a expensas de las células de Schwann del cabo periférico, y sin concurso de los centros tróficos o neuronas de origen, surgió en una época en que se carecía de métodos apropiados para la impregnación de los axones durante su crecimiento continuo al través de la cicatriz y segmento distal del nervio cortado. Pero hoy, que poseemos fórmulas de gran eficacia analítica, semejante hipótesis resulta absolutamente insostenible[6]. Es más, puede afirmarse que sus pocos defensores actuales, conforme denotan las muchas concesiones a la doctrina de Waller, Rancier y Vanlair, revelan un estado de espíritu propicio a la avenencia. Creemos sinceramente

---

[6] Con razón nota Miskolckzy que la querella entre los partidarios de la continuidad y los autogenistas proviene de la diferencia de los métodos usados. Estamos convencidos de que si Bethe (hoy casi único mantenedor de la regeneración discontinua), antes de fijar su actitud en el asunto de la regeneración hubiera conocido los procederes argénticos, sobre todo las fórmulas del nitrato de plata reducido, que permiten obtener cortes espesos transparentes, habría defendido la tesis walleriana. Así y todo, en sus últimos trabajos, dando pruebas de flexibilidad intelectual y de honradez científica, va aproximándose progresivamente a la doctrina de la continuidad. Continúa, sin embargo, defendiendo como probable *en ciertos casos* una neoformación de las fibras nerviosas, a expensas de las células de Schwann del cabo periférico. También Spielmeyer, y por las mismas razones técnicas, continúa manteniendo su actitud autogenista. Véase Bethe: *Zur Theorie und Praxis des Verheilting Durchtrennten Nerven. Libro homenaje al Dr. Cajal*, 1922 [Bethe, 1922]. Consúltese B. Spielmeyer: *Zeitsch. f., Neurol. u. Psychatrie*. Bd. 36. 1917 [Spielmeyer, 1917]. Y su *Histopathologie des Nervensystems*. Bd. I. 1922 [Spielmeyer, 1922].

que sin el deplorable alarde de consecuencia que malogra tantas buenas intenciones y esteriliza o inmoviliza tantos talentos, la conformidad con la doctrina monogenista sería absoluta.

En suma; todo nervio seccionado regenera sus axones mediante los brotes del cabo central, los cuales cruzan la cicatriz, asaltan el cabo periférico y llegan, como ha probado Tello, hasta las terminaciones periféricas, sensitivas y musculares [Figura, 67][O]. Arribadas a su destino, atraídas sin duda por alguna substancia (o influencia física hoy desconocida), surgida en los núcleos del aparato terminal, modélase nuevamente la arborización motriz destruída[7].

En cuanto a la hipótesis del *entubamiento* de los axones neoformados al través de la cicatriz, la vieja querella entre Bethe y su escuela y los nuevos investigadores se reduce a una cuestión de pura cronología.

Al principio los retoños del cabo central emergen desnudos, y sus ramificaciones marchan libremente por los intersticios conectivos; pero desde el sexto al séptimo día de la operación surgen unas células satélites, que les acompañan durante su trayecto y les constituyen un forro protector [Figura 68][P]. Cual sea el origen de estas células adventicias, pero no orientadoras (las *Leitzellen* de Held o las *apotróficas* de Marinesco), es problema todavía no resuelto; aunque los más de los neurólogos se inclinan a considerarlas cual progenie emigrante de los corpúsculos de Schwann del cabo central del nervio mutilado[8].

Para la justificación de la doctrina neuronal debemos recoger el hecho, casi unánimemente comprobado por todos los investigadores modernos, de que entre los retoños brotados del cabo central no se observa jamás una anastomosis.

[O] *N. del E.* La referencia a la Fig. 67 ha sido añadida por el editor.

[7] Tello: «Dégéneration et régéneraticn du plaques motrices, etc.». *Travaux*, etc. Tom.V, 1907 [Tello, 1907].

[P] *N. del E.* La referencia a la Fig. 68 ha sido añadida por el editor.

[8] Quien desee orientarse en el estudio de estas cuestiones debe consultar las Memorias de Bethe, Dustin, Lugaro, Perroncito, Marinesco, Spielmeyer, Tello, Rojas, Castro, Boeke, Miscolzcy, etc., y nuestras, y especialmente nuestro libro: *Degeneración y regeneración del sistema nervioso* (hay una traducción inglesa del Dr. May. Oxford, 1928) [Cajal, 1928].

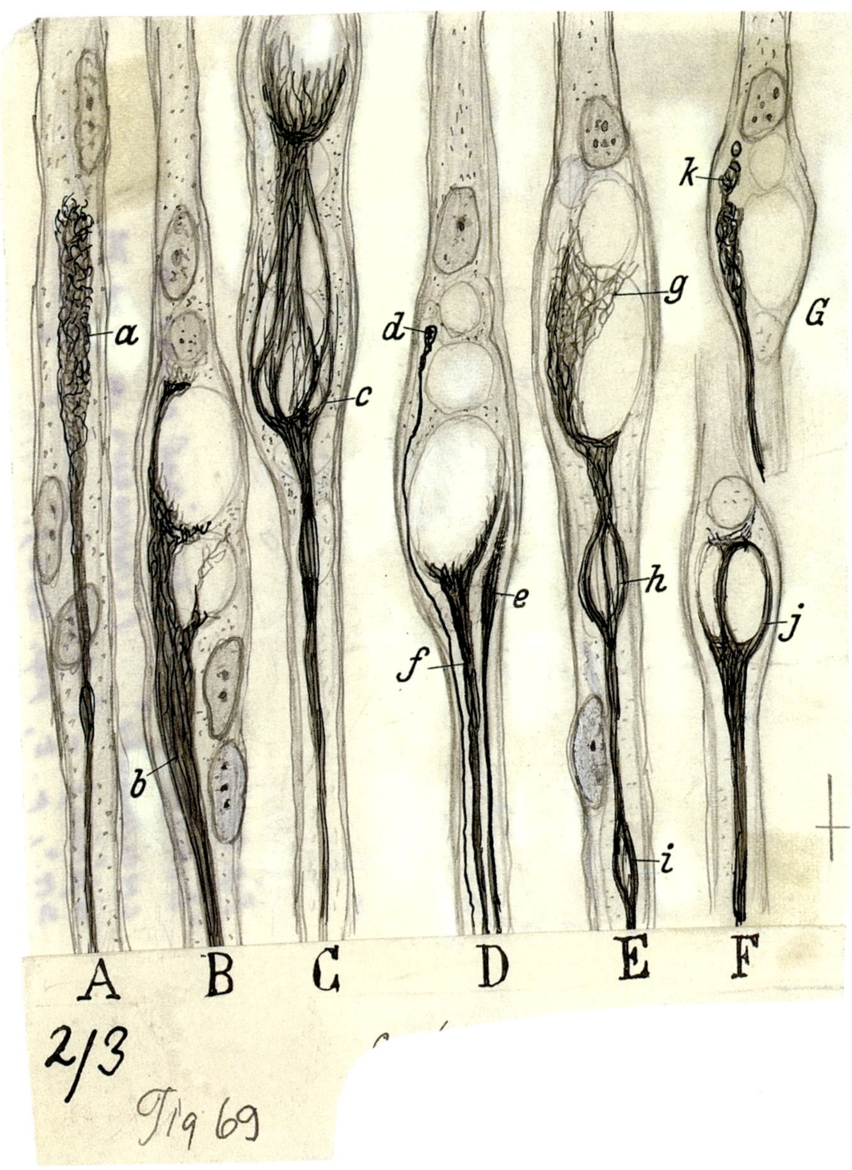

Fig. 67. Detalles de la marcha de los conos de crecimiento al chocar con las gotas de grasa de los tubos del cabo periférico: *a, b, c, e*, conos de crecimiento. Esta figura refuta categóricamente la hipótesis de la autoregeneración (o regeneración discontinua). Gato joven sacrificado cinco días después de la operación. Los retoños caminan dentro de las vainas de Schwann, degeneradas.

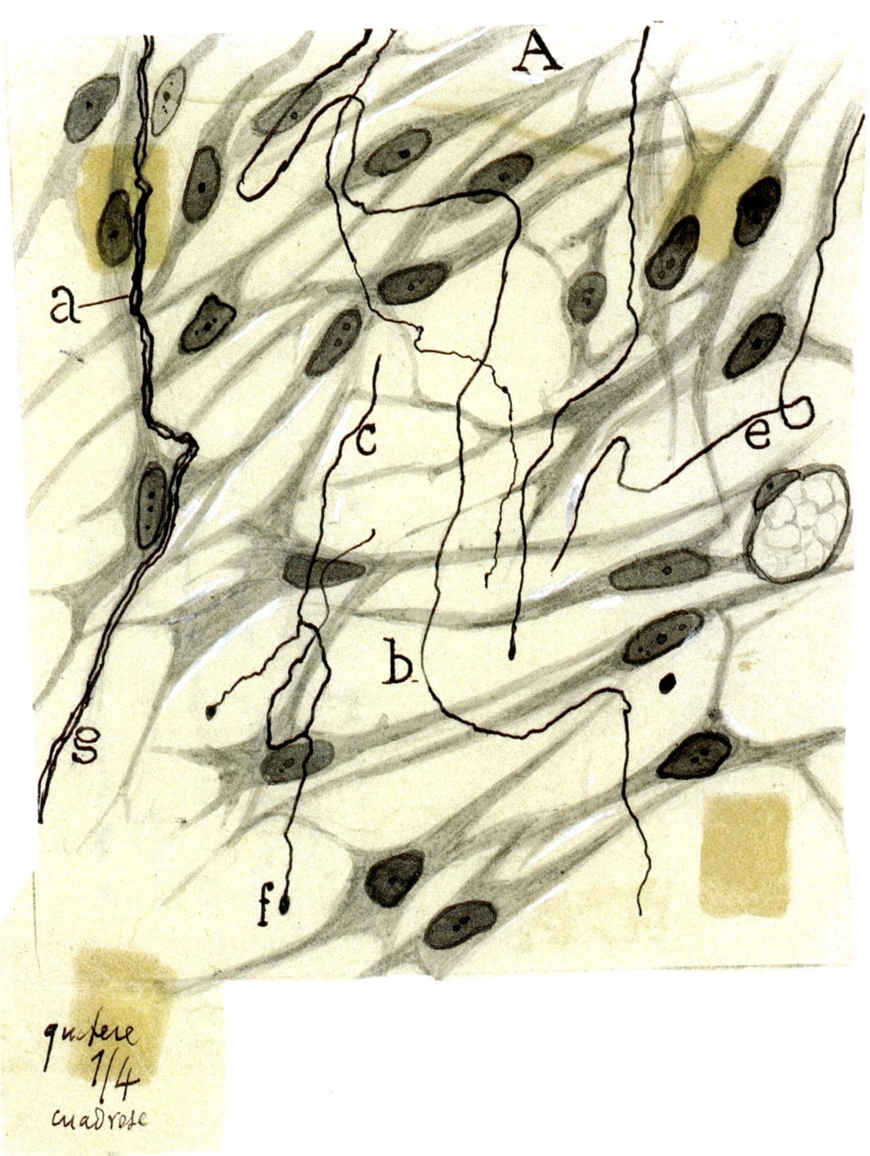

Fig. 68. Cicatriz próxima al cabo central de un nervio cortado. El animal (gato) se sacrificó a los cuatro días de la sección. *A*, fibroblastos; *a*, retoños finos exploradores que costean fibroblastos de la cicatriz incipiente; *b, c, e*, otros retoños que caminan libremente al través del plasma exudado. Nótese la ausencia de todo forro protector en las fibras brotadas del cabo central.

C. Regeneración en los centros nerviosos

En los centros nerviosos la regeneración no se efectúa. En los casos favorables nótanse fenómenos de ramificación, de degeneración y de metamorfosis neuronales, mas nunca el restablecimiento de la continuidad de una neurita cortada. Curioso y significativo es el experimento de Tello, según el cual cuando en una herida cerebral del conejo se introduce un trozo de cabo periférico de nervio cortado (antes de la penetración de los retoños), surge en las neuritas apáticas de la substancia blanca la capacidad regeneradora. Esto demuestra que la impotencia de los cilindros-ejes centrales para restaurar el cabo periférico no es fatal e irremediable, sino que obedece quizás a la ausencia de células de Schwann en trance de rejuvenecimiento[9].

En cambio de esta apatía regenerativa de los axones centrales, muestran éstos numerosas transformaciones degenerativas, la principal de las cuales es la creación, cerca o lejos del punto seccionado, de una *bola o maza* de retracción (Cajal), y la fragmentación en bolas libres alineadas de ordinario cerca de la herida, y por debajo de las colaterales iniciales. Cuando la sección interesa la región de la neurita de que emanan tales proyecciones, prodúcese solamente una maza de retracción que arrastra casi fatalmente la muerte de la neurona mutilada (figura 69 D, G, F).

Parte de estos fenómenos, facilísimos de comprobar pero desdeñados por embarazosos para ciertas teorías a la moda, han sido confirmados por Miskolckzy (1924) y algunos autores imparciales.

---

[9] Tello: «La influencia del neurotropismo en la regeneración de los centros nerviosos». *Trabajos*, etc. Tom. IX, 1911 [Tello, 1911].

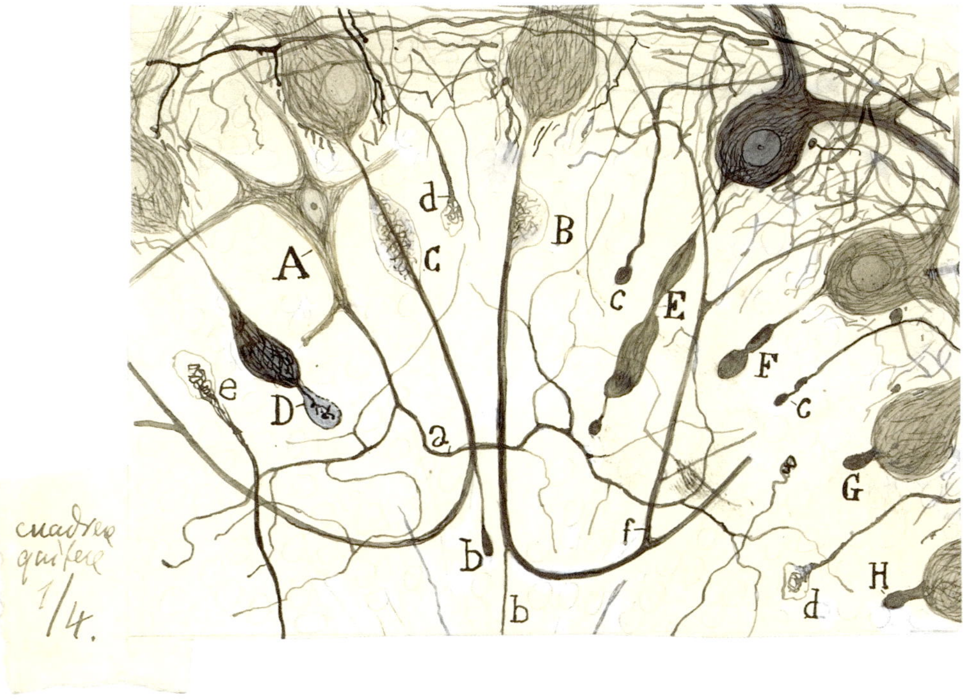

Fig. 69. Corte de una laminilla cerebelosa. Gato de veinticinco días, uno después de la sección. *D, E, F*, variedades de mazas dobles; *G, H*, axon con bola de retracción; *b*, continuación del axon de Purkinje acabado en maza; *[B, C]*, colaterales recurrentes, hipertróficas de los axones de Purkinje. En *F. G, H*, las cestas han desaparecido.

13 Hechos anatomopatológicos favorables a la doctrina neuronal. Persistencia de las cestas y demás terminaciones pericelulares, etc.

El hecho de que elementos que han perdido sus conexiones principales subsistan más o menos tiempo, constituye un vehemente indicio de la discontinuidad anatómica de las células nerviosas [...] No queremos aducir aquí resultados fisiológicos harto conocidos e incompatibles con las teorías de las redes difusas de Golgi, Apáthy, Bethe y Held [...] Concretémonos a declarar que aceptando las hipótesis syncytiales más exageradas, y extendiéndolas a todo el sistema nervioso, quedan sin explicación todos los reflejos musculares limitados, así como las impresiones sensoriales concretas (cromáticas, acústicas, tactiles, espaciales, etcétera) y, en fin, todo cuanto durante los cincuenta años de porfiada y fecunda experimentación nos han enseñado los fisiólogos acerca de las localizaciones en los centros nerviosos.

La unidad de reacción patológica de las neuronas exige una restricción aclaratoria. Siempre que las causas perturbadoras afectan la integridad de una sola neurona (bien sea traumática o quimio-biológica), la reacción es perfectamente autónoma. Pero como los procesos morbosos suelen presentar caracteres de difusión y obrando sobre grandes o pequeños focos, es difícil comprobar la unidad de reacción patológica, es decir, la degeneración de la neurona, con integridad de las arborizaciones nerviosas en contacto. No es sorprendente que las neuronas, e incluso las células neurológicas y microglia, sean afectadas conjuntamente, bien por causas microbianas, bien por condiciones químicas no siempre bien es clarecidas.

Hay ejemplos, sin embargo, en que no obstante la extensión de las lesiones (procesos degenerativos por desórdenes circulatorios; absorción de toxinas o venenos, infecciones microbianas, senilidad) muestran acá y allá grupos de neuronas o neuronas sueltas resistentes, poco o nada alteradas. Citemos como ejemplos la *parálisis general*, la *enfermedad de Friedreich*, la *demencia senil*, la *rabia*, los focos necróticos por *embolia* o *trombosis*, los envenenamientos por el alcohol (Rossi) o por las sales de plomo (Villaverde), etc.

A título de caso convincente y harto conocido, citemos la desaparición de las células de Purkinje en la *parálisis general*, con mantenimiento de las cestas y las células estrelladas de la capa molecular del cerebelo. Esta persistencia, reveladora de la independencia de las cestas y de las células rodeadas por ellas, puede ser también provocada experimentalmente seccionando los axones de los corpúsculos de Purkinje en la capa de los granos, o más abajo, según mostramos en la figura 70[1]. Tan notable conservación de las cestas, no obstante la desaparición de sus elementos conexos, ha sido también descrita por Schob[2] y otros, entre ellos por Río Hortega[3], K. Schaffer, Kindberg, Cajal, Nageotte, Marinesco, Somoza etc. El fenómeno contrario, o sea la destrucción de las cestas, fue observado por Bielschowsky[4] en la *idiotez amaurótica*, cuya histología patológica ha sido magistralmente estudiada por K. Schaffer[5], Bielschowsky, etc. (figuras 69 y 71). Casos análogos de disociación patológica han sido notados entre las células de Purkinje y fibras trepadoras. Contra los autores que, como Wolff, Held

---

[1] Cajal: Los fenómenos precoces de la regeneración neuronal en el cerebelo. Tomo IX, 1911 [Cajal, 1911].

[2] Schob: *Arb. aus der Deutsch. Forsch. Anstalt. in Muenchen.* V. Bd. 1922 [Schob, 1922].

[3] Río Hortega: *Trabajos del Lab. de Investigaciones biológicas.* Tomo XII, 1914 [Del Río-Hortega, 1914].

[4] Bielschowsky: Histopathologie der amaurotischen Idiotie, etc. *Journ. f. Psychol. u. Neur.* Bd. XXVI. 1921 [Bielschowsky, 1921].

[5] K. Schaffer: *Tatsächliches und Hypothetisches aus der Histopathologie der infantil-amaurotischen Idiotie.* 1912 [Schaffer, 1922].

y otros, admiten anastómosis entre las dendritas de las células de Purkinje vecinas (uniones directas o indirectas), hablan los procesos de degeneración y muerte del axon (porción alejada de la célula) de aquéllas, seguida de la conservación del ramaje protoplásmico y de la hipertrofia de las colaterales iniciales, fenómeno degenerativo que no se propaga a los vecinos elementos (Humberto Rossi[6] y otros muchos autores). Aun es más expresiva una lesión de dicho ramaje, observado por nosotros en los traumatismos de la substancia blanca del cerebelo[7]. La arborización dendrítica se transforma y retrae, adquiere la forma de un rosal (degeneración rosaliforme), sin que tan curiosa retracción y metamorfosis se propague a las células inmediatas (figura 71).

Las fibras constitutivas de una cesta pueden exhibir también otras alteraciones importantes y significativas para la tesis que defendemos: Una de ellas es la hipertrofia y retracción notable de los ramos terminales, reconocible en muchos estados morbosos, singularlnente en la parálisis general y demencia precoz (Cajal); otra, asimismo muy expresiva, consiste en el total despegamiento de la ramificación nerviosa, que se aleja del soma rodeado sin el menor vestigio de puentes neurofibrillares comunicantes. Tal perturbación, bastante frecuente en la histología patológica del cerebelo, fué primeramente observada en el perro rábico por G. Izcara y nosotros (1904). Excusado es acentuar que ambas lesiones representan argumentos de fuerza contra la hipótesis reticular.

En los traumatismos muy limitados del cerebro y cerebelo, etc. (punturas con agujas o finísimo escalpelo), es corriente encontrar células degeneradas que destacan en medio de pirámides vecinas incólumes. Por cierto que algunas de las pirámides, cuyo axon fué mutilado por debajo de las colaterales, muestran una reacción curiosa: las colaterales iniciales se hipertrofian (esto ocurre también

[6] H. Rossi: Per la rigenerazione dei neuroni. *Trabajos*, etc. Tomo VI. 1908 [Rossi, 1908].

[7] Cajal: *Loc. cit. Travaux*. etc Tomo IX. 1911 [Cajal, 1911].

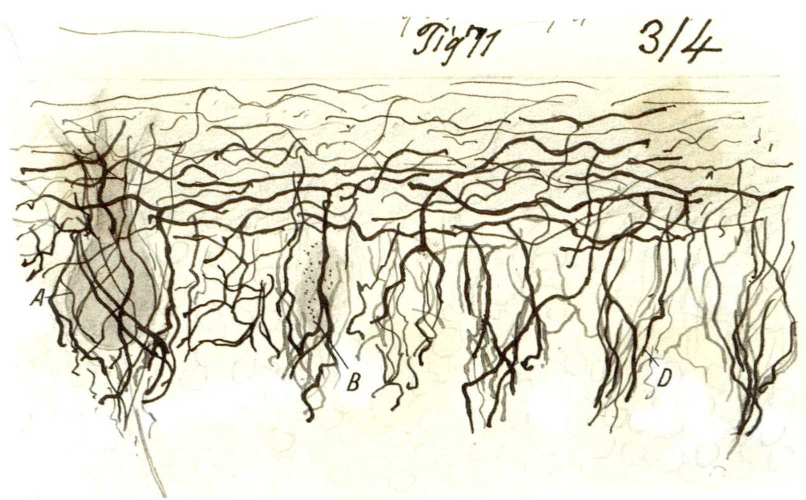

Fig. 70. Gato de veinticinco días, veinticuatro horas después de la operación. *A*, célula de Purkinje casi normal; *B*, otra en vías de atrofia y de aspecto granuloso; *D*, cestas que rodean el hueco donde habitaron corpúsculos de Purkinje destruidos.

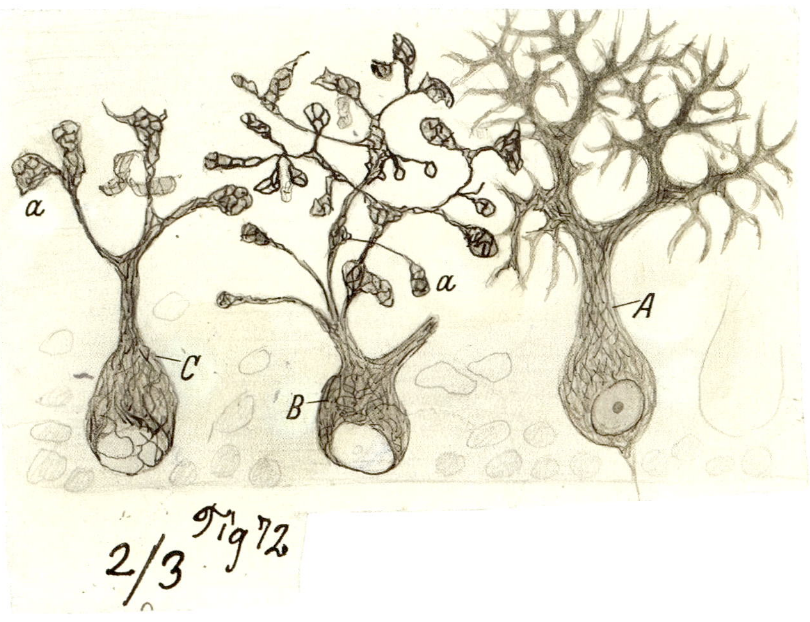

Fig. 71. Células de Purkinje del gato de veinte días, sacrificado dos días después de la lesión traumática. *A*, corpúsculo normal, *B, C*, células cuyas dendritas, retraídas, acaban por mazas reticuladas; *a*, bulbos terminales. Las cestas han desaparecido.

en las células de Purkinje del cerebelo), y se da el caso sorprendente de que las células de axon largo se conviertan en neuronas de axon corto[8] (figura 69, [B, C]).

Pruebas semejantes de discontinuidad histopatológica pueden obtenerse con facilidad en la médula espinal, y hasta en el bulbo raquídeo, bien que aquí los traumatismos experimentales bien localizados sean más raros. Así, recientemente, en nuestro laboratorio, Castro y De Juan han destruído en el conejo una parte del *ganglio ventral* del acústico. Estudiadas por nosotros mediante el método de Bielschowsky las células del núcleo del *cuerpo trapezoide*, hemos notado que transcurridos dos días de la operación los *cálices* de Held entran en turgescencia, se hipertrofian notablemente y exhiben una degeneración granulosa, mientras las neuronas rodeadas no sufren aparente menoscabo, conservando sus neurofibrillas, aunque no muy claramente visibles.

Consultando minuciosamente la bibliografía se hallarían numerosos casos semejantes a los citados.

No resistimos, sin embargo, a mencionar, por modernos y expresivos, los experimentos de Lawrentjew[9] y Castro[10]. Este autor ha demostrado que la sección de los nervios aferentes o pregangliónicos de los gánglios simpáticos acarrea la desaparición de las arborizaciones pericelulares y peridendríticas, después de un proceso degenerativo rápido (según Castro desde las siete a las veinticuatro horas de la sección de las fibras gangliónicas), persistiendo no obstante las células simpáticas de la cadena vertebral, que se presentan normales seis o siete días después de la operación. En los experimentos de Lawrentjew, la sección del vago produce la degeneración de los plexos

---

[8] Recordemos también los hechos clásicos de la *cromatolisis* de Nissl y la atrofia de los *focos motores* (método de Gudden), y, en fin, la destrucción tardía de las neuronas motrices en el método de Van Gehuchten, lesiones neuronales todas muy individualizadas, consecutivas a la sección o arrancamiento de los nervíos.

[9] Lawrentjew: Experimentell-morphologische Studien über den feineren Bau der autonomen Nervensystems. *Zeitschr. f. mikroskop.- Anat. Forschung*. Bd XVI. 1929 [Lawrentjew, 1929].

[10] Castro: *Travaux du Laborat.* Tome XXVI. 1930 [de Castro, 1930].

pericelulares de las neuronas simpáticas cardíacas, que se conservan normales a los veintiún días de la operación. En cambio, las fibras nerviosas nacidas de ganglios cardíacos autónomos no afectados por el traumatismo, subsisten. Prescindiendo de la discutible normalidad, según dijimos más atrás, de ciertos nidos nerviosos atípicos (Nageotte y Cajal) de los corpúsculos sensitivos y simpáticos, problema agitado modernamente por Ph. Stöhr[11], recojamos el hecho de que fibras de origen medular en contacto con ciertas neuronas simpáticas no producen, al desaparecer, por lo menos durante algún tiempo, la menor alteración de éstas. Este resultado confirma las interpretaciones fisiológicas de Langley.

Claro es que semejante persistencia fisiopatológica de las neuronas asociadas no es indefinida. En realidad, todos los elementos nerviosos en conexión íntima padecen con la lesión de los corpúsculos asociados dinámicamente, y al cabo de meses o años pueden caer en atrofia y degeneración por desuso, a condición de que no posean otras conexiones capaces de entretener la actividad funcional.

Pero de todos modos, el hecho de que elementos que han perdido sus conexiones principales subsistan más o menos tiempo, constituye un vehemente indicio de la discontinuidad anatómica de las células nerviosas.

No queremos aducir aquí resultados fisiológicos harto conocidos e incompatibles con las teorías de las redes difusas de Golgi, Apáthy, Bethe y Held, sobre todo en el nuevo concepto de este sabio acerca de la estructura de la substancia gris, etc. Concretémonos a declarar que aceptando las hipótesis syncytiales más exageradas, y extendiéndolas a todo el sistema nervioso, quedan sin explicación todos los reflejos musculares limitados, así como las impresiones sensoriales concretas (cromáticas, acústicas, tactiles, espaciales, etcétera) y, en fin, todo cuanto durante los cincuenta

---

[11] Ph. Stöhr: Handbuch der mikros. *Anat. des Menschen*. IV. Bd. 1923. Herausgeb. v.Vilh. u. Möllendorf [no verificado]. Añadir Estas notas bibliográficas son incompletas: citar a todos los autores que han advertido estos hechos de disociación anatómica habría exigido mucho espacio.

años de porfiada y fecunda experimentación nos han enseñado los fisiólogos acerca de las localizaciones en los centros nerviosos. Caeríamos, pues, en el caos, en un nihilismo desalentador, a menos que, para atenuar el desastre de nuestros conceptos de conexión mejor fundados, no se invoque la hipótesis colonial de Dogiel o alguna parecida (anastómosis por pléyades o distritos nerviosos). Pero estas anastómosis intracoloniales están por demostrar, y aun admitiéndolas, no esclarecerían sino una parte de los procesos fisiológicos y patológicos.

Quizás con el tiempo diga la última palabra la microdisección, aliada al método de los cultivos. Empero hoy por hoy, no ha podido aplicarse, que nosotros sepamos, al tejido nervioso vivo de los centros. La impresión general de los que han trabajado en microdisección es, según declara Wolland[12] al comentar los resultados del método de Chambers[13], que la rareza de la continuidad protoplásmica (epitelios) sugiere la idea de que el cuerpo de los animales, a despecho de las especulaciones, casi metafisicas, de los partidarios de la continuidad, se compone realmente de una colonia celular, y que no hace falta cambiar nada, como pretenden Held y Boeke, de nuestras ideas histófisiológicas.

---

[12] Wolland: *Recent advances in Anatomy*. 1927 [Wollard, 1927].

[13] Chambers: The structure of the cells in tissues as revealed by microdisection. *The Journ. of Anatomy*. Vol. XXXV. 1925 [Chambers y Rényi, 1925]. Es sabido que este sabio, mediante un ingenioso aparato de microdisección asociado al método de los cultivos celulares, ha podido apreciar las lesiones consecutivas a los desgarros celulares, con ayuda de finísimas agujas. Los efectos provocados por el traumatismo se transmiten de unas células a otras, si existen entre ellas puentes protoplásmicos, pero no se transmiten en caso contrario. Por ejemplo: en el epitelio de la piel la lesión se propaga a causa de las anastómosis; pero no sucede lo mismo con aquellos corpúsculos epiteliales o mesodérmicos no anastomosados.

CONCLUSIÓN

Creemos haber aducido numerosas pruebas concluyentes de la doctrina neuronal. Detallarlas todas hubiera exigido un libro. Para nosotros, como para los observadores de la primera época (Kölliker, Retzius, van Gehuchten, Athias, Duval, Marinesco, etc.), no se trata de una teoría más o menos verosímil, sino de un hecho positivo. ¿Que en algunos casos y mediante ciertas técnicas se observan imágenes dudosas? No lo negamos. Mas el neurólogo tiene el deber inexcusable –común a todos los investigadores científicos –de distinguir lo aparente de lo real, el hecho técnico fortuito del hecho preexistente y general. Y a la hora de juzgar debemos despersonalizarnos, olvidar prejuicios seductores, propios o ajenos, y ver las cosas, según decía Gracián, como si fueran contempladas por primera vez. Y no temamos a las invenciones técnicas futuras, porque si los hechos han sido bien observados, ellos perdurarán aunque cambien las interpretaciones.

No somos exclusivos ni dogmáticos. Tenemos a gala el conservar una flexibilidad mental que no se avergüenza de rectificaciones. La discontinuidad neuronal, evidentísima en innumerables ejemplos, pudiera padecer excepciones. Nosotros mismos hemos referido algunas, por ejemplo: las existentes probablemente en las glándulas, vasos e intestino (nuestras *neuronas intersticiales*). Recientemente ha confirmado Lawrentjew[14] anastómosis en este último tipo celular. Tampoco nos sorprendería la existencia de estas uniones por continuidad en los celenterados, aunque recientemente Bozler las haya negado fundándose en preparaciones efectuadas por el método de Ehrlich[15]. (Punto es éste que exige investigaciones con los métodos modernos.)

---

[14] Lawrentjew: Über die Verbreitung der nervösen Elemente» (einschliesslich der «interstitiellen Zellen Cajal's), etc. [Lawrentjew, 1925]. Diferimos de la interpretación de este sabio al considerar dichas células como corpúsculos de Schwann, porque las células de Schwann carecen de afinidad por el método de Ehrlich y el cromato de plata, y además poseen rasgos morfológicos estructurales muy especiales. Acaso no se trate de las mismas células que yo describí en 1892 y 1893. Véase: *Zeitschrift f. mikros. -anatomische Forchung*. Bd.VI. 1926 [no verificado].

[15] Bozler: «Untersuchungen über das Nervensystem der Coelenteraten. I. Teil. Kontinuität oder Kontakt zwischen Nervenzellen». *Zeitschrift. f. mikros .-anat. wiss. Biol.* Abt . 1927 [Bozler, 1827].

No temamos, pues, que al embate de los reticularistas la vieja y genial concepción celular de Virchow sufra graves quebrantos. El organismo normal, en tanto que asociación de células relativamente autónomas, contiene siempre, al modo de una ciudad populosa, al lado de elementos sanos, otros tarados, deformes, monstruosos y aun gravemente enfermos. Por esto dejamos apuntado más atrás, e insistimos en ello, que en lo tocante a la morfología y conexiones neuronales, debemos atenernos a la ley de los grandes números, es decir, a un criterio rigurosamente estadístico.

BIBLIOGRAFÍA

ACHÚCARRO, N. (1913). «Notas sobre la estructura y funciones de la neuroglía y en particular de la neuroglía de la corteza cerebral humana». *Trab Lab Invest Biol.* 11, 187-217.

AOYAGI, T. (1913). «Zur hitologie des n. phrenicus des Zwerchfells und der motorischen nervenendigungen in demselben». *Mitt. med. Fak.* Tokyo 10, 233.). [No verificado]

AUERBACH, L. (1897). «Färbung für Axencylinder und ihre Endbäumchen». *Neurol. Centralbl.* 16, 439-441.

AUERBACH, L. (1898a). «Nervenendigung in den Centralorganen». *Neurol. Centralbl.* 10, 445-454.

AUERBACH, L. (1898b). «Nachtrag zu dem Aufsatz: Nervenendigung in den Centraiorganen». *Neurol. Centralbl.* 16, 734-736.

BETHE, A. (1903) *Allgemeine Anatomie und Physiologie des Nervensystems.* Leipzig: Thieme,

BETHE, A. (1922). «Zur Theorie und Praxis der Verheilung durchtrennter Nerven». *Libro en honor al D. Santiago Ramon y Cajal*, Madrid. Jiménez y Molina 2, 31–36

BIELSCHOWSKY, M. (1910). «Allgemeine Histologie und Histopathologie des Nervensystems». En: *Handbuch der Neurologie. Monographien aus dem Gesamtgebiete der Neurologie und Psychiatrie.* Berlin, Heidelberg: Springer, 3-90.

BIELSCHOWSKY, M. (1921). «Zur Histopathologie und Pathogenese der amaurotischen Idiotie mit besonderer Berücksichtigung der cerebralen Veränderungen». *J. Psychol. Neurol. (Lpz.)* 26, 123-199.

BIELSCHOWSKY, M. (1928a). «Zentrale Nervenfasern». En: BIELSCHOWSKY, M., *et al. Nervensystem. Handbuch der Mikroskopischen Anatomie des Menschen*, vol 4 / 1. Berlin: Springer, Heidelberg, 97-118.

BIELSCHOWSKY, M. (1928b). «Übersicht über den gegenwärtigen Stand der Neuronenlehre und die gegen sie erhobenen Einwände». En: Bielschowsky, M., *et al. Nervensystem. Handbuch der Mikroskopischen Anatomie des Menschen*, vol 4 / 1. Berlin, Heidelberg; Springer, 119-142.

Bielschowsky, M.; Brühl, G. (1907). «Über die nervösen Endorgane im häutigen Labyrinth der Säugetiere». *Arch. mikrosk. Anat.* 71, 22-57.

Bielschowsky M.; Cobb S. (1925). «A method for intra-vital staining with silver ammonium oxide solution». *J. Psychol. Neurol.* 31, 301-304.

Bielschowsky, M.; Wolff, M. (1904). «Zur Histologie der Kleinhirnrinde». *J. Psychol. Neurol.* 4, 1-23.

Boeke, J. (1909). «Die motorische Endplatte bei den höheren Vertebraten, ihre Entwickelung, Form und Zusammenhang mit der Muskulatur». *Anat. Anz.* 35, 193-226.

Boeke, J. (1911). «Beiträge zur Kenntnis der motorischen Nervenendigungen». *Internat. Mschr. Anat. Physiol.* Intern. 28, 337-443.

Boeke, J. (1926a). «Die Beziehungen der Nervenfasern zu den Bindegewebselementen und Tastzellen. Das periterminale Netzwerk der motorischen und sensiblen Nervenendigungen, seine morphologische und physiologische Bedeutung, Entwicklung und Regeneration». *Zeitschr. f. mikr. anat. Forsch.* 4: 448–509.

Boeke, J. (1926b) Noch einmal das periterminale Netzwerk, die Struktur der motorischen Endplatte und die Bedeutung der Neurofibrillae». *Zeitschr. f. mikr. anat. Forsch.* 7: 95-120.

Boeke J and Dusser de Barenne, J.G. (1919). «De sympathische innervatie van de dwarsgestreepte spieren bij de gewervelde dieren». *Versl. gewone Vergad. Akad. Amst.* 27: 926-930.

Bozler, E. (1927). «Untersuchungen über das Nervensystem der Coelenteraten». *Z. Zellforsch.* 5, 244-262.

Cajal, S. R. (1888a). «Estructura de los centros neviosos de las aves». *Rev. Trimest. Histol. norm. patol.* 1, 1-10.

Cajal, S. R. (1888b). «Morfología y conexiones de los elementos de la retina de las aves». *Rev. Trimest. Histol. norm. patol.* 1, 11-16.

Cajal, S. R. (1888c). «Sobre las fibras nerviosas de la capa molecular del cerebelo». *Rev. Trimest. Histol. norm. patol.* 1, 33-49.

Cajal, S. R. (1889a). «Sur l'origine et la direction des prolongations nerveuses de la couche moléculaire du cervelet». *Internat. Mschr. Anat. Physiol.* 6, 158-174.

Cajal, S. R. (1889b). «Sur la morphologie et les connexions des éléments de la rétine des oiseaux». *Anat. Anz.* 4, 111-121.

Cajal, S. R. (1890a). «Sur l'origine et les ramifications des fibres nerveuses de la moelle embryonnaire». *Anat. Anz.* 5, 85-95; 111-119.

Cajal, S. R. (1890b). «Sur les fibres nerveuses de la couche granuleuse du cervelet et sur l´évolution des éléments cérébelleuse». *Internat. Mschr. Anat. Physiol.* 7, 1-20.

CAJAL, S. R. (1891a). «Sur la fine structure du lobe optique des oiseaux et sur l'origine réelle des nerfs optiques». *Internat. Mschr. Anat. Physiol.* 8, 337-366.

CAJAL, S. R. (1891b). «Sur la structure de l'écorce cérébrale de quelques mammifères», *Cellule* 7, 125-¬176.

CAJAL, S. R. (1892a). «El nuevo concepto de la histología de los centros nerviosos». *Rev. Cienc. Méd. Barcelona* 18, 361-376.

CAJAL, S. R. (1892b). «La rétine des vertébrés». *Cellule*, 9, 121-255.

CAJAL, S. R. (1892c). «La retina de los teleósteos y algunas observaciones sobre la de los vertebrados superiores». *An. Soc. Españ. Hist. Nat. (Actas)* 21, 281-305.

CAJAL, S. R. (1893a). «Estructura del asta de Ammon y fascia dentate». *An. Soc. Españ. Hist. Nat. (Actas)* 22, 53-114.

CAJAL, S. R. (1893b). «Beiträge zur feineren Anatomie des grossen Hirns. I. Über die feinere Struktur des Ammonshornes». *Zeitschr. f. Wiss. Zool.* 56, 615-663.

CAJAL, S. R. (1893c) *Los ganglios y plexos nerviosos del intestino de los mamíferos y pequeñas adiciones á nuestros trabajos sobre la médula y gran simpático general.* Madrid: Moya.

CAJAL, S. R. (1894a) *Les nouvelles idées sur l'estructure du système nerveux chez l'homme et chez les vertebrés.* Traducido por Azoulay, L.; prefacio de Duval, M. París: C. Reinwald & Cie.

CAJAL, S. R. (1894b). «The Croonian Lecture. La fine structure des centres nerveux». *Proc. roy. Soc. London* 55, 444-467.

CAJAL, S. R. (1895a). «Sobre unos corpúsculos especiales de la retina de las aves». *An. Soc. Españ. Hist. Nat.* (Actas) 24, 128-130.

CAJAL, S. R. (1895b). «Apuntes para el estudio del bulbo raquídeo, cerebelo y origen de los nervios encefálicos». *An. Soc. Españ. Hist. Nat.* (Actas) 24, 1-118.

CAJAL, S. R. (1896a). «Nouvelles contributions a l'étude histologique de la rétine et à la question des anastomoses des prolongements protoplasmiques». *J. Anat. Physiol. Norm. Pathol.* 32, 481-543.

CAJAL, S. R. (1896b). «El azul de metileno en los centros nerviosos». *Rev. trimest. Micrográf.* 1, 151-203.

CAJAL, S. R. (1896c). «Las espinas colaterales de las células del cerebro teñidas por el azul de metileno». *Rev Trim Micrográf Madrid* 1:123-136.

CAJAL, S. R. (1897). «Las células de cilindro-eje corto de la capa molecular del cerebro». *Rev. trimest. Micrográf.* 2, 105-127.

CAJAL, S. R. (1898). «La red superficial de las células nerviosas centrales». *Rev. trimest. Micrográf.* 3, 199-204.

CAJAL, S. R. (1900). *Studien über die Hirnrinde des Menschen.* Leipzig: Johann Ambrosius Barth.

Cajal, S. R. (1903a). «Consideraciones críticas sobre la teoria de A. Bethe, acerca de la estructura y conexiones de las células nerviosas». *Trab. Lab. Invest. Biol. Univ. Madrid* 2, 101-128.

Cajal, S. R. (1903b). «Un sencillo método de coloración selectiva del retículo protoplásmico y sus efectos en los diversos órganos nerviosos». *Trab. Lab. Invest. Biol. Univ. Madrid* 2, 129-221.

Cajal, S. R. (1904a). «Asociación del método del nitrato de plata con el embrionario para el estudio de los focos motores y sensitivos». *Trab. Lab. Invest. Biol. Univ. Madrid* 3, 65-96.

Cajal, S. R. (1904b). «Contribución al estudio de la estructura de las placas motrices». *Trab. Lab. Invest. Biol. Univ. Madrid* 3, 97-100.

Cajal, S. R. (1904c). «Das Neurofibrillennetz der Retina». *Internat. Mschr. Anat. Physiol.* 21, 369-399.

Cajal, S. R. (1905a). «Las células estrelladas de la capa molecular del cerebelo y algunos hechos contrarios á la función exclusivamente conductriz de las neurofibrillas». *Trab. Lab. Invest. Biol. Univ. Madrid* 4, 37-47.

Cajal, S. R. (1905b). «Las células del gran simpático del hombre adulto». *Trab. Lab. Invest. Biol. Univ. Madrid* 4, 79-104.

Cajal, S. R. (1905c). «Les cellules du grand sympathique de l´homme adulte». *Trav. Lab. Recherches. Biol. Univ. Madrid* 4 (2ª edición), 77-105.

Cajal, S. R. (1906). «Genèse des fibres nerveuses de l´embryon et observations contraríes à la théorie caténaire». *Trav. Lab. Recherches. Biol. Univ. Madrid* 4 (2ª edición), 219-284.

Cajal, S. R. (1907a). «El renacimiento de la doctrina neuronal». *Gac. san. Catalana* 31, 121-133.

Cajal, S. R. (1907b). «Die histogenetischen Beweise der Neuronentheorie von His und Forel». *Anat. Anz.* 30, 113-144.

Cajal, S. R. (1907c). «Quelques formules de fixation destinées à la méthode au nitrate d´argent». *Trav. Lab. Recherches. Biol. Univ. Madrid* 5, 215-226.

Cajal, S. R. (1908a). «L´hypothèse de la continuité d´Apáthy. Reponse aux objetions de cet auteur contre la doctrine neuronale». *Trav. Lab. Recherches. Biol. Univ. Madrid* 6, 21-90.

Cajal, S. R. (1908b). «L´hypothèse de Mr. Apáthy sur la continuité des cellules nerveuses entre elles. Réponses aux objetions de cet auteur contre la doctrine neuronale». *Anat. Anz.* 33, 418-448.

Cajal, S. R. (1908c). «Nouvelles observations sur l´évolution de neuroblastes avec quelques remarques sur l´hypothèse neurogénétique de Hense-Held». *Anat. Anz.* 32, 1-10; 65-87.

Cajal, S. R. (1908d). «Terminación periférica del nervio acústico de las aves». *Trav. Lab. Recherches. Biol. Univ. Madrid* 6, 161-176.

CAJAL, S. R. (1908e). «Sur un noyau spécial du nerf vestibulaire des poissons et des oiseaux». *Trav. Lab. Recherches. Biol. Univ. Madrid* 6, 1-20.

CAJAL, S. R. (1908f). «Les ganglions terminaux du nerf acoustique des oiseaux». *J. Psychol. Neurol.* 13, 214-230.

CAJAL, S. R. (1909, 1911). *Histologie du système nerveux de l'homme et des vertébrés* (*Traducido por L. Azoulay*). París: Maloine.

CAJAL, S. R. (1911). «Los fenómenos precoces de la degeneración traumática de los cilindros-ejes del cerebro». *Trab. Lab. Invest. Biol. Univ. Madrid* 9, 39-96.

CAJAL, S. R. (1913, 1914). *Estudios sobre la Degeneración y Regeneración del Sistema Nervioso*. Madrid: Moya.

CAJAL, S. R. (1917). «Contribución al conocimiento de la retina y centros ópticos de los cefalópodos». *Trab. Lab. Invest. Biol. Univ. Madrid* 15, 1-82.

CAJAL, S. R. (1918). «La microfotografía estereoscópica y biplanar del tejido nervioso». *Trab. Lab. Invest. Biol. Univ. Madrid* 16, 19-50.

CAJAL, S. R. (1919). «Acción neurotrópica de los epitelios (algunos detalles sobre el mecanismo genético de las ramificaciones nerviosas intraepiteliales, sensitivas y sensoriales)». *Trab. Lab. Invest. Biol. Univ. Madrid* 17, 181-228.

CAJAL, S. R. (1921a). «Textura de la corteza visual del gato». *Trab. Lab. Invest. Biol. Univ. Madrid* 19, 113-146.

CAJAL, S. R. (1921b). «Una fórmula de impregnación argéntica especialmente aplicable a los cortes del cerebelo, y algunas consideraciones sobre la teoría de Liessegang, acerca del principio del método del nitrato de plata reducido». *Trab. Lab. Invest. Biol. Univ. Madrid* 19, 71-78.

CAJAL, S. R. (1925). «Quelques remarques sur les plaques motrices de la langue des mammiféres». *Trav. Lab. Recherches. Biol. Univ. Madrid* 23, 245-254.

CAJAL, S. R. (1926a). «Sur les fibres mousseuses et quelques points douteux de la texture de l´écorce cérébelleuse». *Trab. Lab. Invest. Biol. Univ. Madrid* 24, 215-251.

CAJAL, S. R. (1926b). «Sur les fibres mousseuses et quelques points douteux de la texture del´écorce cérébelleuse». En: *Studi Neurologici Dedicati a Eugenio Tanzi*. Torino: Tipografia Sociale Torinese, 63-82.

CAJAL, S. R. (1926c). «Démonstration photographique de quelques phénomènes de la régénération des nerfs». *Trav. Lab. Recherches. Biol. Univ. Madrid* 24, 191-213.

CAJAL, S. R. (1928). *Degeneration and Regeneration of the Nervous System*. Traducido por R. M. May. New York: Oxford University Press. Editado y ampliado con traducciones adicionales por J. DeFelipe y E. G. Jones E. G. (1991). *Cajal's Degeneration and Regeneration of the Nervous System*. New York: Oxford University Press.

CAJAL, S. R. (1929). *Études sur la neurogenèse de quelques vertebrés. Recueil de mes principales recherches concernant la genèse des nerfs, la morphologie et la structure neuronale, l'origine de la névroglie, les terminaisons nerveuses sensorielles, etc.* Madrid: Tipografía Artística.

CAJAL, S. R.; GARCIA, D. D. (1904). «Las lesiones del retículo de las células nerviosas en la rabia». *Trab. Lab. Invest. Biol. Univ. Madrid* 3, 213-266.

CAJAL, S. R.; ILLERA, R. (1907). «Quelques nouveaux détails sur la structure de l'écorce cérébelleuse». *Trav. Lab. Recherches. Biol. Univ. Madrid* 5, 1-12.

CAJAL, S. R.; SALA, C. (1891). «Terminaciones de los nervios y tubos glandulares del páncreas de los vertebrados». *Trab. Lab. Histol. Fac. Med. Barcelona*, 1-15.

CAJAL, S. R.; SÁNCHEZ, D. (1915). «Contribución al conocimiento de los centros nerviosos de los insectos». *Trab. Lab. Invest. Biol. Univ. Madrid* 13, 1-164.

CALDERÓN, L. (1927-1928). «Sur la structure du ganglion interpédonculaire». *Trab. Lab. Invest. Biol. Univ. Madrid.* 25, 297-306.

CHAMBERS, R. y Rényi, G. S. (1925). «The structure of the cells in tissues as revealed by microdissection. I. The physical relationships of the cells in epithelia». *Am. J. Anat.*, 35, 385–402.

CRAIGIE E. H. (1926). «Notes on the morphology of the mossy fibres in some birds and mammals». *Trav. Lab. Recherches. Biol. Univ. Madrid* 24, 319-331.

DE CASTRO, F. (1923). «Evolución de los ganglios simpáticos vertebrales y prevertebrales. Conexiones y citotectonia de algunos grupos de ganglios en el niño y hombre adulto». *Trab. Lab. Invest. Biol. Univ. Madrid* 20, 113–208.

DE CASTRO, F. (1925). «Technique pour la coloration du système nerveux quand il est pourvu de ses étuis osseux. – Quelques formules de fixation pour la méthode à l'argent réduit de Cajal, et leurs résultats dans les centres nerveux et les terminaisons nerveuses périphériques». *Trav. Lab. Recherches. Biol. Univ. Madrid* 23, 429-446.

DE CASTRO, F. (1930). «Quelques observations sur l'intervention du système nerveux autonome dans l'ossification. Innervation du tissu osseux et de la moelle osseuse». *Trav. Lab. Recherches. Biol. Univ. Madrid* 26, 215-244.

DEL RÍO-HORTEGA, P. (1914). «Alteraciones del sistema nervioso central en un caso de moquillo de forma paralítica». *Trab. Lab. Invest. Biol. Univ. Madrid* 12, 97-126.

DEL RÍO-HORTEGA, P (1916). «Estudios sobre el centrosoma de las células nerviosas y neuróglicas de los vertebrados, en sus formas normales y anormales». *Trab. Lab. Invest. Biol. Univ. Madrid* 14, 117-153.

Dogiel, A. S. (1888). «Über das Verhalten der nervösen Elemente in der Retina der Ganoiden, Reptilien, Vögel und Säugetiere». *Anat. Anz.* 3, 133-143.

Dogiel, A. S. (1890a). «Methylenblautinction der motorischen Nervenendigungen in den Muskln der Amphibien und Reptilien». *Arch. mikrosk. Anat.* 35, 305-320.

Dogiel, A. S. (1890b). «Die Nerven der Cornea des Menschen». *Anat. Anz.* 5, 483-494.

Dogiel, A. S. (1891a). «Ueber die Nervösen Elemente in der Retina des Menschen». *Arch. mikrosk. Anat.* 38, 317-344.

Dogiel, A. S. (1891b). «Die Nervenendkörperchen (Endkolben, W. Krause) in der Cornea und Conjunctiva bulbi des Menschen». *Arch. mikrosk. Anat.* 37, 602-619.

Dogiel, A. S. (1891c). «Die Nervenendigungen in Tastkörperchen». *Arch. Anat. Physiol. Anat. Abt.* 182-192.

Dogiel, A. S. (1893a). «Zur Frage über den Bau der Nervenzellen und über das Verhältniss ihres Axencylinder (Nerven) Fortsatzes zu den Protoplasmafortsätzen (Dendriten)». *Arch. mikrosk. Anat.* 41, 62-86.

Dogiel, A. S. (1893b). «Die Nervenendigungen in der Haut der äusseren Genitalorgane des Menschen (Schleimhaut)». *Arch. mikrosk Anat.* 41, 585-612.

Dogiel, A. S. (1894). «Zur Frage über die Ganglien der Darmgeflechte bei den Säugetieren». *Anat. Anz.* 10, 517-524.

Dogiel, A. S. (1904). «Ueber die Nervenendigungen in den Grandryschen und Herbstschen Körperchen im Zusammenhang mit der Frage der Neuronentheorie». *Anat. Anz.* 25, 558-574.

Donaggio, A. (1900). «Sul reticolo periferico della cellula nervosa dei vertebrati». *Riv. sper. Freniat. Med. legal.* 26, 897-900.

Donaggio, A. (1903). «Su speciali apparati fibrillari in elementi cellulari nervosi di alcuni centri dell'acustico (ganglio ventrale, nucleo del corpo trapezoide)». *Riv. sper. Freniat. Med. legal.* 29, 259-270.

Estable, C. (1924). «Notes sur la structure comparative de l'écorce cérébelleuse, et dérivées physiologiques possibles». *Trav. Lab. Recherches. Biol. Univ. Madrid* 21, 169-256.

Estable, C. (1931). «Zur histopathologie der friedreichschen krankheit nebst einigen bemerkungen über die leitungsbahnen des rückenmarkes». *Trav. Lab. Recherches. Biol. Univ. Madrid* 27, 1-110

Forel, A. H. (1887). «Einige hirnanatomische Betrachtungen und Ergebnisse». *Arch. Psychiat. Nervenkr.* 18, 162-198.

Gebert, A. (1893). «Ueber die Endigung des Gehörnerven in der Schnecke der Säugetiere». *Anat. Anz.* 8, 20-22.

Golgi, C. (1880). «Studi istologici sul midollo spinale», (Comunicación al tercer Congreso italiano de Psiquiatría, reunido en septiembre de 1888 en Regio Emilia). [No verificado]
Golgi, C. (1883). «Recherches sur l'histologie des centres nerveux.» *Arch. ital. Biol.* 3-4, 285-292.
Golgi, C. (1885). «Sulla fina anatomia degli organi centrali del sistema nervoso». *Riv. Sper. Fremiat. Med. Leg. Alienazioni Ment.* 11:72-123.
Golgi, C. (1886). *Sulla Fine Anatomia degli Organi Centrali del Sistema Nervoso.* Milano: Ulrico Hoepli.
Golgi, C. (1903). «Sulla fina anatomia degli organi centrali del sistema nervoso». En: *Opera Omnia, vol. II. Istologia Normale (1883-1902).* Milano: Ulrico Hoepli, 397-536.
Golgi, C. (1929). «La dottrina del neurone. Teoria e fati». En: *Opera Omnia, vol. IV. Scritti su argomenti varii. Chapter 30 (Nobel Prize Lecture).* Milano: Ulrico Hoepli, 1259-1291.
Hanström, B. (1926). *Vergleichende Anatomie des Nervensystems der wirbellosen Tiere.* Amsterdam, The Netherlands: A. Asher. (Facsimile reprint.)
Held, H. (1891). «Die zentralen Bahnen der Nervus acusticus bei der Katze». *Arch. Anat. Physiol. Anat. Abt,* (1891) 271-288.
Held, H. (1897a). «Beiträge zur Structur der Nervenzellen und ihrer Fortsätze. Zweite. Abhandlung». *Arch. Anat. Physiol. Anat. Abt.* 2, 204-294.
Held, H. (1897b). «Zur Kenntniss der peripheren Gehörleitung.» *Arch. Anat. Physiol. Anat. Abt.* 350-360.
Held, H. (1904). «Zur weiteren Kenntniss der Nervenendfüsse und zur Struktur der Sehzellen». *Abhandl. math-phys. Kl.* königl sächs Ges. *Wissensch.* 29:143-185.
Held, H. (1905). «Zur Kenntniss einer neurofibrillären Continuität im Centralnervensystem der Wilberthiere». *Arch. Anat. Phys. Anat. Abt.* 55-78.
Held, H. (1909) *Die Entwicklung des Nervengewebes bei den Wirbeltieren.* Leipzig: Barth.
Held, H. (1927). «Das Grundnetz der grauen Hirnsubstanz». *Monatsschr Psychiatr Neurol* 65, 68–86.
Held, H. (1929). «Die Lehre von den Neuronen und vom Neurencytium und ihr heutiger Stand». *Fortschr. naturwiss. Forsch., N. F.,* H. 8, 1–44.
Heringa, G. C. (1921). «Untersuchungen über den Bau und die Entwicklung des sensibeln peripheren Nervensystem». *Ned. Tijdschr. Geneeskd.* 65, 3014-3015.
His, W. (1886). «Zur Geschichte des menschlichen Rückenmarks und der Nervenwurzeln». *Abhandl. Math.- Phys. Class. Königl. Sächs. Gesellsch. Wiss.* 13:147-209; 477-513.

His, W. (1889). «Die Neuroblasten und deren Entstehung im embryonalen Marke». *Abhandl. Math.- Phys. Class. Königl. Sächs. Gesellsch. Wiss.* 15, 313-372.

His, W. (1893). «Ueber den Aufbau unseres Nervensystems». *Berl. Klin. Wochenschr.* 30, 957-996.

Holmgren, E. (1905). «Über die sogenannten Nervenendfüsse (Held)». *Jahrb. Psychiat. Neurol.* 26, 112.

Iwanaga, I. (1925a). «Studien über die motorischen Nervenendigungen I: Ihre Histogenese». *Mitt. Allgemaine. Pathol. Pathologische Anat. (Sendai)* 2, 257–342.

Iwanaga, I. (1925b). «Studien über die motorischen Nervenendigungen II: Die Ausgebildeten Endigungen». *Mitt. Allgemaine. Pathol. Pathologische Anat. (Sendai)* 2, 343–369.

Kenyon, F. C. (1896). «The brain of the bee. A preliminary contribution to the morphology of the nervous system of the Arthropoda». *J. Comp. Neurol.* 6, 134–210.

Kölliker, A. von (1890a). «Zur feineren Anatomie des centralen Nervensystems. Erster Beitrag. Das Kleinhirn». *Z. wiss. Zool.* 49, 663-689.

Kölliker, A. von (1890b). «Ueber den feineren Bau des Rückenmarks». *Sitzungsb. phys-med. Ges. Würzburg*, 49, 44-56.

Kölliker, A. von (1893). *Handbuch der Gewebelehre des Menschen, vol II, Nervensystem des Menschen und der Thiere*. Leipzig: Engelmann.

Kolmer, W. (1905a). «Ueber das Verhalten der Neurofibrillen an der Peripherie». *Anat. Anz.* 26, 560-569.

Kolmer, W. (1905b). «Zur Kenntnis des Verhaltens der Neurofibrillen an der Peripherie». *Anat. Anz.* 27, 416-425.

Kolmer, W. (1907). «Beiträge zur Kenntnis des feineren Baues des Gehörorgans mit besonderer Berücksichtigung der Haussäugetiere». *Arch. mikrosk. Anat.* 70, 695-767.

La Villa, I. (1898). «Algunos detalles concernientes a la estructura de la oliva superior y focos acústicos». *Rev. Trimest. Micrográf.* 3, 75¬84.

Lawrentjew, B. J. (1925). «Ueber die nervöse Natur und das Vorkommen der sogenannten interstitiellen Zellen (Cajal, Dogiel) in der glatten Muskulatur». *Proc Kon Akad Wetensch Amsterdam* 28, 977–983.

Lawrentjew, B. J. (1926). «Über das Chondriom der Grandry'schen Körperchen». *Z. mikr.-anat. Forsch.* 6, 241–255.

Lawrentjew, B. J. (1929). «Experimentell-morphologische Studien über den feineren Bau des autonomen Nervensystems». *Zeitschr. f. mikr. anat. Forsch.* 16, 383-411.

Levi, G. (1927). *Trattato de Istologia*. Torino: Unione tip.-ed. torinese.

Lorente, de Nó R. (1926). «Études sur l'anatomie et la physiologie du labyrinthe de l'oreille et du VIIIe nerf. 2ème Partie. Quelques données au sujet de l'anatomie des organes sensoriel du labyrinthe». *Trav. Lab. Recherches. Biol. Univ. Madrid* 24, 53–103.

Marinesco, G.(1906). «Recherche sur la régénérescence des nerfs périphériques». *Rev. Neurol. (Paris)* 8, 301-307.

Martínez-Pérez, R. (1932-1933). «Sur quelques faits intéressants touchant la régénération expérimentale dans les corpuscules de Herbst et de Grardry». *Trav. Lab. Recherches. Biol. Univ. Madrid* 28, 123–135.

Meyer, S. (1896). «Ueber eine Verbindungsweise der Neurone. Nebst Mitteilungen über die Technik und die Erfolge der Methode der subcutanen Methylenblauinjection». *Arch. mikrosk. Anat.* 47, 734-748.

Nowik, N. (1910). «Zur Frage von dem Bau der Tastzellen in den GRANDRYschen Körperchen». *Anat. Anz.* 36, 217-225.

Poljak, S. (1927). «Über die Nervenendigungen in den vestibulären Sinnesendstellen bei den Säugetieren». *Z. Anat. Entwickl. Gesch.* 84, 131–144.

Retzius, G. (1890). «Zur Kenntniss des Nervensystems der Crustaceen». *Biol. Untersuch. Neue Folge* 1, 1-96.

Retzius, G. (1892a). «Die nervösen Elemente der Kleinhirnrinde». *Biol. Untersuch. Neue Folge* 3, 17–24.

Retzius, G. (1892b). «Das sensible Nervensystems der Polychäten». *Biol. Untersuch. Neue Folge* 4, 1-10.

Retzius, G. (1892c). «Die Endigungsweise des Gehörnerven». *Biol. Untersuch. Neue Folge* 3, 29-36.

Retzius, G. (1893). «Zur Kenntniss der ersten Entwicklung der nervösen Elemente im Rückenmarke des Hühnchens». *Biol. Untersuch. Neue Folge* 5, 48-54.

Rossi, U. (1908). «Per la rigenerazione dei neuroni». *Trav. Lab. Recherches. Biol. Univ. Madrid* 6, 227-241.

Sala y Pons, Cl. (1892). «Estructura de la médula espinal de los batracios». *Trab. Lab. Histol. Fac. Med. Barcelona*, 1-22.

Schaffer, K. (1922). «Tatsächliches und Hypothetisches aus der Histopathologie der infantil-amaurotischen Idiotie». *Archiv f. Psychiatrie* 64, 570-616.

Schob, F. (1922). «Weitere Beiträge zur Kenntnis der Friedreich-ähnlichen Krankheitsbilder. Arbeiten aus der Deutschen Forschungsanstalt für Psychiatrie». Vol 5. pp. 188-238. Berlin: Springer, 188-238.

Schultze, M. (1871). «Allgemeines über die Strukturelemente des Nervensystems». En *Handbuch der Lehre von den Geweben des Menschen und der Thiere*. Stricker S. (ed.). Leipzig: Engelmann, 108-136.

Segarra, R. (1926). «Le ganglion tangentiel ou intercalaire des quelques reptiles». *Trav. Lab. rech. biol. Univ. Madrid* 24, 253-265.

Spielmeyer, W. (1917). «Ueber Regenetarion Peripherische Nerven». *Zeitschr. Gesamte. Neurol. Psychiatr.* 36, 421-430.

Spielmeyer, W. (1922). *Histopathologie des Nervensystems.* Erster Band: Allgemeiner Teil. J. Springer, Berlín.

Szymonowicz, W. (1897). «Ueber den Bau und die Entwickelung der Nervenendigungen im Entenschnabel». *Arch. mikrosk. Anat.* 48, 329-358.

Tello, J. F. (1905). «Terminaisons dans les muscles striés». *Trav. Lab. Recherches Biol. Univ. Madrid* 4, 107-117.

Tello, J. F. (1907). «Dégénération et régénération des plaques motrices après la section des nerfs». *Trav. Lab. Recherches Biol. Univ. Madrid* 5, 117-149.

Tello, J. F. (1911). «La influencia del neurotropismo en la regeneración de los centros nerviosos». *Trab Lab Invest Biol Univ Madrid* 9:123-159.

Tello, J. F. (1923). «Les différenciations neuronales dans l'embrion du poulet pendant les premiers jours de l'incubation». *Trav. Lab. Recherches. Biol. Univ. Madrid* 21, 1-93.

Tello, J. F. (1930). «El retículo de las células ciliadas del laberinto y su relación con las terminaciones nerviosas». *Bol. Eoc. Esp. Hist. Nat.* 30: 357-368.

Tello, J. F. (1931). «Le réticule de cellules ciliées du labyrinthe chez la souris et son indépendance des terminaisons nerveuses de la VIIIe paire». *Trav. Lab. Rech. Biol. Madrid* 27, 151-186.

van Gehuchten, A. (1891). «La structure des centres nerveux: la moelle épinière et le cervelet». *Cellule* 7, 79-122.

van Gehuchten, A. (1892a). «Contribution à l'étude des ganglions cérébrospinaux». *Cellule* 8, 211-230.

van Gehuchten, A. (1892b). «Nouvelles recherches sur les ganglions cérébrospinaux». *Cellule* 8, 235-252.

Veratti, E. (1900). *Su alcune particolarità di struttura dei centri acustici nei mammiferi.* Pavia. Tipografia Cooperativa.

von Lenhossék, M. (1891). «Zur Kenntniss der ersten Enstehung der Nervenzellen und Nervenfasern beim Vogelembryo». *Verhandl. l0th internat. Med. Kongr. Berlin* 2, 115-124.

von Lenhossék, M. (1892). «Ursprung, Verlauf und Endigung der sensiblen Nervenfasern bei Lumbricus». *Arch. mikrosk. Anat.* 39, 102-136.

von Lenhossék, M (1893). «Die Nervenendigungen in den Maculae und Cristae acusticae». *Anat. Hefte*, 3, 231-268.

von Lenhossék, M. (1895). *Der feinere Bau des Nervensystems im Lichte neuester Forschungen*, 2nd ed. Berlin: Fischer.

von Lenhossék, M. (1896). «Histologische Untersuchungen am Sehlappen der Cephalopoden». *Arch. mikrosk. Anat.* 47, 45-120.

von Lenhossék, M. (1911). «Das Ganglion ciliare der Vögel». *Archiv f. mikr. Anat.* 76, 745–769.
von Lenhossék, M. (1912). «Das Ciliarganglion der Reptilien». *Archiv f. mikr. Anat.* 80, 89–116.
Waldeyer-Hartz, W. von (1891). «Über einige neuere Forschungen im Gebiete der Anatomie des Centralnervensystems». *Dtsch. Med. Wschr.* 17:1213-1218, 1244-1246, 1267-1269, 1287-1289, 1331-1332, 1352-1356.
Wilkinson, H. J. (1929). «The innervation of striated muscle». *Med. J. Austral.*, 2, 768-793.
Windle, W.F.; Clark, S.L. (1928). «Observations on the histology of the synapse». *J. Comp. Neurol.* 46, 153-171.
Wollard, H. (1927) *Recent Advances in Anatomy*. London: J. & A. Churchill.
Wolff, M. (1905). «Zur Kenntniss der Heldschen Nervenendfüsse». *J. Psychol. Neurol.* 4, 144-157.
Zavarzin, A. (1911). «Histologische Studien über Insekten». *Zeitschr. f. Wiss. Zool.* 97: 481-510.

ÍNDICE DE AUTORES*

* Los autores y números de páginas que aparecen únicamente en el estudio introductorio se indican en color rojo, mientras que aquellos que figuran tanto en el estudio introductorio como en *¿Neuronismo o reticularismo?,* o solamente en *¿Neuronismo o reticularismo?,* se indican en negro.